U0193767

高等职业教育“十四五”规划旅游大类精品教材

葡萄酒文化与营销专业新形态教材

高等职业教育“十四五”规划旅游大类精品教材

葡萄酒文化与营销专业新形态教材

葡萄酒侍酒服务与管理

Wine Service and Management

主　编◎李海英　张　晶

副主编◎程　彬　孙文哲　肖　靖

　　　　朱　莲　崔旭东　李　涛

参　编◎柳花鹏　秦谦谦　杨　柳

華中科技大學出版社

http://press.hust.edu.cn

中国·武汉

内容提要

本教材主要涵盖了侍酒师概述、酒具器皿与服务认知、准备工作技能训练、侍酒服务技能训练、侍酒服务场景式训练、东方饮食酒餐搭配与推介服务、西方饮食酒餐搭配与推介服务、侍酒师业务管理8个模块64个子项目单元，囊括了理论认知、实践操作与服务管理的三大领域，同时又将侍酒服务从准备技能、基本技能再到场景式技能进行了重点分别撰述。本教材内容覆盖全面，涉猎知识广泛，侧重理论与实践的统一，是一本适合葡萄酒文化与营销、酒店管理与数字化运营、餐饮管理等多专业学习的理论与实践一体化教材。

图书在版编目(CIP)数据

葡萄酒侍酒服务与管理 / 李海英，张晶主编．-- 武汉 ：华中科技大学出版社，2024. 6. --(高等职业教育"十四五"规划旅游大类精品教材). -- ISBN 978-7-5772-0671-4

Ⅰ. TS262.61

中国国家版本馆CIP数据核字第2024MV7842号

葡萄酒侍酒服务与管理
Putaojiu Shijiu Fuwu yu Guanli

李海英　张晶　主编

策划编辑：王　乾
责任编辑：王　乾　鲁梦璇
封面设计：原色设计
责任校对：刘　竣
责任监印：周治超

出版发行：华中科技大学出版社(中国·武汉)　　电话：(027)81321913
武汉市东湖新技术开发区华工科技园　　邮编：430223

录　　排：孙雅丽
印　　刷：武汉市籍缘印刷厂
开　　本：787mm×1092mm　1/16
印　　张：17.25
字　　数：382千字
版　　次：2024年6月第1版第1次印刷
定　　价：59.80元

华中出版

本书若有印装质量问题，请向出版社营销中心调换
全国免费服务热线：400-6679-118　竭诚为您服务

序一 Introduction

党的二十大报告指出，要“统筹职业教育、高等教育、继续教育协同创新，推进职普融通、产教融合、科教融汇、优化职业教育类型定位”“要实施科教兴国战略，强化现代化建设人才支撑”“要坚持教育优先发展、科技自立自强、人才引领驱动”“开辟发展新领域新赛道，不断塑造发展新动能新优势”“坚持以文塑旅、以旅彰文，推进文化和旅游深度融合发展”，这为职业教育发展提供了根本指引，也有力地提振了旅游职业教育发展的信念。

2021年，教育部立足增强职业教育适应性，体现职业教育人才培养定位，发布了新版《职业教育专业目录（2021年）》；2022年，教育部又颁布了新版《职业教育专业简介》，全面更新了职业面向、拓展了能力要求、优化了课程体系。因此，出版一套以旅游职业教育立德树人为导向、融入党的二十大精神、匹配核心课程和职业能力进阶要求的高水准教材，成为我国旅游职业教育和人才培养的迫切需要。

基于此，在全国有关旅游职业院校的大力支持和指导下，教育部直属的全国重点大学出版社——华中科技大学出版社，在党的二十大精神的指引下，主动创新出版理念、改进方式方法，汇聚一大批国内高水平旅游院校的国家教学名师、全国旅游职业教育教学指导委员会委员、全国餐饮职业教育教学指导委员会委员、资深教授及中青年旅游学科带头人，编撰出版“高等职业教育‘十四五’规划旅游大类精品教材”。本套教材具有以下特点。

一、全面融入党的二十大精神，落实立德树人根本任务

党的二十大报告中强调：“坚持和加强党的全面领导。”党的领导是我国职业教育最鲜明的特征，是新时代中国特色社会主义教育事业高质量发展的根本保证。因此，本套教材在编写过程中注重提高政治站位，全面贯彻党的教育方针，“润物细无声”地融入中华优秀传统文化和现代

化发展新成就，将正确的政治方向和价值导向作为本套教材的顶层设计并贯彻到具体项目任务和教学资源中，不仅仅培养学生的专业素养，更注重引导学生坚定理想信念、厚植爱国情怀、加强品德修养，以期落实“立德树人”这一教育的根本任务。

二、基于新版专业简介和专业标准编写，权威性与时代适应性兼具

教育部2022年颁布新版《职业教育专业简介》后，华中科技大学出版社特邀我担任总顾问，同时邀请了全国近百所职业院校知名教授、学科带头人和一线骨干教师，以及旅游行业专家成立编委会，对标新版专业简介，面向专业数字化转型要求，对教材书目进行科学全面的梳理。例如，邀请职业教育国家级专业教学资源库建设单位课程负责人担任主编，编写《景区服务与管理》《中国传统建筑文化》及《旅游商品创意》（活页式）；《旅游概论》《旅游规划实务》等教材为职业教育国家在线精品课程的配套教材；《旅游大数据分析与应用》等教材则获批省级规划教材。经过各位编委的努力，最终形成“高等职业教育‘十四五’规划旅游大类精品教材”。

三、完整的配套教学资源，打造立体化互动教材

华中科技大学出版社为本套教材建设了内容全面的线上教材课程资源服务平台：在横向资源配套上，提供全系列教学计划书、教学课件、习题库、案例库、参考答案、教学视频等配套教学资源；在纵向资源开发上，构建了覆盖课程开发、习题管理、学生评论、班级管理等集开发、使用、管理、评价于一体的教学生态链，打造了线上线下、课内课外的新形态立体化互动教材。

本套教材既可以作为职业教育旅游大类相关专业教学用书，也可以作为职业本科旅游类专业教育的参考用书，同时，可以作为工具书供从事旅游类相关工作的企事业单位人员借鉴与参考。

在旅游职业教育发展的新时代，主编出版一套高质量的规划教材是一项重要的教学质量工程，更是一份重要的责任。本套教材在组织策划及编写出版过程中，得到了全国广大院校旅游教育教学专家教授、企业精英，以及华中科技大学出版社的大力支持，在此一并致谢！

衷心希望本套教材能够为全国职业院校的旅游学界、业界和对旅游知识充满渴望的社会大众带来真正的精神和知识营养，为我国旅游教育教材建设贡献力量。也希望并诚挚邀请更多旅游院校的学者加入我们的编者和读者队伍，为进一步促进旅游职业教育发展贡献力量。

王昆欣

世界旅游联盟（WTA）研究院首席研究员

高等职业教育“十四五”规划旅游大类精品教材总顾问

序二 Introduction

2021年，习近平总书记对职业教育工作做出重要指示，强调加快构建现代职业教育体系，培养更多高素质技术技能人才、能工巧匠、大国工匠。同年，教育部对职业教育专业目录进行了全面修订，并于2022年9月，发布新版《职业教育专业简介》。

2022年版《职业教育专业简介》中，“葡萄酒文化与营销”专业作为教育部《职业教育专业目录（2021年）》更新的专业之一，紧扣《中华人民共和国国民经济和社会发展第十四个五年规划和2035年远景目标纲要》对职业教育的要求，是职业教育支撑服务经济社会发展的重要体现。

为了更好地培养德智体美劳全面发展，掌握扎实的科学文化基础和葡萄酒文化、旅游文化及相关法律法规等知识，具备侍酒服务、葡萄酒市场营销及葡萄酒文化传播与推广等能力的高素质技术技能人才，华中科技大学出版社与山东旅游职业学院合作，在全国范围内精心组织编审、编写团队，汇聚全国具有丰富葡萄酒文化与营销教学经验的旅游职业院校的知名教授、学科专业带头人、一线骨干、“双师型”教师，以及侍酒服务、葡萄酒市场营销及葡萄酒文化传播等领域的行业专家共同参与“葡萄酒文化与营销专业新形态教材”的编撰工作。

本套教材根据“十四五”期间高等职业教育发展要求，坚持三大方向，打造“利于教，便于学”的特色教材。

（一）权威专家引领，校企多元合作

本系列教材以开设“葡萄酒文化与营销”专业的旅游专业类职业院校、旅游管理类双高院校、应用型本科院校在内的专业师资及办学经验丰富的高职院校为核心，邀请行业、企业、教科研机构多元开发，紧扣教学标准、行业新变化，吸纳新知识点，体现当下职业教育的最新理念。

（二）工作过程导向，深挖思政元素

教材内容打破传统学科体系、知识本位理念，引入岗位标准和规范的工作流程，注重以真实生产项目、典型工作任务、案例等为载体组织教学单元，突出应用性与实践性，同时贯彻落实二十大精神，加强思政元素的深度挖掘，有机融入思政教育和德育内容，以深化“三教”改革、提升课程思政育人实效。

（三）创新编写理念，编制融合教材

以纸数一体化为编写理念，依托华中科技大学出版社自主研发的华中出版资源服务平台，强化纸质教材与数字化资源的有机融合，配套教学课件、案例库、习题集、视频库等教学资源，同时根据课程特性，有选择性地开发活页式、工作手册式等新形态教材，以符合技能人才成长规律和学生认知特点。

期待这套凝聚全国高职旅游院校众多优秀学者和葡萄酒行业精英智慧的教材，能够为“十四五”时期高职“葡萄酒文化与营销”专业的人才培养发挥应有的作用！

魏凯

山东旅游职业学院副校长，教授

山东省旅游职业教育教学指导委员会秘书长

山东省旅游行业协会导游分会会长

前言 Preface

2023年是全面贯彻落实党的二十大精神、以中国式现代化全面推进中华民族伟大复兴的开局之年，也是坚持推进旅游经济破除困境、重返繁荣的破题之年。葡萄酒产业是我国近些年快速发展起来的新产业、新业态，具有典型的产业融合属性，与上下游产业有着天然的关联性，是全产业链融合发展的重要载体，它与种植业、加工业、旅游业、餐饮服务业等产业高度关联、深度融合。葡萄种植和葡萄酒酿造无疑是彰显农业的休闲、生态、文化、创意、体验等功能，以及增强农村发展新动能、助推乡村振兴与农民生活富裕的重要路径。

改革开放以来，我国葡萄酒产业的生产规模和消费市场规模都在不断扩大。根据OIV（国际葡萄与葡萄酒组织）2021年发布的排名，我国已成为全球第三大葡萄种植国、第七大葡萄酒消费国。习近平总书记2020年在宁夏考察时指出：“随着人民生活水平不断提高，葡萄酒产业大有前景”“中国葡萄酒，当惊世界殊”。目前，我国正在向葡萄酒大国和葡萄酒强国迈进，葡萄酒产业链末端人才需求旺盛，不管是高端餐饮行业、国内葡萄酒精品酒庄，还是葡萄酒进出口贸易公司都有很大的人才缺口，培养德才兼备的葡萄酒产业链末端人才迫在眉睫。

2019年，在教育部发布的《普通高等学校高等职业教育（专科）专业目录》中，“葡萄酒营销与服务”专业成为新增专业，2021年更名为“葡萄酒文化与营销”专业。该专业正是为培养葡萄酒产业链末端人才，尤其是市场紧缺的侍酒师、品酒师、酒庄运营、营销贸易等人才而设立的专业。通过查询全国职业院校专业设置管理与公共信息服务平台可知：截至2023年，全国已陆续有14家院校开设了此专业，专业发展逐渐步入正轨。2023年，“酒水服务”首次被列为“全国职业院校技能大赛”的正式比赛项目；2023年8月，首届全国职业院校技能大赛高职组“酒水服务”赛项在深圳职业技术大学开赛。2023年下半年,各省份也开始陆续开展了省级高职组“酒水服务”专项比赛。从全国各个省份的参赛情况来看，各高校对“酒水服务”专项比赛表现出强烈的参赛热忱与积极的备赛姿态，这些都极大推动了高校“酒水服务”专项教学工作及葡萄酒文化与营销专业的发展。

本教材正是依托葡萄酒文化与营销专业的快速发展，同时紧跟国家职业教育的发展脉搏编写而成，是一部专注“酒水服务”的葡萄酒课程系列教材。本教材全面结合党的二十大精神，把推进习近平文化思想进教材作为本教材的重要任务，加强了本教材的整体设计。通过设计与各模块相吻合的“思政目标”等教学模板，全面系统地在教材中落实了习近平文化思想精神，充分发挥了教材的铸魂育人功能，为培养德智体美劳全面发展的社会主义建设者和接班人奠定坚实基础。

作为葡萄酒文化与营销专业核心课程的教材，《葡萄酒侍酒服务与管理》的编写凝聚了笔者15年一线教学的心血与积累。该教材也是笔者继2009年翻译出版《与葡萄酒的相遇》、2021年出版个人专著《葡萄酒的世界与侍酒服务》、2022年出版《葡萄酒文化与风土》与《葡萄酒基础与酿酒品种》之后，联合国内酒水行业资深专家与高校酒水专业老师编写的又一部系列教材。总体来看，本教材内容设计具有以下几个特点。

一、注重教材与行业的衔接性

本教材实行校企双元开发，与北京风土酒馆侍酒师团队密切合作，同时与国内数十位行业侍酒师深入联合，共同研发。他们为本教材做了单元设计、检测表设计以及文本审校等工作。接轨行业人才需求，深化校企合作，注重与行业企业和职业岗位的衔接，是本教材编写的重要特点。

二、注重教材的时效性

本教材充分体现了葡萄酒不断发展变化的这一特征，正文内容均来源于国内外侍酒服务教学权威的参考文献与书籍。另外，本教材中的“训练与检测”借鉴了行业权威的各类侍酒师大赛规则，接轨行业标准，最大限度地提升了本教材实践价值，确保了教材使用的时效性。

三、注重教材的“岗课赛证”数字化融通性

本教材积极创新教材内容与形式，注重教材的“岗课赛证”数字化融通性。本教材将岗、课、赛、证四个要素有机结合，在正文中设计了“岗课赛证”“侍酒师在线”“知识链接”“拓展阅读”等内容，全面对标侍酒师岗位需求，深入融合“1+X”葡萄酒推介与侍酒服务职业技能等级证书认证考试要求和全国职业院校技能大赛“酒水服务”赛项要求，进行“项目化”教材研发。同时，本团队还研发了以二维码形式展现的“教学视频”“语音资料”等配套资料。这些内容一方面迎合了新形态数字化教材的建设需要，另一方面也为读者提供了更多学习资源，表达方式多样，互动性更强。通过多角度呈现，满足职业教育培养高素质技术技能人才的需求。

四、注重教材的适用性

本教材吸收借鉴了国内外葡萄酒侍酒服务等相关领域的最新研究成果与案例数据，契合国际标准与规范，贴近行业需求。本教材除了适用于“葡萄酒文化与营销”专业的教学，也适用于“酒店管理与数字化运营”“餐饮智能管理”“西式烹饪工艺”“应用法语”“会展管理”“旅游英语”“空中乘务”“国际游轮乘务管理”等专业的教学。同时，本教材对我国高端餐饮业、酒水行业、酒文化推广及酒类市场贸易等行业从业者，尤其对侍酒师、品酒师、吧员、各类酒水讲师等岗位具有较强的适用性，是一本全面介绍酒类侍酒服务与管理的技能类书籍。

本教材拥有资深编写团队，主编由山东旅游职业学院葡萄酒文化与营销专业教研室主任李海英老师、浙江旅游职业学院酒店管理学院副院长张晶老师担任，副主编则由青岛酒店管理职业技术学院葡萄酒文化与营销专业教研室主任程彬老师、山东旅游职业学院孙文哲老师、郑州旅游职业学院酒店管理学院院长肖靖老师、湖南工程职业技术学院酒店管理与数字化运营专业教研室主任朱莲老师、山西旅游职业学院葡萄酒文化与营销专业教研室主任崔旭东老师及北京风土酒馆主理人李涛老师（Bruce）担任。另外，山东旅游职业学院葡萄酒文化与营销专业教研室柳花鹏老师、秦谦谦老师与杨柳老师也以参编身份参与了本教材的编写工作。

具体分工上，张晶老师主要负责模块二基础性文本的撰写工作；程彬老师、孙文哲老师、肖靖老师、朱莲老师、崔旭东老师分别负责模块一、模块三、模块四基础性文本的撰写工作；柳花鹏老师、秦谦谦老师与杨柳老师对本书的酒餐搭配部分做了基本性文字的整理工作；李海英老师负责整篇教材的章节整合、思路设计，以及教学目标、思维导图、拓展阅读等内容的编写，共计完成超过20万字的撰写量。此外，教材内“Ah-So开瓶器开瓶训练”视频由本教材企业合作方北京风土酒馆提供，从视频构思到布景拍摄全部由北京风土酒馆的首席侍酒师董云浩老师（Denis）完成。董云浩老师是2023年中国青年侍酒师团队赛的冠军团队成员，也是山东旅游职业学院2018级酒店管理专业侍酒师方向（山东旅游职业学院葡萄酒文化与营销专业的前身）的优秀毕业生。起泡酒、新老年份红葡萄酒的场景服务视频在山东旅游职业学院酒水服务训练场地完成拍摄，出镜人为山东旅游职业学院2022级酒店管理与数字化运营专业的商广立同学；其余视频在山东旅游职业学院实训场地酒窖内完成拍摄，主要出镜人为山东旅游职业学院2014级酒店管理专业优秀毕业生张旭（现为珑岱酒庄侍酒师）和于天乐。在此由衷感谢各位编者、各企业单位以及校友们的参与支持。

作为校企双元教材，本教材的编写得到众多行业企业的鼎力支持。首先，本教材邀请了北京风土酒馆侍酒师团队，并与其进行了深入合作，在此特别感谢北京风土酒馆主理人李涛老师（Bruce）与首席侍酒师董云浩老师（Denis），他们为本教材提供了编写指导与部分教学视频，并对相关章节做了文本校审，为本教材提供了宝

贵的建议与鼎力的支持。在本教材“中篇”的“侍酒师在线”中，希尔顿酒店集团大中华区西区/成都华尔道夫酒店首席侍酒师李伟老师（Colin）做了部分文本撰写工作，他以小节提示的方式展现了很多真实场景下侍酒工作的服务细节；“中篇”的东、西方饮食与葡萄酒搭配两个模块的“侍酒师推荐”文本则由绍兴慢宋酒庄上海销售经理田金雨老师（Jeff）提供，他分享了很多精彩且实用的“酒餐搭配”案例。本教材还特别邀请了侍酒师张聪老师（Christian），他对本教材进行了缜密的通稿审校。对笔者出版的葡萄酒系列教材的通稿审校工作，张聪老师已做过三次，《葡萄酒的世界与侍酒服务》《葡萄酒文化与风土》《葡萄酒基础与酿酒品种》的通稿审校工作均由他完成，张聪老师严谨细致的工作态度令人敬佩。另外，“下篇”的“侍酒师业务运营管理”中的部分章节根据潘家佳、吕静老师主编的《侍酒服务与管理》一书中的部分内容编写而成。

在此，对以上提供支持与无私帮助的行业专家致以诚挚的谢意，感谢以上所有老师的倾力支持。

本教材将由华中科技大学出版社编辑出版，这已是笔者第三次与该出版社合作，在合作过程中，他们展现出了专业性与敬业精神。在此，编写团队向对本教材给予支持与付出的王乾编辑以及出版社的其他同仁们表示感谢。

教材编写是件极为精细又辛苦的工作。由于针对高职的葡萄酒教材非常稀缺，可参考的资料又少，笔者对每一本葡萄酒教材的编写都倾注了很多心血，因此也特别注重对教材的汇编与审校工作。虽然每次完成后都会对教材进行无数遍的审阅与校订，但由于编者水平有限，难免有不足之处，敬请各位专家老师与读者朋友们批评指正。

李海英

2023年12月于泉城济南

目录

Contents

Note

上篇　学认知
——侍酒服务理论认知

模块一
侍酒师概述

模块导读

本模块从侍酒师的起源与发展开始讲起，重点围绕侍酒师的岗位职责、岗位角色进行详细解析，并对侍酒师岗位的职业道德、仪表、仪容、仪态礼仪要求与规范等进行深入阐述。这一部分的学习是迈向“侍酒师”岗位的第一步。本章内容框架如下。

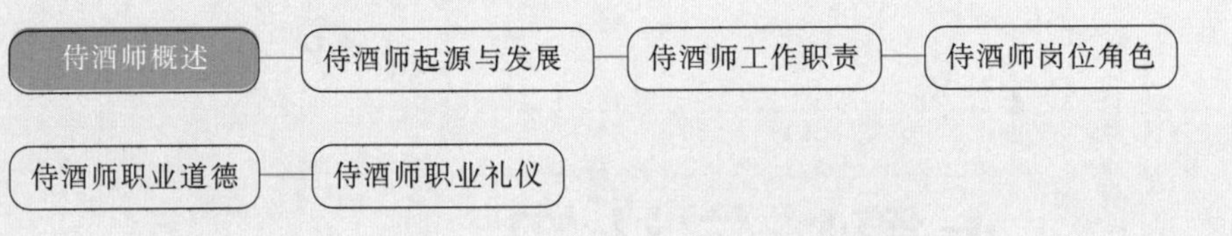

学习目标

知识目标：理解并掌握侍酒师的基本概念，了解中西方侍酒文化的历史与发展；比较中西方侍酒师工作场景的差异，明晰侍酒师岗位职责与角色；熟悉侍酒师岗位的基本仪容、仪表、仪态礼仪要求，扎实掌握礼仪标准与规范。

技能目标：运用本章知识，学生能够明确侍酒师岗位的不同角色，解决日常工作中的实际问题；能够掌握侍酒师正确的职业道德规范，并在实际工作中规范与约束个人行为；能够在日常工作中运用各种礼仪规范，提升职业素质与能力。

思政目标：通过对中西方侍酒文化和历史的梳理，培养学生良好的历史人文视野与辩证思维；通过学习侍酒师职业道德与礼仪，学生能够形成高尚的道德情操和良好的职业规范，同时加强自身审美能力，提升个人整体气质与职业素养。

项目一 侍酒师起源与发展

项目要点

· 掌握侍酒师的基本概念。
· 了解西方侍酒师的起源。
· 了解中西方侍酒文化的历史与发展。

项目解析

餐厅是酒水销售的重要场所，大部分酒水消费都发生在餐厅环境中。从较成熟国家的酒水市场发展现状来看，餐饮市场是高端酒水和精品葡萄酒消费的主要渠道。同时，作为高利润率的产品，酒水能为餐厅带来更为丰厚的利润。因此，在国外的餐厅里，通常会设“侍酒师”这个岗位，专门负责酒水的挑选、采购、服务、销售以及酒窖管理等工作。

任务一 理论认知

一、侍酒师的定义

根据我国的《饭店业星级侍酒师技术条件》(SB/T 10479—2008)，侍酒师是指“在饭店、餐饮及娱乐等相关行业中从事酒水管理、侍酒、品酒、酒水调制、酒水服务，并以此为职业的人员”。《葡萄酒推介与侍酒服务职业技能等级标准(2021年版)》中，对“侍酒服务”也做了相应的概念界定，侍酒服务是指以酒水知识为基础、以优质服务为目标的专业性工作，其内容包括但不限于：在酒店、餐厅、酒窖等场所进行酒单设计、酒水采购、酒窖管理、餐酒搭配、酒水推介、开瓶、醒酒、倒酒、品鉴等工作，让被服务对象在愉悦的状态下享受饮品与美食，领略餐饮和酒水文化的魅力。

侍酒师的国际通用名称为“Sommelier”，专指在宾馆、餐厅里负责酒水饮料的侍者，他们往往有专业的酒水知识和技能，为顾客提供酒类服务和咨询，是负责菜单的设计、酒的鉴别、品评、采购、销售以及酒窖管理的专业人士。随着时间的推移，该词的词义得到延伸，专指为法国王室贵族搬运行李、管理食物和酒水储藏的“牧童”或“侍者”。他们的一项重要职责便是用银质的试酒碟来检验葡萄酒是否被下毒。后来，“Soumelier”一词逐渐流向民间餐厅，演变为今天的“Sommelier”，即侍酒师。女性侍酒师则被

称为“Sommeliere”。侍酒师这一职业至今已发展出丰富的内涵。除了负责酒店酒水的进购、定价、销售与顾客服务等工作外，其职责还延伸至餐厅管理、促销、概念设计、员工培训、团队建设、数据报表等领域。总的来说，酒店侍酒师是负责酒店餐厅葡萄酒项目运营和管理的工作人员。在当今的酒店业，高端餐饮店通常设有初级侍酒师或助理侍酒师、侍酒师、首席侍酒师、葡萄酒总监等岗位，他们负责侍酒师团队的运营与管理。

二、侍酒师起源与发展

在西方，侍酒师的起源可以追溯到16世纪前后。最初，这一职业是指负责存货或特定类别物品的人，后来逐渐演变成负责葡萄酒的侍者。侍酒师的职责之一是确保食物和葡萄酒在储藏后仍可食用且无毒。根据当时的文献，侍酒师在为贵族和国王服务之前，必须先喝一口，确保酒中无毒，可见当时的侍酒师是一个危险且地位较低的职业。

到了19世纪末，欧洲出现了现代餐厅概念，当代侍酒师也应运而生。他们的职责是保障酒水库存良好，并为顾客提供酒水服务。随着经济的快速增长，侍酒师在优质餐厅（尤其是在法国）变得越来越重要，他们销售葡萄酒，为企业创造高额收入。那些资金雄厚的顶级高级餐饮机构开始组建侍酒师团队，他们工作高效，监管着大量的葡萄酒。侍酒师这一职业在欧洲逐渐被确立下来，地位有了很大提升，开始受到重视。

总体来看，在欧洲国家，尤其是法国，侍酒师的发展经历了100多年的历史，当代侍酒师的普及度及认可度颇高，是一个备受尊敬的职业。在大多数的欧洲国家，侍酒师有严谨、规范的晋升管理体系，通常会经历助理侍酒师、侍酒师等级，直至升到首席侍酒师，各个等级各司其职，共同负责酒店酒水管理及服务的方方面面。

二战后，在美国的高级法国餐厅，侍酒师开始逐渐兴起。到了20世纪70年代末和80年代初，侍酒师逐渐走向大众餐厅。虽然美国侍酒师行业的发展仅有50多年的时间，但他们拥有相对灵活的管理模式，以及更多的自由与发展晋升空间。目前在美国，高档餐厅已将侍酒师作为标配岗位，他们不仅致力于让每位员工了解酒水、推销酒水，还培养专职侍酒师，使其成为酒水管理与销售的多面手。整体来看，欧美国家的侍酒师已成为这些国家餐饮行业和葡萄酒行业的重要组成部分，他们的能力直接关系到其所在酒店的发展水平和盈利水平。

过去30年间，随着世界经济的快速发展，葡萄酒在北美和亚洲尤其受欢迎，消费群体和消费量呈快速增长趋势。侍酒师已经成为一个受欢迎且重要的职业，吸引了越来越多年轻人的加入。这一职业不仅在欧洲、美国或日本等传统市场具有广泛影响力，在中国、印度、南美等新兴市场也表现出了欣欣向荣的发展势头。在这些国家的一、二线城市，开始涌现出大批优秀的侍酒师，且人数还在不断增长，这些侍酒师的受教育水平普遍较高。

在我国，侍酒师的发展时间相对较短，侍酒师在餐厅的重要地位得到认可也只有十多年的时间，因此在中国，侍酒师还属于一个新兴的行业。但随着国内高品质餐饮市场的扩大，侍酒师职业快速发展。未来，侍酒师有望成为国内星级饭店和中高端餐厅的标志性岗位。

任务二 讨论与思考

做一份2018—2024年我国米其林餐厅榜单与黑珍珠上榜餐厅数量及分布的市场调研报告，并以其中几家重点餐厅为例，调研侍酒师岗位设置与酒水销售情况，分析我国侍酒师需求现状以及高端餐饮酒水需求现状。

拓展阅读

知识链接

《中华人民共和国职业分类大典(2022年版)》

2022年7月，人力资源社会保障部向社会公示了新修订的《中华人民共和国职业分类大典》(以下简称“大典”)。此次大典修订工作，是2021年4月由人力资源社会保障部、国家市场监督管理总局、国家统计局联合启动的，也是自1999年颁布首部国家职业分类大典以来的第二次全面修订。本次修订正式将“侍酒师”(4-03-02-12)职业列入大典，为侍酒师岗位定位、定薪和职业发展设计奠定了基础。

链接启示

项目二 侍酒师工作职责

项目要点

· 了解中西方侍酒师工作场景的不同之处。

· 理解侍酒师的岗位职责。

项目解析

在世界范围内，侍酒师具备丰富的酒水知识，精通侍酒服务技能和沟通技巧，能够为餐厅创造丰厚的利润，在餐饮行业拥有一定的职业地位。他们凭借自身专业的酒水服务技能和管理知识为餐厅带来新的利润增长点，因此被视为餐厅消费升级的希望。侍酒师的职能包括酒水饮料的购买、储存、库存、销售与服务，是餐饮业中一个重要的岗位。

任务一　理论认知

在一家餐厅中，除了销售菜品外，另外一个重要的收入来源就是销售酒水和饮料。随着人力资源成本和食材成本的提高，菜品的毛利率逐渐下降，压缩了餐厅的盈利空间，而酒水和饮料的毛利率要比菜品高，能够为餐厅带来更多利润。目前，一些中高端餐厅为了提高酒水的销售量，往往会设置一个专门负责酒水销售和服务的岗位，即侍酒师。

在欧洲，侍酒师的岗位职责包括了前厅侍酒服务和酒水管理两个工作模块。也就是说，欧洲的侍酒师首先是专职负责酒水事务的岗位，其次他们不仅直接从事前厅的酒水服务，也从事餐厅酒水的管理工作。在欧洲，由于餐厅的酒水消费，特别是葡萄酒的消费已经形成常态，侍酒师除了要为顾客提供侍酒服务外，还要为餐厅酒水销售业绩负责，而这个业绩往往占据整个餐厅营业额的40%以上。为达到餐厅的盈利目标，侍酒师要主动积极地与顾客保持良好的关系，力求让顾客在用餐时保持消费酒水的习惯。侍酒师的酒水管理工作主要涉及酒水的采购、仓储和营销等多个领域。

在中国，当前的餐饮业态和目前酒水在餐厅的销售现状决定了我们在设置侍酒师岗位时与欧洲的情况有所不同。目前，中国消费者在餐厅消费酒水的习惯尚未普遍形成。大部分的餐厅会将“侍酒服务”设置为岗位技能，并由一名或数名前厅服务人员在点菜时一并完成。酒水的席间服务一般也是由服务人员在进行其他席间服务的过程中顺带完成。而酒水采购、仓储管理、市场营销等则往往由餐厅的管理人员负责。近年来，这一现象开始出现转机。随着我国餐饮服务业的不断发展以及旅游新业态的出现，人们对细化、专业的酒水服务需求越来越迫切。侍酒师作为独立的酒水服务综合性岗位，开始受到越来越多餐厅的重视，这包括国内米其林上榜餐厅、黑珍珠上榜餐厅、部分精品酒庄、高端私宴、航空机舱及游艇和游轮等各类消费场合。侍酒师是负责酒店或餐厅整个葡萄酒项目管理的工作人员，其工作职责主要包括前台服务与幕后管理两大领域，如图1-1所示。

图1-1　侍酒师岗位职责

任务二　讨论与思考

请结合我国侍酒师的发展情况，对我国中高端餐饮市场发展现状与人才需求趋势进行理解。同时，请查阅我国古代“酒”相关职业岗位的历史文献，探究我国古代酒文化的先进之处。

中国酒礼文化的沿袭

中国的酒礼文化源远流长。在古代，酒是祭祀必备的物品。我国自商周时期开始，就出现了专门服务于酒礼的官职。商周时期的酒官叫作“酒正”或“大酋”；周朝时期，设“酒人”，掌管酿酒事宜，以及各类酒的管理，为祭祀活动和重大酒宴备酒，同时还设有“酒令”“酒监”，专门监督宴席的饮酒仪式，维持饮酒秩序；魏晋南北朝时期，负责酒礼的官称为“酒丞”“酒吏”“酒库丞”；隋炀帝时期，设立“司酝”“掌酝”，为宫廷女官，掌管酒礼进御之事；明朝时期，设立“御酒房提督”，专门负责给皇帝和其他皇亲国戚酿酒。这些因酒而被封爵的官员，在不同的时期负责的工作有所不同，但是基本上都涵盖了宴会酒礼、酒的酿造和酒的管理。

链接启示

项目三　侍酒师岗位角色

项目要点

- 了解侍酒师面对雇主时的角色与职责。
- 了解侍酒师面对顾客时的角色与职责。
- 了解侍酒师面对同事时的角色与职责。
- 了解侍酒师面对供应商时的角色与职责。
- 了解侍酒师的自我要求。
- 理解侍酒师各个工作角色之间的相互关系，明确岗位职责与岗位价值。

项目解析

一名优秀的侍酒师,首先必须时刻明确自己在工作中的职责与扮演的角色。面对雇主时的职责是什么?面对顾客时又应该扮演什么角色?对同事、供应商甚至对待自己本人应该承担哪些责任?只有对这些都有清楚的认识,侍酒师才能更好地胜任自己工作,体现自身价值。该项目内容的整理是根据“北京国贸大酒店侍酒师的职责与角色”完成的,内容主要覆盖了侍酒师面对雇主、顾客、同事、供应商的职责与角色,以及侍酒师的自我要求,共分五个部分,通过此部分的学习,学生可以全面地了解侍酒师的岗位角色。

任务一　理论认知

一、面对雇主时的角色与职责

首先,侍酒师与酒店方是雇佣与被雇佣关系,因此必须明确自己应当履行的责任。以下是侍酒师面对顾客时的角色和职责。

(1) 时刻认识到自己是酒店的一员,并为自己所在的酒店而自豪。

(2) 有责任塑造酒店良好的品牌形象。

(3) 不能为追求个人利益而牺牲公司的利益。

(4) 需要理解酒店具有盈利性。优秀的侍酒师是那些能够长期为雇主创造最大利润的侍酒师,通过高质量的服务、渊博的知识、扎实的酒窖管理、策划合理的促销活动以及对财务、市场分析的深刻理解为酒店创造利润。

(5) 具备商业意识与市场洞察力,要理解餐饮和葡萄酒产业是市场营销的一部分。

(6) 控制成本支出,提高酒店利润。

(7) 遵循酒店的发展方向和理念。作为侍酒师如果有不同意见,应该结合专业知识,基于事实进行阐述分析,并给出具有说服力的理由,而不是仅考虑个人的兴趣或喜好。

(8) 有积极的工作态度、敬业精神与职业道德。

(9) 积极创造回头客,建立和维护一个有用的、不断增长的顾客数据库。

(10) 不断努力改善、提高自己,不仅要成为更好的侍酒师,也要成为更好的雇员。

(11) 具备良好、扎实的葡萄酒以外饮品的知识,如茶、酒(白酒、黄酒、日本清酒等)、咖啡等。

(12) 熟悉酒店、酒吧、酒廊的酒水管理手册。

(13) 与其他部门保持密切的联系,并熟悉其工作内容,如市场营销部、财务部等。充分了解整个酒店的运作体系,提高部门协调度和工作效率,建立工作标准。

(14) 积极参与餐饮营销工作,尤其是与葡萄酒相关的品鉴活动和促销活动,如葡

萄酒晚宴、品酒会以及特别的节日等。

二、面对顾客时的角色与职责

侍酒师职业的最主要的实践性目的就是为顾客服务。多年来,侍酒师的职责在不断演变和扩大,然而,“以服务为核心”仍然是其最重要的职业理念。侍酒师应该始终牢记这一关键职责。以下是侍酒师面对顾客时的角色和责任。

(1) 所有顾客都应该得到平等对待。

(2) 时刻保持微笑迎接顾客,用微笑温暖顾客。

(3) 时刻保持整洁的面部及头部、整齐的着装以及优雅的姿态。

(4) 不使用过于随意的语言,如“嗨”“回见”“干杯”,而应使用正规的礼貌用语,如“先生、女士,早上好/晚上好”“祝您用餐愉快”“欢迎下次光临”等。

(5) 诚实面对每位顾客,当不知道如何回答或解决顾客的问题时,不要编造一些似是而非的答案,而需要对顾客说:“对不起,不好意思,我不太知道这个问题的答案,请允许我了解一下情况一会儿回复您,可以吗?”

(6) 准确识别顾客信息是可持续商业服务的重要组成部分,侍酒师应能分辨出贵宾、常客。

(7) 有效地与顾客沟通,并能正确解读顾客的需要和想法,为顾客推荐适合的饮料。

(8) 不超额收取费用。

(9) 不索求小费。

(10) 不在工作时间吸烟。

(11) 不在工作时间喝酒,品鉴葡萄酒则需要准备吐酒桶吐酒。

(12) 不向已经醉酒的顾客推销酒水。

(13) 不向未成年顾客提供任何酒精饮料。

(14) 时刻有积极的服务态度,帮助、引导顾客以及为顾客提供合理建议,不要误导或轻视顾客。

(15) 记住顾客的名字、偏好,以及顾客的订单。

(16) 不过度向顾客推销超出顾客预算的、昂贵的商品或项目。

(17) 时刻确认顾客的满意度。

(18) 不谈论政治。

(19) 不谈论宗教。

(20) 不拿外国顾客的国籍开玩笑。

(21) 不向顾客出售药物,或提供任何药物相关信息。

(22) 不向顾客提供护送、陪同或任何陪护的相关信息。

(23) 当葡萄酒即将饮用完毕,不要向顾客过度推销。

(24) 始终保持与顾客的沟通,过程中不要涉及顾客的隐私。

(25) 保持客观,每个顾客都有自己不同的偏好,不要强迫顾客接受自己推荐的产品。

三、面对同事时的角色与职责

(1) 与同事时刻保持良好的人际关系,有团队合作精神。

(2) 专注葡萄酒方面的知识和技能的提升,经常与同事分享葡萄酒与侍酒服务的相关咨询与知识。

(3) 时刻保持积极的态度,为其他员工树立榜样。

(4) 在完成自己的工作之后,积极帮助其他服务人员(如服务人员、领班、经理等),做好辅助工作,如酒餐搭配、点餐、清洗杯具、清理桌子等工作。

(5) 积极参与讨论餐饮促销活动和酒水推广活动。

(6) 与财务部门保持紧密合作关系,制定葡萄酒入库及收贮标准,做好成本分析、成本控制等工作;协助仓库管理员建立酒水库房管理标准;协助采购部门与供应商的联系或报价。

(7) 制定一个详细的团队成员培训和发展计划。

(8) 与同事保持信息共享,积极推荐他们参加行业品酒会、研讨会以及其他类型的课程学习。

四、面对供应商时的角色与职责

作为一名侍酒师,与供应商的合作是工作中至关重要的一部分,而每一种买卖关系都是复杂的,侍酒师需要履行以下职责。

(1) 与供应商保持尊重、平等的合作关系。侍酒师有决定购买的权利,但这并不意味着供应商应被无礼或傲慢对待。

(2) 参加供应商组织的品酒会或晚宴前,需确保不影响酒店的个人工作,也不要在没有接到邀请或事先通知的情况下参加品酒会或晚宴。

(3) 不要接受现金、礼品、凭证或任何贿赂。

(4) 与供应商保持良好的合作关系,但切勿因此购买不需要的葡萄酒。如果这些葡萄酒没有明确的购买理由,如质量优秀和价格合理等,就应避免采购。

(5) 与供应商谈判时应追求以尽量低的价格购入葡萄酒。

(6) 与供应商的商务洽谈应该在工作时间内完成。

五、自我要求

要成为一名优秀的侍酒师,应当对葡萄酒有足够的热情。服务是基础内容,对相关知识的积累和品尝技巧的学习也是侍酒师的重要职责所在。作为一名侍酒师,有责任不断提高自己的工作能力,力争在日常工作中有更出色的表现。

(1) 对自己的职业和未来要有清晰的愿景和目标。

(2) 不要停止学习,永远保持对学习的渴望与激情,不断增加自身的葡萄酒知识储备。

(3) 保持理性和客观的学习态度。不同的酒各有特点,品尝者也有个体差异,要学会接受这些差异,而不是批评。

(4) 定期关注重要的葡萄酒网站和杂志,以保证了解到最新的葡萄酒资讯、行业法规以及葡萄酒行业知识。

(5) 时刻关注世界范围内的餐饮业新趋势、新概念、新动态。

(6) 定期与专业人士及同事一起品尝葡萄酒,以提高品尝技巧和能力。同时,也需要了解其他饮料,包括烈酒、鸡尾酒、咖啡、茶等。

(7) 尽可能多地去葡萄酒产区或酒庄参观学习,与葡萄酒产业一线人员的交流是学习葡萄酒知识的最佳途径。

(8) 自律饮酒,切勿酗酒。

任务二 讨论与思考

根据对正文侍酒师各个岗位角色及其职责的理解,以小组为单位,调研一家有正规侍酒师岗位的餐厅,对其岗位职责进行采访调研,制作调研报告,并对其侍酒师岗位角色进行剖析。

知识链接

有关侍酒师岗位的解读

近年来,侍酒师成为国内年轻从业者青睐有加的职业。不过,侍酒师究竟是干什么的?不仅消费者,恐怕许多业内人士也说不清楚。我国第一位侍酒大师吕杨从“Sommelier”九个字母,介绍了侍酒师这个职业的定位、职责和义务。

1. Salesmanship 销售

最优秀的侍酒师,往往能够稳定而长期地给餐厅或者酒店带来经济效益。侍酒师需要通过贴心的服务、专业的知识、完整的团队、平衡而个性的酒单、创新且合理的酒餐搭配、跟得上时代的市场公关,以及自己特有的风格等,让顾客满意。

2. Operation 运营

前厅服务(Front of House)是侍酒师工作中非常重要的一部分,而服务(不仅是葡萄酒服务),也就是所谓的Operation(餐厅运营),则是侍酒师工作中最基础的部分。侍酒师需要掌握基本的服务礼仪,知道正确的酒水服务流程,能够优雅而迅速地整理餐桌,知道如何与不同性格的顾客互动,这些都是运营的基本技能。

3. Management 管理

侍酒师的工作范围和职责更多也更广,包括酒窖管理、库存控制、成本利润分析、活动创意及推广、员工培训,等等,也就是所谓的幕后管理(Back of

House)。侍酒师的管理工作还需要做很多汇报，较强的“纸上工作”(Paperwork)能力是非常有必要的。除了优秀的语言和书写能力，还要学会使用包括Word、Excel、Powerpoint，甚至EAM、Infrasys等在内的工具，为管理工作提供便利。

4. Modesty谦逊

侍酒师需要保持自信，自信地给顾客推荐葡萄酒，自信地与同事共事，自信地和同行交流。但自信并不等于自大，谦逊是侍酒师必备的品质。

5. Education教育

如果说服务和餐厅运营是侍酒师的基础，那么在学术上更进一步，和同行们拉开距离则是成为更成功、更出色的侍酒师的重要一步，因为只有这样才能让自己更具竞争力。

6. Leadership表率

侍酒师要起到表率作用，要有领导才能。侍酒师应时刻提醒自己做好应该做的事情，认真工作，帮助同事，让顾客更加享受用餐过程，给餐厅和酒店带来具有可持续性的经济效益，这样侍酒师才能得到餐厅和酒店的重视。同时，建立葡萄酒专业团队和组织员工培训也至关重要。

7. Innovation创新

侍酒师需要有创新的想法、发散的思维，甚至需要一点冒险精神，要能够开明大胆地尝试不同风格的葡萄酒，接受并试着理解不同侍酒服务理念。

8. Ethics道德

侍酒师必须遵守职业道德准则，有正直的职业品质，绝对不能有故意欺诈顾客、“敲竹杠”、以次充好等行为。

9. Respect尊重

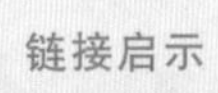

侍酒师提供的是一种“服务”，因此要尊重顾客，尊重他们的喜好、权利和隐私。另外，作为侍酒师，只是将葡萄酒在尽量完美的情况下交给顾客，是葡萄酒的传递者，所以要尊重葡萄酒的创作者，即种植者和酿酒师；还要尊重酒店或餐厅的同事、供货商、媒体和侍酒师同行们；除此之外，还要尊重葡萄酒，给它良好的存储环境，通过各种方式将它在最佳状态时“传递”给顾客。

（来源：Decanter醇鉴中国网站）

项目四　侍酒师职业道德

项目要点

· 理解并掌握职业道德的定义。

· 了解服务人员职业道德教育的目标。

· 了解服务人员职业道德的基本内容。
· 掌握侍酒师职业道德规范。

项目解析

良好的职业修养是每一个优秀员工必备的素质，良好的职业道德是每一个员工都必须具备的基本品质，这两点是企业对员工最基本的规范和要求。当今世界，人才资源已成为最重要的战略资源，人才已成为各行业、各企业关注的焦点，拥有人才数量的多少已成为评价酒店和餐厅核心竞争力的重要指标。对人才的基本要求是德才兼备，因此加强员工的职业道德教育是十分必要的。具体到侍酒师职业，侍酒师须符合一般餐饮行业对服务人员的基本要求，在强化自身服务质量和服务技能的同时，必须遵守相应的行为规范和行为准则。

任务一 理论认知

一、职业道德的定义

职业道德的定义有广义和狭义之分。广义的职业道德是指从业人员在职业活动中应该遵循的行为准则，涵盖了从业人员与服务对象、职业与职工、职业与职业之间的关系。狭义的职业道德是指在一定职业活动中应遵循的、体现一定职业特征的、调整一定职业关系的职业行为准则和规范，换句话说，它是一个社会对从事一定职业者的一种道德要求，是社会道德在职业中的具体体现。

二、服务人员职业道德教育的目标

服务人员职业道德教育的主要目的是培养服务从业人员正确的从业观念、全心全意为顾客的服务意识、团结协作的精神，以及严格的组织纪律观念和集体主义精神，不断提高服务质量。

1. 培养正确的从业观念

热爱本职工作是一切职业道德中最基本的道德守则，它要求员工爱业敬业、乐业精业，忠实地履行自己的职业职责，以积极的态度对待自己的职业活动，不断开拓进取，充分发挥自己的聪明才智，在平凡的服务岗位上创造出不平凡的业绩。

2. 培养良好的团队意识

现代餐饮经营，必须依靠团队的完美合作才能取得成功，“没有完美的个人，只有完美的团队”已成为行业共识，要把自己的职业行为完全融入整个团队的行为中。因此，同事之间、岗位之间、上下级之间，需要相互理解、相互支持、及时沟通，具有良好的团队意识。

3. 培养严格的组织纪律观念

严明的组织纪律是确保餐厅服务工作顺利进行的关键，是集体主义精神的具体体现，是服务人员应有的基本品德。培养员工严格的组织纪律观念，具体要求包括：遵守国家的法律法规，遵守单位的规章制度和操作规程，努力养成自觉的服从意识和自觉遵守组织纪律、规章制度的习惯。

4. 培养诚实守信意识

诚实守信是中华民族的传统美德，也是服务人员的首要行为准则，更是保证酒店和餐厅长久发展的关键。酒水是依赖感官品鉴的饮品，它的进购洽谈、侍酒服务、营销推荐都需要员工保持良好的职业操守与职业诚信，只有这样，才能彰显个人价值。职业道德教育要培养服务人员的诚实守信意识，以保证服务人员在工作中能以诚待人，以诚待客，扎扎实实把服务工作做好。

三、服务人员职业道德的基本内容

服务人员职业道德是职业道德的一种形式，它是一般社会道德在服务职业中的特殊体现。服务人员职业道德是服务人员在服务活动中产生和发展起来的，它是服务人员处理和调节服务活动中人与人之间关系的特殊道德要求。由于它与服务活动的特点紧密相连，因此有着与其他职业道德不同的特点。服务人员的职业道德主要有以下内容。

1. 热情友好，宾客至上

服务部门是直接面向顾客的经营部门，服务人员态度的好坏直接影响到餐厅的服务质量。热情友好是餐厅真诚欢迎顾客的直接体现，是服务人员爱业敬业、乐业精业的直接反映，具体要求：

(1) 谦虚谨慎，尊重顾客；

(2) 热情友好，态度谦恭；

(3) 乐于助人，牢记宗旨；

(4) 遵循道德，规范行为。

2. 真诚公道，信誉第一

诚实守信是经营活动的第一要素，是服务人员首要的行为准则。它是调节顾客与酒店之间、顾客与服务人员之间和谐关系的杠杆。只有兼顾酒店利益、顾客利益和服务人员利益三者之间的关系，才能获得顾客的信赖，具体要求：

(1) 广告合规，宣传真实；

(2) 信守承诺，履行职责；

(3) 童叟无欺，合理收费；

(4) 诚实可靠，拾金不昧；

(5) 坚持原则，实事求是；

(6) 规范服务，有错必纠。

3. 文明礼貌,优质服务

"文明礼貌,优质服务"是餐饮行业重要的道德规范和业务要求,是餐厅职业道德的显著特点,具体要求:

(1) 仪表整洁,举止大方;

(2) 微笑服务,礼貌待客;

(3) 环境优美,设施完好;

(4) 尽职尽责,服务周到;

(5) 语言得体,谈吐优雅;

(6) 遵循礼仪,快捷稳妥。

4. 安全卫生,出品优良

安全卫生是酒店提供服务的基本要求,服务人员必须本着对顾客高度负责的态度,认真做好安全防范工作,杜绝食品卫生隐患,保证顾客的人身安全。另外,良好的出品质量是服务人员为顾客提供优质服务的前提和基础,也是服务人员职业道德的基本要求,具体要求:

(1) 重视安全,杜绝隐患;

(2) 讲究卫生,以洁为先;

(3) 把握质量,出品优良。

5. 团结协作,顾全大局

"团结协作,顾全大局"是餐厅经营管理成功的重要保证,是处理同事之间、岗位之间、部门之间、上下级之间,以及局部利益与整体利益之间、眼前利益与长远利益之间相互关系的行为准则,具体要求:

(1) 团结友爱,相互尊重;

(2) 密切配合,相互支持;

(3) 学习先进,相互帮助;

(4) 发扬风格,互敬互让。

6. 遵纪守法,廉洁奉公

"遵纪守法,廉洁奉公"是服务人员正确处理个人与集体、个人与国家关系的行为准则,既是国家法律法规的强制要求,又是职业道德规范的要求,具体要求:

(1) 遵纪守法,严于律己;

(2) 恪守职责,按规行事;

(3) 弘扬正气,抵制歪风;

(4) 团队为上,勇于奉献;

(5) 维护国格,珍惜声誉。

7.钻研业务,提高技能

提升自身素质和业务技能是对服务人员的基本要求之一,是服务人员完成好本职工作的关键,具体要求:

(1)树立目标,真抓实干;

(2)坚定意志,强化理想;

(3)找准定位,勤学苦练。

8.平等待客,一视同仁

满足顾客受欢迎、受重视、被理解的需求是餐厅优质服务的基础。因此,每位服务人员必须对顾客以礼相待,绝不能因为社会地位的高低和经济收入的差异而使顾客得到不平等的接待和服务,要坚决摒弃"以貌取人,看客下菜"的陈规陋习。作为服务人员的道德规范,"平等待客,一视同仁"是指要尊重顾客的人格和愿望,主动热情地去满足顾客的合理要求,使顾客处在舒心悦目、平等友好的氛围中,具体要求:

(1)贵宾与普宾平等;

(2)内宾与外宾平等;

(3)东西方宾客平等;

(4)新客与常客平等;

(5)不同肤色的顾客平等。

在一视同仁的前提下要做到六个照顾:

(1)照顾先来的顾客;

(2)照顾外宾与华侨,以及我国港澳台地区的顾客;

(3)照顾贵宾与高消费的顾客;

(4)照顾老顾客;

(5)照顾少数民族顾客;

(6)照顾妇女儿童和老弱病残顾客。

四、良好职业道德的培养

培养良好的职业道德,需要从职业认识、职业情感、职业信念、职业行为和职业习惯这五个方面着手进行。也就是说,要在不断提高职业认识的基础上,逐步加深职业感情,磨炼职业意志,进而坚定职业信念,养成良好的职业习惯和行为,最终形成良好的职业道德。

1.提高职业认识

按照职业道德的要求,深刻认识自己所从事职业的性质、地位和作用,明确服务对象、操作规程和应达到的目标,认识自己在职业活动中应该承担的责任和义务,以提高热爱本职工作的自觉性。

2.培养职业感情

在热爱本职工作的基础上,从高处着想,从低处着手,培养自己对本职工作的感

情，不断加强对自身职业的认同感和责任感。

3. 磨炼职业意志

要求从事职业活动和履行职业职责的服务人员，在为顾客提供优质服务的过程中，努力锻炼自己，用坚强的意志去解决各种矛盾，处理好内外人际关系。

4. 坚定职业信念

要求不同岗位上的服务人员，干一行，爱一行，专一行，在工作中出类拔萃，为实现职业理想而坚持不懈地努力。

职业行为和习惯是在职业认识、职业情感、职业意志和职业信念的支配下所采取的行动。经过反复实践，当良好的职业行为成为自觉的时候，就形成了职业习惯。以上各个因素之间，是相互联系、相互作用、相互促进的，只有发挥所有因素的作用，才能形成良好的职业道德。

五、侍酒师职业道德规范

侍酒师作为与酒水打交道的职业，应在与顾客互动时注意自己的职业道德规范，良好的职业操守与职业道德是侍酒师的基本工作要求，也是提升综合业务修养以及构建与顾客、同事、店主良好关系的基础。具体职业道德规范可参考项目三中“侍酒师岗位角色”的相关内容。

任务二 讨论与思考

（1）在侍酒服务过程中，如果顾客主动与你谈论敏感的私人话题，你应该如何应对？

（2）在侍酒服务过程中，如果顾客之间在闲聊时谈及酒水相关的问题，并阐述了一个你认为明显错误的看法，你应该怎么做？

（3）调研一家米其林或黑珍珠上榜餐厅的侍酒师，询问其实际工作中遇到的有关职业道德的真实案例，并了解处理过程与结果，明晰侍酒服务中的行为准则与规范。

项目五 侍酒师职业礼仪

项目要点

· 了解礼仪基本概念与中西方礼仪的差异点。

· 了解仪容礼仪基本概念及其内容，并掌握基本仪容规范。

· 了解仪表礼仪基本概念及其内容,并掌握基本仪表规范。
· 了解仪态礼仪基本概念及其内容,并掌握基本仪态规范。
· 掌握主要姿态礼仪与具体规范,并能在实际工作中进行应用。

项目解析

职业礼仪是指人们在职业场所中应当遵循的一系列礼仪规范。无论在哪种服务场景下,侍酒服务人员都应该体现出专业服务人员应有的大方、得体的精神面貌与职业素养。专业的礼仪与服务姿态更容易让顾客产生信任,从而激发顾客消费动机。酒水服务与酒水管理人员的职业礼仪具体体现为仪容、仪表、仪态三个方面。

任务一　理论认知

一、礼仪认知

礼仪是"礼"和"仪"的结合。"礼"即礼貌、礼节,是对人们进行社会交际的最起码的要求;"仪"是指仪表、仪态,是一个人内在修养和素养的外在表现。将二者相结合,礼仪即是指在人际交往中,以一定的、约定俗成的程序方式来表现的律己、敬人的过程。在西方,礼仪一词最早见于法语的"Etiquette",原意为"法庭上的通行证",进入英语语义后,意为"人际交往的通行证"。西方文明史在很大程度上表现为人类对礼仪的追求及其演进的历史,但中西方文化差异巨大,这使得二者在礼仪方面也有众多不同之处,主要表现为交际方式的差异、餐饮礼仪的差异与服饰礼仪的差异。

交际礼仪方面,首先是在问候语上有诸多差异点。中国人之间见面会习惯性问一声"做什么呢",聊天时会时常谈起年龄、工资、婚否等,这些在西方人眼中会敏感地认为你要窥探其隐私,容易造成误解,产生文化冲突。另外,中西方在称谓上也有很多差异。中国文化注重长幼尊卑,对自己一向使用谦称;对他们、长辈、上级的称呼要用一定的职务称谓、头衔,以示尊敬,如您、贵等。而在西方,人们更多以名字相称,反映了他们不拘形式,以及期望密切关系的愿望。

餐饮礼仪方面,差异点则更多。中国人用餐时喜欢营造热闹温暖的用餐氛围,甚至很多重要的事情都是在餐桌上完成的。而在西方,他们更喜欢安静的用餐环境。

服饰礼仪方面,在正式社交场合,西方男士通常穿保守样式的西装、衬衫,打领带,一般穿黑色皮鞋,女士要穿礼服;在休闲场合,则主要以舒适为主,强调个人特点。在中国,虽然也受西方礼仪的影响,正式场合中男女着装与西方并无太大差异,但随着"国潮"兴起,传统服饰开始在许多场合被人们所接受。认识这些基本的礼仪要求对餐饮服务者来说至关重要。

二、仪容礼仪

仪容礼仪主要指一个人容貌上的美化与修饰，主要包括人的面部容貌、发型发式及人体未被服饰掩盖的部分，如手、颈等部位。美好的仪容既反映了个人爱美的意识，又体现了对他人的礼貌；既能增强个人自信，又能给他人带来美的感受。因此，仪容在商务礼仪中居于显著地位。

仪容礼仪的基本要求包括美观、自然、协调三个方面。

首先，在日常生活中，除了应具备正确的审美观，还应了解自己的脸型及各个部位的特点，并掌握一定化妆技巧，以便通过妆容让自己扬长避短。其次，自然是仪容的最高境界。仪容如果失去了自然，就变得毫无生命力。美化仪容要借助正确的化妆技巧，化妆要注意适度，要体现层次、点面到位、浓淡相宜。最后，美化仪容需注重妆面协调、全身协调以及与角色和场合协调，尤其对于职业人员，要以展现端庄稳重的气质为佳。

对于餐厅服务人员，女服务员要面容洁净，发型大方，头发梳理整洁，前不遮眉，后不过领。留长发的服务人员应使用统一样式的发卡将头发盘起，且不宜将发辫梳得太高，也应避免怪异发型和披肩发。妆容应以淡妆为主，在自然基础上略加修饰，不宜艳抹。指甲要经常修剪，不宜留长指甲或染指甲。男服务员的头发不要太长，以齐发际为限，不留胡须和长鬓角。男女服务员均不建议戴项链与耳环，除非餐厅为特殊风格。

对侍酒师来说，仪容礼仪非常重要。特别应注意的是，在服务过程中，侍酒师的双手会与酒瓶接触，并且很多服务环节会暴露在顾客的视野中，因此必须要注意双手和指甲的清洁。每天的仪容仪表检查是每位侍酒师工作前的一项重要准备工作（见表1-1）。

表1-1　仪容礼仪自查表

项目	序号	检查内容
仪容	1	头发：女士长发盘起，无怪异发型，短发前不遮眉，后不过领；男士头发后不及领、侧不盖耳，不留胡须与长鬓角
	2	面部：妆容整洁卫生，男士修面，女士淡妆
	3	手部：干净卫生，指甲修剪整齐，不留长指甲，不涂有色指甲油
	4	口腔：保持口腔清新
	5	其他：不戴项链与耳环，女士可佩戴简单耳钉，不喷香水，不涂深色调口红，可使用略带颜色的淡雅口红或无色唇膏

三、仪表礼仪

仪表是由人的外表，如服饰、神态、举止等外在表现构成的整体形象。本部分主要侧重对服装、服饰等外观形象的讲解。服饰是个人品位、身份、地位和职业的象征，也

是一个人形象气质的体现。员工大方得体的服饰，实际也是在向社会展示一个企业的文化，因此绝对不能忽视仪表礼仪在职场活动中的作用。通常情况下，仪表修饰需要遵循整洁、文雅、得体、个性原则以及TPO原则等。

整洁对于餐饮工作从业人员至关重要。服务人员着装要整齐、整洁，不能穿有破损、有褶皱、有污渍或异味的服装。文雅，指应凸显文雅、稳健的风度，着装应文明、大方，避免穿着过于暴露的服饰。得体，指着装应与工作人员的职业、身份相匹配，整体协调、得体的仪表能提升一个人的形象。个性，是指仪表修饰要讲求艺术性，既能起到修饰外表的效果，又能突出自身或餐厅的个性特征。因此，仪表的修饰不能千篇一律，在选择修饰的手段上，如造型、色彩、质地等方面，应更加贴近餐厅定位，体现餐厅个性。TPO原则是由日本男装协会最早提出的，是指仪表应因时间(Time)、地点(Place)、场合(Occasion)的变化而做出相应的调整。不同的场合、时间与地点应选择不同的着装。

餐厅服务人员的着装应当与个体、环境、社会相协调，特别是要服从工作需要，以便于操作、不分散顾客注意力为前提。一般来说，餐饮服务人员不宜穿着质地华贵、颜色艳丽、款式复杂的服饰。应做到制服整洁干净，佩戴工号牌(戴于左胸前)，穿褐色皮鞋或布鞋。女服务员穿裙装时应穿丝袜，男服务员应穿黑色袜子，并根据岗位要求佩戴领结或领带。侍酒师应穿着正式的西装并佩戴领结或领带，也可穿着马甲围裙一体的侍酒师服。侍酒师通常还会在左胸前佩戴一些国际认证的侍酒师或品酒师徽章，以彰显自己作为专业侍酒服务人员的身份(见表1-2)。

表1-2　仪表礼仪自查表

项目	序号	检查内容
仪表	1	上衣：工装整洁干净，无褶皱，无破损，无丢扣，可佩戴领结或领带
	2	裤子：工装整洁干净，无褶皱，无破损
	3	裙装：女士裙装，穿丝袜，注意检查丝袜是否破损
	4	围裙：干净整洁，无破损，系于肚脐高度，绑带系蝴蝶结于身后
	5	鞋子：黑色皮鞋(或布鞋)
	6	其他：佩戴工号牌，侍酒师可佩戴资格认证的徽章

四、仪态礼仪

仪态是指一个人的行为活动以及在行为活动中各种身体姿态所展现出来的风度。它是一种无声的语言，能从侧面反映出一个人的内在品质、知识能力和个人修养。如果说仪容和仪表是个人形象的静态展示，那么仪态则是个人形象的动态升华。一个人的一举一动、一颦一笑、站立姿势、走路步态、说话声调、面部的表情、待人接物的态度等都能反映出其自身修养。仪态礼仪主要包括表情礼仪、手势礼仪与姿态礼仪。

首先，在表情礼仪上，应该注意表情传达的方式、眼神与笑容礼仪。服务人员的眼睛、眉毛、嘴巴与笑容都可以向顾客传达心理状态，应注意不同场合、不同场景、不同氛

围中这些重要感官的表情细节流露，避免不合时宜的微表情导致顾客产生误会。眼神方面，在工作之中应时刻注意对顾客的注视时间、注视角度与注视位置；笑容方面，要做到面部的整体配合、笑容与语言的配合，以及笑容与仪表举止的配合，同时还要把握微笑的时机。

其次，手势礼仪是指通过手的各种动作、姿态来表达个人的情绪、思想与意图。在实际工作之中，我们应学习常用的手势礼仪，如正常垂放、手持物品、递接物品、引领顾客等。同时，也应掌握常见的以手势代替语言的手势语，如V形、OK形、竖起拇指、举手示意、请求、拜托等。遵守手势礼仪的同时，还应避免由于日常不良习惯或无意识做出的一些不良手势，以免造成不快与误解。

最后，姿态礼仪是指人在行为中的姿势与风度。姿势根据身体的动静可分为静态姿势与动态姿势。静态姿势主要包括站姿、坐姿及手势等；动态姿势又称动作，一个人的风度便是从动、静两种姿态的变化中体现出来。具体姿势要求见下文。

对于仪态礼仪，餐厅服务员应做到精神饱满、热情洋溢、温文尔雅、彬彬有礼、不卑不亢、和蔼可亲，通过适度的表情，向宾客传递热情、尊重、宽容和理解，给宾客带来亲切和温暖的感受。常见规范如下。

(1) 对待顾客应微笑服务，无微不至，有礼有节，不卑不亢。

(2) 禁止对顾客做出抿嘴、撇嘴、噘嘴、咬唇、张嘴等不当表情。

(3) 避免长时间注视顾客，注意注视角度与注视位置。

(4) 禁止做出“勾肩搭背”“眉来眼去”等不恰当的行为举止。

(5) 不要让顾客觉得服务人员在留意他们的谈话内容。

(6) 遇到滑稽或引人发笑的场景时，应在顾客面前保持稳重。

(7) 注意微笑时神态、神情与神色的管理，展现出岗位应有的谦虚、稳重、大方与得体。

(8) 在顾客面前避免用手做出不稳重的动作，如乱举、乱放、乱扶或折衣角、摸脑袋、抬胳膊、咬指尖等。

(9) 手势动作宜少宜小，应简约明快，幅度小且轻巧，避免过于复杂或大幅度挥舞手臂，以免让人眼花缭乱。

(10) 手势动作应优雅大方，避免低俗、拘谨的手势。

(11) 与顾客交谈时，掌心不宜朝下，应朝上或朝一侧，手指自然并拢，指尖朝向他人，避免用食指指点别人。

(12) 指向自己时，应掌心向内，拍在胸脯上，避免用拇指指向自己。

(13) 坐下后，双手不可随意摆放，不宜做出端臂、抱膝等动作；双腿不宜打开过大、抖动或架在其他地方。

(14) 行走时要展现优雅的风度，目视前方，避免左顾右盼或瞻前顾后。

(15) 行走时避免用力过猛，脚步声过大，避免惊扰与妨碍他人。

主要姿态礼仪与具体规范如表1-3所示，仪态礼仪自查表如表1-4所示。

表 1-3　主要姿态礼仪与具体规范

类型	具体规范
站姿	头部：抬头，两眼平视前方，嘴微闭，下颌微收，颈部挺直，表情自然，面带微笑。 肩部：肩膀水平摆正，微微放松，稍向后下沉。 双臂：双臂自然下垂，女士可前搭手，男士两手置于体侧，中指对准裤子侧缝。 胸部：胸部挺起，使背部平整笔直，不可含胸驼背。 腹部：腹部往里收，腰部正直，臀部向内，向上收紧。 腿部：双腿保持笔直，双膝并拢。 脚部：男士双脚靠拢，可形成 V 形；女士可双脚并拢，也可脚跟并拢，脚尖微微张开，两脚之间大约相距 10 cm，张角约为 45°，形成 V 形，或可两脚一前一后，前脚脚跟紧靠后脚内侧足弓，形成“丁”字形
坐姿	男士：双腿、双脚并拢，或双腿、双脚可以张开一些，但不能宽于肩部。 女士：双腿、双脚并拢或呈 V 形、“丁”字形，小腿与大腿呈 90°角，小腿垂直于地面；也可以一条腿压在另一条腿上，上面的脚和脚尖尽量向下压，双膝向左或向右略微倾斜，腿与脚不能跷得过高。女士如身着裙装，坐定后，双手在不活动时应自然相握放于双腿上，隐蔽地按压住腿上的裙子，以防裙摆翘起
蹲姿	男士：以高低式蹲姿与半蹲式蹲姿为主。高低式蹲姿为左脚在前，右脚稍后，左脚完全着地，小腿基本上垂直于地面，右脚则应脚掌着地，脚跟提起。左膝高，右膝低，臀部向下，基本是用右腿支撑身体。半蹲式蹲姿多在行走过程中使用，它的正式程度不及其他蹲姿，但在需要应急时也会采用。 女士：以交叉式蹲姿与半跪式蹲姿为主。交叉式蹲姿非常适合女性，尤其是穿短裙的人群。蹲下后，双腿交叉在一起，双脚前后靠近，合力支撑身体，上身略向前倾。半跪式蹲姿多用在下蹲时间较长，或为了用力方便时，双腿一蹲一跪，双膝应向外，双腿应尽力靠拢
行姿	头部：抬头，双目平视，收颌，表情自然平和。 肩部：双肩平稳，防止上下前后摇摆。双臂前后自然摆动，前后摆幅为 30°角至 40°角，两手自然弯曲，在摆动中与双腿间隔约一拳的距离。 躯体：上身挺直，收腹立腰，重心稍前倾。 步位：两脚尖略开，脚跟先着地，两脚向内侧落地，走出的轨迹尽量在一条直线上。 步幅：行走中两脚落地的距离大约为一个脚长，即前脚的脚跟与后脚的脚尖的距离以一个脚的长度为宜。 步速：行进的速度应当保持均匀、平稳，步速应自然舒缓，显得成熟、自信。 行走时不能走八字步或低头驼背，不要摇晃肩膀、大幅甩臂、扭腰摆臀、左顾右盼，鞋底不要拖擦地面

表 1-4　仪态礼仪自查表

项目	序号	检查内容
仪态	1	表情：眼神表情与笑容表情自然、礼貌，面带微笑
	2	手势：不浮夸，手型到位，指令传达正确
	3	姿态：姿势标准规范，匀速行走，举止大方、优雅，无小动作
	4	言语：文明礼貌，语气平和自然，不喧哗，语调自然

检测表

任务二 训练与检测

对仪容、仪表、仪态进行全面系统地训练与检测，学生可通过单人或小组式情景模拟，对自身仪容、仪表、仪态进行展示，并找出问题，加以改进。

岗课赛证

拓展阅读

• 发型与指甲：尽管不同的文化可能会对个性的发型有不同的理解，但侍酒师应尽量保持相对干练的发型；侍酒师的手在服务过程中很容易被顾客注意到，指甲的清洁度会在很大程度上影响顾客的用餐心情和用餐体验。

• 香水与异味：侍酒师必须保持身上无任何明显的气味，以免影响顾客用餐和饮酒。

• 面容与妆容：男士应保持整洁；女士可化淡妆，避免妆容过于浓艳。

• 着装与鞋子：一般而言，正式西装或休闲西装是常见的侍酒师工作着装，具体要求依餐厅而定。侍酒师需要在餐厅各处行走或长时间站立，一双舒适的鞋子尤为重要，男士一般穿着合脚、柔软的皮鞋，女士可着平底或低跟的皮鞋。

• 配饰与标志：用餐过程中，顾客的注意力应留在菜品、饮品或同桌的其他顾客身上，而不应被侍酒师的穿着所吸引，因此侍酒师身上的装饰配件应低调简洁，常见的如彰显专业的葡萄形状的胸针或代表侍酒师、品酒师证书等级的标志牌。

（来源：刘雨龙，（加）Vivienne Zhang《葡萄酒品鉴与侍酒服务：中级》，中国轻工出版社，2020年版）

训练与检测

章节小测

• 知识训练

1. 列举侍酒师的岗位职责。
2. 说出侍酒师应该具备的职业道德。
3. 归纳侍酒师应该具备的仪容、仪表、仪态。

• 能力训练

根据所学知识，制定有关侍酒师岗位职责与职业礼仪检测表，分组进行相关技能训练；设定一定场景，对本章侍酒师岗位角色与职业道德进行讨论。

模块二
酒具器皿与服务认知

模块导读

工欲善其事,必先利其器。酒水服务涉及诸多器皿和工具,其中最常见的包括酒杯、醒酒器、开瓶器、冰桶和餐巾等,除此之外,一些与侍酒服务相关的设备在服务过程中也发挥着重要作用,如恒温酒柜、分杯机和擦杯机等。作为专业的侍酒服务人员,我们既要懂得针对不同的用途如何选择和使用不同类型的器皿、工具与专业设备,也要知道如何对其进行保养和维护。本模块内容框架如下。

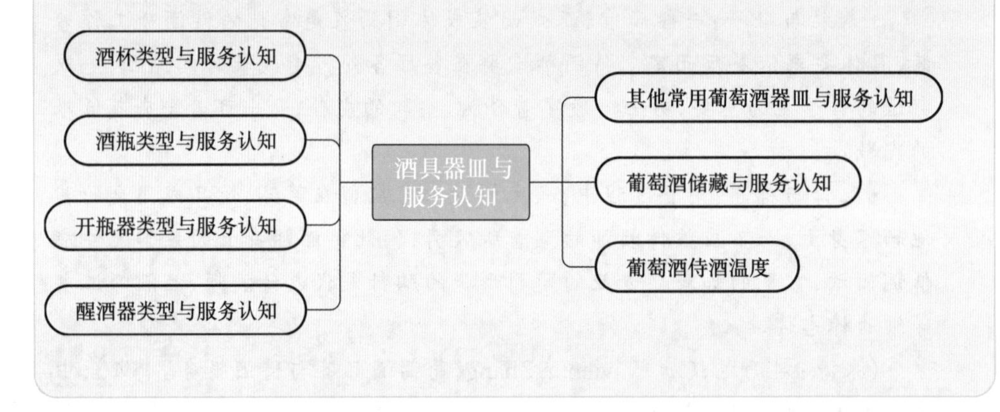

学习目标

知识目标:了解侍酒服务中常见酒具器皿类型及具体用途,熟悉其基本分类,理解不同酒具器皿的结构与运行原理,掌握其日常使用、收纳与维护的方法;掌握葡萄酒储藏方法与侍酒温度要求。

技能目标:运用本章专业知识,学生能够掌握正确使用各类酒具器皿的技能,并能在日常工作中进行正确收纳与维护;能够判断葡萄酒储藏与侍酒温度是否得当,掌握葡萄酒储藏与侍酒温度方面的基本技能。

思政目标:通过本章学习,学生能够对酒具器皿使用、收纳、维护有一定科学认知,培育正确的职业规范,提升职业素养。

项目一 酒杯类型与服务认知

项目要点

- 熟悉酒店常见的酒杯及其具体用途。
- 了解酒杯的分类方法。
- 掌握酒杯识别及挑选的技能方法。
- 掌握酒杯的收纳与维护方法。
- 能够快速辨识不同酒杯的用途并匹配不同的使用场景。

项目解析

酒杯是盛放葡萄酒的重要器皿。从古至今，酒杯的形状、大小、外观、质地都发生了很多变化，从木质、石质、陶质、锡质、银质等材质容器，到今天我们常见的玻璃杯、水晶杯，这些改进与演化，体现出人们对葡萄酒饮用器皿专业化的追求。酒杯虽然不会改变酒的本质，但不同大小、形状与质地的酒杯却可以决定葡萄酒在口腔中的流向与速度，影响气味的挥发、味道的浓淡，进而影响葡萄酒的整体平衡性。随着人们对葡萄酒饮用器皿标准的提高，酒杯的形状与大小、类型越来越多样化。一般而言，侍酒师会根据葡萄酒的不同特点，选择不同形状与容量的酒杯。市场上最常见的有红葡萄酒杯、白葡萄酒杯及杯身较长的起泡酒杯。这几种类型的酒杯都有着近似的形态，多呈郁金香型，同时都有一个长长的杯柄，这样可以使持杯较为方便；切记不要直接抓握杯肚，手掌的温度会影响葡萄酒的饮用温度。

任务一 理论认知

一、酒杯基本类型

（一）红葡萄酒杯（Red Wine Glass）

餐厅中，红葡萄酒杯一般都是较大型号的酒杯。这类酒杯杯身较大，杯口略收窄，可以让红葡萄酒的特性更好地发挥出来。由于其容量较大，放置在酒杯内的葡萄酒不易因晃动而溅出，并且增加了葡萄酒与空气接触的面积，香气有足够的空间慢慢散发开来，对柔化葡萄酒口感有很好的帮助。市场上最常见的红葡萄酒杯为波尔多红葡萄

酒杯与勃艮第红葡萄酒杯，根据酒杯的大小，倒酒量一般建议为90—120 mL。

（二）白葡萄酒杯（White Wine Glass）

白葡萄酒饮酒温度比红葡萄酒要低，其酒杯一般为中小型号酒杯。白葡萄酒饮用前需要随瓶冰镇，从酒瓶倒入酒杯后，白葡萄酒的温度会慢慢升高，选择中小型号酒杯可以有效控制倒酒量，从而使消费者收获更加理想的饮用效果。白葡萄酒杯最常见的为波尔多白葡萄酒杯，倒酒量一般建议为60—90 mL。

（三）起泡酒杯（Sparkling Wine Glass）

起泡酒杯也被称为香槟杯，其为笛状，杯身上端较长，可以更好地延长气泡上升的时间。宽大的杯身很容易使气泡过早遇到空气后爆破，影响观赏效果。起泡酒杯倒酒量一般为杯身的2/3，也可以倒至5到7分满，应避免过于满杯。进行起泡酒侍酒服务时，需要控制流速，将酒液慢慢倒入酒杯，防止气泡过早溢出。

二、酒杯其他类型

针对不同地区葡萄酒的不同口感及饮用要求，葡萄酒杯发展出了较为细致的分类，归纳如下。

（一）波尔多红葡萄酒杯（Bordeaux Red Wine Glass）

波尔多红葡萄酒杯的特点是杯身较长，呈上升曲线，通过晃动杯身，可以让葡萄酒有效氧化，释放香气。主要适用单宁较多、口感较浓郁、香气复杂多样的赤霞珠（Cabernet Sauvignon）、美乐（Merlot）、西拉（Shiraz）等波尔多红葡萄酒。

（二）勃艮第红葡萄酒杯（Burgundy Red Wine Glass）

勃艮第红葡萄酒杯是根据该地葡萄酒的口感特点发展而来，其杯口较为收缩，杯肚宽大。这样可以有效地收拢葡萄酒的香气。适合品种有黑皮诺（Pinot Noir）、内比奥罗（Nebbiolo）等，意大利皮埃蒙特（Piemonte）产区的巴罗洛（Barolo）、巴巴莱斯科（Barbaresco）通常也会使用这一类型酒杯。

（三）波尔多白葡萄酒杯（Bordeaux White Wine Glass）

与波尔多红葡萄酒杯一样，波尔多白葡萄酒杯是波尔多当地也是世界上较常见的白葡萄酒杯类型，与红葡萄酒杯相比型号较小。

（四）干邑酒杯（Cognac Glass）

干邑酒杯一般为郁金香形酒杯，这类酒杯澄清透亮，杯柄较长，有利于持杯。杯口比杯身要窄，且略向外扩，更能聚拢一些微妙的香气。该类酒杯尺寸相对较小，仅能容纳 130 mL 酒液，通常倒酒量为 25 mL 左右。

（五）碟形香槟杯（Coupe Glass）

早期，碟形香槟杯是香槟的专用酒杯，尤其是桃红香槟，该类酒杯开口较大，浅口

造型正好凸显了桃红香槟漂亮的色泽。但由于杯身较短,气泡很容易快速上升到液面破裂,很难发挥起泡酒的优势,所以起泡酒更多使用笛形香槟杯。碟形香槟杯这类经典传统杯型,现在更多使用在宴会上,成为香槟塔的主要道具。

(六)雪莉杯(Sherry Glass)

雪莉杯比正常葡萄酒杯略显细长,杯口呈现盛开的郁金香形,酒杯容量也较小,为60—90 mL,倒酒量通常为20 mL左右。

(七)ISO标准品酒杯(International Standards Organization Glass)

该类型酒杯是1974年由INAO(法国国家原产地命名管理局)设计,是广泛用于国际品酒活动的全能型酒杯,被称为国际标准品酒杯,又称为ISO杯。其酒杯容量在215 mL左右,酒杯口小腹大,杯形呈郁金香形;杯身容量大,使得葡萄酒在杯中可以自由"呼吸";略微收窄的杯口设计,让酒液在晃动时不至于外溅,且使酒香能够在杯口聚集,以便更好地感受酒香。与适合专门葡萄酒类型的酒杯不同,使用ISO酒杯并不会突出酒的任何特点,而是会原原本本地展现葡萄酒原有的风味,相比享受一款酒,ISO酒杯更适合评定一款酒,同时更能体现公平公正。

(八)O形杯

O形杯是一种更加新潮、时尚的葡萄酒杯。这种葡萄酒杯去掉了高脚杯的杯柄,只保留不同类型酒杯的杯身形状,因此在饮用时需要手握杯身,比较适合气氛活跃的年轻人聚会场合,它减少了高脚杯带来的距离感,让宴会变得更加随意、亲切、自然,营造出一种"无拘无束"的饮酒氛围。

(九)子弹杯(Shot Glass)

子弹杯主要用于饮用伏特加、朗姆与龙舌兰等烈酒饮品,又名"Shot杯"。"Shot"是一个容量的概念,约等于1盎司,即大约30 mL的容量。

(十)格兰凯恩杯(Glencairn Glass)

格兰凯恩杯是专门为品鉴威士忌而设计的酒杯。格兰凯恩杯的杯口较小,杯肚略微宽大,可以容纳足够分量的威士忌,并在杯肚将香气凝聚,再从杯口释放出来,让品鉴者能够持久地感受酒液的香气。该类酒杯是一种净饮杯,也就是说在使用这个酒杯饮用威士忌时不应该加冰或其他混合物。

(十一)古典杯(Old-Fashioned Glass)

古典杯也是一种用于饮用威士忌的杯型。古典杯杯口较大,可以加入冰球或者冰块。在美国和日本,人们经常将用于饮用威士忌的古典杯当作冰饮杯。

(十二)阿尔萨斯杯(Alsace Glass)

阿尔萨斯杯是阿尔萨斯地区特有的杯型。这种酒杯的杯杆呈碧绿色,杯身呈碗状。由于阿尔萨斯地区的葡萄酒以白葡萄酒为主，当淡黄色的酒液注入酒杯后，与杯杆的颜色相搭配，给人一种美妙的视觉享受；由于阿尔萨斯葡萄酒以甜美的果香著称，这种碗状的酒杯能够让品鉴者更容易感受到阿尔萨斯葡萄酒甜美的风格。

（十三）白酒杯(Baijiu Glass)

饮用白酒的酒杯可以由多种材质制成，常见的有玻璃和陶瓷两种。其形状与高脚杯相似，饮用白酒讲究“小酌一口”，因此杯子设计的容量一般在10—15 mL。

（十四）蛇目杯(Janome Kikijoko)

蛇目杯是专用于日本清酒品鉴的酒杯类型，其特征是杯底处有两道蓝色的圆圈，与蛇的眼睛相似，故而得名。在品鉴日本清酒时，可以通过观察白、蓝分界线来清晰地辨别日本清酒的澄清度，观察白色圆圈的部分可以帮助我们判断酒是否有熟成和劣化等迹象。

三、酒杯搭配认知

葡萄酒杯类型多样，作为一名合格的侍酒师，该如何为葡萄酒搭配酒杯呢？

（一）良好的视觉

葡萄酒色泽各异，为了客观正确地看清葡萄酒颜色，应选择无色透明酒杯，亮度与光泽是选择酒杯时需要首先考虑的因素（个别盲品使用的黑色酒杯除外）。日常服务中切忌使用带有颜色的酒杯，否则会影响酒的观赏性。目前市场上最常用的是透明玻璃水晶杯，瓷器、木质与银质类器皿由于不透光，均不适合用于葡萄酒品鉴。

（二）合适的形态

好的酒杯有大小合适的杯身和略收缩的杯口。大小合适的酒杯可以让葡萄酒与空气更好地接触，让酒液在酒杯内自如转动，更好地释放香气，使口感柔顺。同时，酒杯要有一定长度的杯杆，方便饮用者持杯，且不会碰触杯身使葡萄酒温度上升，而错失最佳饮酒温度。设计简单、透亮、光滑且轻巧是葡萄酒杯设计的一般原则，奇形怪状或设计过于复杂的酒杯和杯底或者杯身部位有装饰物的酒杯，均不适合观赏葡萄酒颜色，也不方便抓握，都应尽量规避。郁金香形杯是最合适的葡萄酒杯形态。

（三）细分的功能

酒杯制作发展到今天，已经达到一个非常高的水平。不同地区的从业者根据当地葡萄酒的特点，研发出了适合的酒杯，其形状与大小能更好地展现该款酒在饮用时的最佳风味，如波尔多葡萄酒杯、勃艮第葡萄酒杯、雷司令专用酒杯、阿尔萨斯酒杯、霞多丽专用酒杯、雪莉杯与威士忌专用酒杯等。因此在酒水服务时，应根据顾客需求与葡萄酒风味要求，搭配相适宜的细分酒杯类型，这样可以更好地体现服务的标准与规格。

四、酒杯的维护与收纳

酒杯使用后需及时收纳至吧台或洗涤间。收纳时应按照杯子的形状进行分类放

置，将普通酒杯与水晶酒杯区分管理。水晶酒杯通常设有专用的收纳柜，如果没有收纳柜则应放置在干燥的储存空间或倒挂在吧台的杯架上。酒杯的洗涤一般可选择机洗与手洗两种，可使用洗洁精去除杯子的污渍，使其恢复晶莹透亮的状态。专业的餐厅会在擦杯前用蒸汽熏蒸，然后再用餐巾将其擦干。

任务二 训练与检测

小节提示

准备以上几款类型的酒杯，要求学生对酒杯样式进行识别，拓展知识点讲解酒杯与产区发展的历史渊源，以及酒杯的收纳与维护。

项目二 酒瓶类型与服务认知

项目要点

· 了解常见酒瓶类型及用途。
· 熟悉酒瓶分类方法及酒瓶容量。
· 掌握不同酒瓶的地域性差异，并能介绍酒瓶来源地。
· 掌握酒瓶保管收纳方法。

项目解析

玻璃酒瓶是存放葡萄酒最适宜的容器，但在历史长河中，玻璃制品却是17世纪才出现的事物。受当地的习惯传统和酒的风格影响，酒瓶的形状、大小、颜色都不尽相同。了解这些不同点，可以让我们更好地熟悉葡萄酒知识的方方面面，增强对葡萄酒文化的了解。

任务一 理论认知

一、酒瓶的发展

最开始，葡萄酒的存放容器并不是我们现在常见的玻璃制品，而是陶器、瓷器、木质罐甚至皮革等。早在约5000年前的格鲁吉亚，人们就开始使用名为奎弗瑞(Qvevri)的陶罐来盛放葡萄酒了，这也是目前已知的最早的用于盛放葡萄酒的容器。这种容器没有握柄，呈蛋形，体积也较大，不易运输。在发酵和熟成葡萄酒的过程中，奎弗瑞会

被埋在地下，这一做法在格鲁吉亚延续至今。到了罗马时期，人们对陶罐进行了改进，发明了双耳瓶作为储存、运送葡萄酒的工具，随着罗马军队的出征，这个器皿也广泛传播开来，但它仍然有很多弊端，如较为沉重，也不便于运送，破碎率较高，黏土的材质也会影响酒的风味。

公元前2世纪左右，橡木桶逐渐取代了陶罐，成为储藏葡萄酒的主流容器。据说，古罗马的一位探险家普利尼(Pliny the Elder)在高卢发现这里的人使用木桶来运输啤酒和水，后来他把这一“新鲜”工具介绍到罗马。由于材料易得、方便运输，橡木桶很快成为双耳瓶的替代品，到公元前3世纪左右，双耳瓶已基本退出了历史舞台。橡木桶一直在葡萄酒的酿造与运输中扮演着极其重要的角色，但由于易氧化，葡萄酒还是难以长期储存。17世纪后，随着玻璃工艺的成熟，玻璃瓶开始逐渐成为盛放葡萄酒的重要容器，特别是随着软木塞这种封口材料的配套出现，玻璃瓶成为储藏葡萄酒的首选容器。玻璃瓶与软木塞的结合意义重大，自此之后，葡萄酒可以长久地储藏在玻璃瓶中，玻璃制品本身对葡萄酒风味没有影响，因此这种器皿对葡萄酒品质的稳定性维护效果极佳。同时，软木塞天然的透气性又为陈年葡萄酒提供了最佳条件，两者的结合堪称完美。

二、酒瓶的结构

酒瓶由瓶封、瓶颈、瓶肩、瓶身与凹槽五个部分组成。瓶封是指在酒瓶上方包裹的金属薄片，有保持瓶口清洁与延缓葡萄酒蒸发的作用。它通常由塑料、锡合金、纸等材质制成，起泡酒瓶的瓶封是用铁丝罩住软木塞并使其固定在瓶口。瓶封颜色也不尽相同，有银色、红色、绿色等，各地或各酒庄有不同的标注习惯。瓶颈指木塞或螺旋盖与瓶身之间的部分；瓶肩指瓶颈与瓶身之间的倾斜部分，不同产区、不同风格的葡萄酒，其瓶身的倾斜角度都有所不同，市场上最常见的为“高肩瓶”与“斜肩瓶”；瓶身为酒瓶的主体，大多数为圆柱形；凹槽位于酒瓶底部，为该处的凹陷部位，与平底相比，它可以更好地积淀沉渣，这对起泡酒尤为重要。

三、酒瓶的颜色

市面上的酒瓶有各种不同的颜色。起初，由于玻璃制造技术受限，所有玻璃原料中都混杂有含铁化合物，因此玻璃制品呈绿色，酒瓶也不例外。后来，人们逐渐发现不同的颜色对光的反射能力也不同，有些颜色对葡萄酒的储藏起到一定保护作用，绿色可以遮挡一定的强光，棕色可以过滤更多的有害光线，透明色可以突出酒液的色泽与清澈度。玻璃制造技术的进步，使酒瓶颜色的多样性成为可能，但仍然以绿色为主。目前，红葡萄酒多使用深绿色或棕色酒瓶，如波尔多红葡萄酒瓶为深绿色，干白葡萄酒多使用浅绿色，桃红葡萄酒及甜型酒则更多地使用透明色酒瓶。在德国以及法国的阿尔萨斯等地，酒瓶颜色就更具有多样性了，常见的有棕色、蓝色、枯黄色、褐色、琥珀色、褐绿色等，酒瓶颜色与当地传统及酒的风格有一定关系。

四、酒瓶的类型

（一）波尔多酒瓶（Bordeaux Bottle）

波尔多酒瓶使用范围广泛，是市场上非常有代表性的酒瓶，它的特点是圆柱形瓶身，耸起的瓶肩厚实而明显，因此也被称为高肩瓶（High Shouldered Bottle），波尔多周围的西南地区、南法地区、跨过比利牛斯山脉的西班牙，以及葡萄酒发展历史中深受法国波尔多影响的智利、美国加州，它们的葡萄酒酒瓶都与波尔多酒瓶类似。我国大部分葡萄酒的酒瓶也是效仿波尔多酒瓶制作。

（二）勃艮第酒瓶（Burgundy Bottle）

与波尔多酒瓶不同，该类型酒瓶两侧瓶肩往下斜，有很强的线条感，因此也被称为"斜肩瓶"（Sloping Shouldered Bottle），与勃艮第临近的薄若莱、罗讷河谷、汝拉、萨瓦等葡萄酒产地都受其影响，多使用该类型酒瓶，另外黑皮诺以及大部分白葡萄酒的酒瓶也为该类型，是世界葡萄酒效仿的典范，使用范围很广。

（三）香槟酒瓶（Champagne Bottle）

香槟酒瓶的外形类似勃艮第酒瓶。因为香槟有很强的气压，所以为了保证运输安全，会使用较为敦实、厚重的酒瓶，也被称为"重口瓶"。

（四）莱茵、阿尔萨斯酒瓶（Rhine/Alsace Bottle）

这两个地区使用的酒瓶有非常强的地域特色，由于该类型酒瓶源于德国一个叫霍克海姆（Hockheim）的小镇，因此也被称为霍克瓶（Hock Bottle）。它用于盛装德国莱茵河流域和邻近法国阿尔萨斯地区的白葡萄酒。这类葡萄酒一般为日常饮用，不需要长时间存储，酒中亦无沉淀，瓶底较平无凹陷，又因瓶身纤细修长，犹如长笛，也被称"笛状瓶"。该类酒瓶的颜色也非常多样，各地区按照习惯分别使用不同颜色，有浅绿色、草绿色、黄棕色、红棕色、蓝色等。

（五）其他有地方特色的酒瓶

除以上几种较有代表性的酒瓶外，一些具有悠久历史传统的葡萄酒产区，也产生了具有地域特色的酒瓶。例如，德国法兰肯的球根状酒瓶；法国汝拉稻草黄酒的克拉夫兰酒瓶；波特、雪莉的黑酒瓶；意大利马尔萨拉酒瓶；匈牙利托卡伊甜酒瓶；普罗旺斯酒瓶等。

五、酒瓶规格与材质

随着市场个性化需求的增多，新概念酒瓶应运而生（见表 2-1）。从容量上来看，不再局限于 750 mL，逐渐发展出半瓶装 375 mL、约四分之一瓶装 187 mL、200 mL、220 mL，甚至 1 L、3 L、5 L、6 L、9 L 的大容量酒瓶也普遍存在于市场之中，是众多葡萄酒爱好者、收藏家钟爱的酒瓶类型。从材质来讲，除了玻璃制的酒瓶外，塑料酒瓶、易

拉罐式酒瓶、纸盒式酒瓶也均有出现，缤纷的颜色及多样的外观吸引着人们的注意，成为个性化市场的亮点。

表2-1　不同容量酒瓶名称

瓶名	容量	使用地区
短笛瓶 Piccolo/Split	187.5 mL	香槟
半瓶 Demi / Half	375 mL	波尔多
珍妮瓶 Jennie	500 mL	苏玳/托卡伊
标准瓶 Standard	750 mL	通用
马格南瓶 Magnum	1500 mL(2标准瓶)	波尔多/勃艮第
马格南瓶 Magnum	1600 mL	香槟
双倍马格南瓶 Double Magnum	3000 mL(4标准瓶)	波尔多
罗波安瓶 Rehoboam	4500 mL(6标准瓶)	香槟
耶罗波安瓶 Jeroboam	4500 mL(6标准瓶)	波尔多
帝王瓶 Imperial	6000 mL(8标准瓶)	波尔多
玛士撒拉瓶 Mathusaleh	6000 mL(8标准瓶)	香槟/勃艮第
亚述王瓶 Salmanazar	9000 mL(12标准瓶)	香槟
珍宝王瓶 Balthazar	12000 mL(16标准瓶)	通用
巴比伦王瓶 Nebuchadnezzar	15000 mL(20标准瓶)	通用

任务二　训练与检测

准备以上几种类型酒瓶，要求学生对酒瓶样式进行识别，并能拓展知识点，讲解酒瓶与产区的历史渊源。

项目三　开瓶器类型与服务认知

项目要点

- 了解开瓶器的历史与起源。
- 了解市场上常见的开瓶器的类型。
- 掌握各种开瓶器的使用方法与技巧。

· 熟练掌握酒刀的使用方法。
· 掌握开瓶器的维护与收纳方法。

项目解析

开瓶器是软木塞的最好伴侣，使用开瓶器开瓶为软木塞的普及创造了条件。几个世纪以来，人们在开瓶器上绞尽脑汁，力求达到平稳、快捷、干净的理想开瓶效果。于是，今天我们看到了形状多样、功能齐全的各类开瓶器，外观上也从简单到复杂，满足了人们的多种需要。开瓶器的主要功能是用来拔出葡萄酒封瓶的软木塞，其由把手及螺旋钻组成。开瓶器是酒水服务最常见的服务工具，了解开瓶器的发展，认识常见开瓶器的类型，并掌握其使用方法非常关键。

任务一 理论认知

一、开瓶器历史发源

市场需求是催生新事物的最大动力。17世纪以来，随着玻璃瓶制造业的兴起，软木塞封瓶成为重要的酒瓶封口手段，人们就一直在寻找一种更便捷的开瓶工具。开瓶器最早的雏形出现于17世纪80年代，军械工人对清洗枪筒的工具进行加工，制成了一种简易的开瓶器。此后，人们在此基础上不断改进。1795年，英国牧师塞缪尔·亨谢尔设计了一款带有木质手柄的螺旋开瓶器，该设备申请专利后，被正式命名为“开瓶器”，并得到了广泛的使用。1802年，英国人爱德华·汤普森通过嵌套螺旋实现了开瓶器的单向螺旋化，并因此获得了专利，这种开瓶器在第一根螺旋旋转到头时，第二根会继续旋紧，带动软木塞旋转并向上移出，为此后其他更便捷的开瓶器奠定了设计基础。1882年，德国发明家卡尔·文克申请了一个名为“Waiter's Friend”（中文名为“侍者之友”，也被称为“Butler's Friend”或“Wine Key”）的专利，即我们常说的“酒刀”，这种开瓶器借助刀与瓶口的杠杆作用使酒塞更容易拔出。之后开瓶器进行了许多改良，其中较出名是现在常见的双截杠杆设计。1888年，希利发明了带齿轮的双翼开瓶器，1930年传入美国，至今仍非常流行。1979年，工程师赫伯特·艾伦设计了“Screwpull”开瓶器并申请了专利。同时，他还设计了另一种开瓶器并获得了专利，这一款开瓶器通过一根手杆，配合一上一下的动作，将酒塞快速拔出，后期改良为兔耳形开瓶器，风靡市场。

二、开瓶器类型及使用方法

（一）侍者之友（Waiter's Friend）

这是一款可折叠的开瓶器，身形细长，包括一根螺旋杆和一根杠杆，外形小巧，方便随身携带，深受侍酒师喜爱，因常伴随侍酒师左右，故取名“侍者之友”。它主要有三

个部分:一把带锯齿的折刀、一个尖头螺丝状的螺旋钻、一个带有卡位的杠杆装置。该类酒刀在开瓶时需要首先用带锯齿的折刀从瓶口外凸处将封帽割开,除去上端部分。接着对准中心将螺旋钻慢慢旋入软木塞,用卡位扣紧瓶口,平稳地将把手缓缓拉起,将软木塞拔出。当木塞快要离开瓶口时,用食指与拇指左右晃动木塞,将其轻轻拔出,整个开瓶过程中尽量保持瓶身平稳。

(二)双翼开瓶器(Wing Corkscrew)

双翼开瓶器在使用时,随着螺旋杆旋入酒塞,开瓶器两侧的臂会抬起来,将臂下压就可以拔出酒塞,这种开瓶器十分省力、方便。

(三)兔耳形开瓶器(Rabbit Corkscrew)

兔耳形开瓶器是一种快速开瓶器,因其两个用于夹住葡萄酒瓶颈的把手像兔耳而得名。它在“兔耳”把手夹住瓶颈后,快速压下压杆,使螺旋钻快速进入酒塞,然后回拉压杆,使酒塞脱出。

(四)老酒开瓶器(Ah-So Corkscrew)

老酒开瓶器适用于老年份葡萄酒的开瓶,年份较老的葡萄酒由于长时间陈年,软木塞可能腐化或者断裂,使用其他类型开瓶器,容易出现断塞或者木屑碎片掉入酒液的现象。此时应该选择一种较为温和的开瓶方法,老酒开瓶器的设计正好满足这一要求。使用方法是将老酒开瓶器的两个铁片从软木塞和酒瓶的缝隙插入,钳住整只软木塞后,一边旋转一边向上拔出软木塞。

(五)螺旋拔塞器(Cork Screw)

这个设备虽小,但非常实用,适合拔取开瓶时断裂的木塞。使用时,将螺旋拔塞器的三根脚爪插入酒瓶,在脚爪低于损坏的软木塞之后,将金属或塑料环向手柄方向移动,脚爪因此向外撑开,之后将螺旋拔塞器拉出,断裂的木塞会被脚爪固定住并随之被带出酒瓶。

(六)卡拉文取酒器(Coravin Wine Preservation System)

卡拉文取酒器是将一根注射器插入酒塞之中,向酒瓶内注射惰性气体,酒液就会流出来。该取酒器属于自动装置,整个过程不用取出酒塞,也不会使空气进入瓶内。使用时,把卡拉文取酒器压在瓶子上,它会引导注射器穿过酒塞,自动抽取酒液,并注入惰性气体。由于软木塞具有一定弹性,注射器取出时,软木塞会恢复到密封的状态。最新款的卡拉文取酒器配有蓝牙装置,可检测取酒器内气体的使用情况、清洁情况和电池寿命,使用非常方便。

(七)香槟刀(Champagne Saber)

香槟刀是用于开启香槟瓶的一种工具,它本身是军刀的模样。使用时,一般左手持香槟瓶,右手持刀,瓶口朝向没有人的地方,用香槟刀向外对香槟瓶的瓶口做出“削”的动作,香槟瓶口在与香槟刀撞击的瞬间脱落。

三、开瓶器的维护与收纳

侍酒师一般会随身携带一把专属开瓶器，每次使用完毕后都要放置在制服的口袋中。在日常工作中，侍酒师要每天检查开瓶器是否处于可正常使用的状态，主要检查瓶帽切割刀片的锋利程度与螺旋钻的各个零部件的功能，确保服务时不会出现问题。老酒开瓶器需要定期用干净的餐布擦拭与清洁，电动开瓶器需检查电量是否充足。收纳时，如果是私人用品，需自行保管；如果是公共用品，则要按照规定收纳至餐厅规定位置。餐厅共用的开瓶器应由专人进行管理，以免丢失。

任务二 训练与检测

准备以上几款类型的开瓶器，要求学生对开瓶器进行功能识别以及使用方法的训练。

重点学会“侍者之友”、老酒开瓶器以及卡拉文取酒器的使用方法，采用实操演练的方式进行拓展性训练。

岗课赛证

拓展阅读

•根据不同场景，侍酒师需要用到不同工具，但日常工作中，侍酒师应随身常备这些工具。

•侍酒师常备工具包括开瓶器2个、笔2支、便签条1本、火柴1盒。

（来源：刘雨龙，（加）Vivienne Zhang《葡萄酒品鉴与侍酒服务：中级》，中国轻工出版社，2020年版）

项目四 醒酒器类型与服务认知

项目要点

· 了解醒酒器的起源与发展。

· 了解醒酒器的用途与功能。

· 能够分析判断什么类型的酒需要醒酒。

· 掌握醒酒器的基本类型与用途。

· 掌握醒酒器的维护与收纳方法。

项目解析

醒酒器(Decanter)是葡萄酒服务过程中的常用器皿。醒酒是指把葡萄酒从酒瓶内换入另一个容器的过程,这个容器通常被称为醒酒器。通过醒酒,我们可以将酒中的沉淀物分离出来,又可以让葡萄酒与空气亲密接触,释放香气与风味,因此广受消费者喜爱。这种服务方式也被称为"换瓶",且由于在换瓶过程中可以过滤掉其中的沉淀物质,也被称为"滗酒"。这项服务作为葡萄酒侍酒服务的重要内容,被市场广泛接受,形态各异的醒酒器吸引着顾客,侍酒师优雅的服务过程也会让顾客感到舒适愉悦。

任务一 理论认知

一、醒酒器的发展

最早的时候,葡萄酒被直接从酒桶倒入双耳壶中,然后呈现在餐桌之上。古罗马最早采用玻璃器皿盛放葡萄酒,随着罗马帝国的没落,主流盛酒器皿慢慢转变铜质、银质、金质器皿,甚至各类陶制器皿。文艺复兴时期,市场上出现了彩色玻璃葡萄酒容器,使用玻璃器皿醒酒器成为潮流。第一代醒酒器的特征为上窄下宽,葡萄酒倒入器皿中大约五分之一高度,让酒的液面与空气的接触面积足够大,使酒的香气能充分挥发。外观上,这类醒酒器大都有着纤细、柔美的曲线,有着流畅的瓶颈与圆形底层,在市场上最为多见。第二代醒酒器的形状由两个三角形组合而成,可以让酒液与空气的接触面积更大。瓶身的三角形设计让酒的杂质可以更快地沉淀,并在倒酒时,防止沉淀物受到摇晃。第三代醒酒器与第一代醒酒器样式接近,不同的是这一代醒酒器的底部更加宽大,最宽处直径超过 20 cm,另外瓶口还配有一个玻璃漏斗,方便倒入葡萄酒。如今,醒酒器与艺术结合的范例越来越多,人们把更多的创意应用到了醒酒器的设计上,产生了许多造型各异、充满艺术感的醒酒器。

二、醒酒的作用

醒酒器虽然形态各异,但都有一个大小不一的"酒肚",这个开阔的空间可以让葡萄酒与空气接触更充分,释放葡萄酒香气的同时口感也会变得柔顺。另外,对于陈年葡萄酒来说,由于单宁与色素会在漫长的岁月里陈化,瓶内经常出现自然沉淀物。这些沉淀物呈现为非常细密的红色颗粒状,饮用时稍有苦涩感,倒入酒杯往往影响外观,过滤酒渣是服务时的优化性建议。同时,陈年葡萄酒在香气上偶尔会出现还原性气味以及其他令人不适的气味,通过换瓶醒酒,也可以达到去除异味的作用。在葡萄酒服务过程中还有一种情形,即葡萄酒往往被保存在避光的酒柜内,温度会较低,进而影响葡萄酒口感,如果顾客允许,可以通过醒酒换瓶提升葡萄酒的饮用温度,这也是醒酒的一项重要作用。总结一下,醒酒的作用主要有以下几个方面。

(1) 过滤沉淀。

(2) 柔顺口感,释放香气。

(3) 去除异味,适应室温。

(4) 烘托气氛,提高服务规格。

三、需要醒酒的葡萄酒

从以上醒酒过程与作用来看,我们发现并不是所有葡萄酒都需要醒酒,相反,需要醒酒的葡萄酒种类其实并不多。过度醒酒会使得葡萄酒丧失香气,破坏葡萄酒酒体的架构与质感。一般情况下,需要醒酒的首先是有陈年潜力的优质好酒,一般有一定年份(通常超过5年)。这类葡萄酒储藏时间较久,葡萄酒内易产生沉淀物,同时葡萄酒因长时间陈放在封闭酒瓶内,香气与口感较为闭塞,通过换瓶可以有效解决这一问题。另外一些品种,如赤霞珠、西拉、丹娜等,这些葡萄酒有些未经陈年,但由于口感过于浓郁,也可以根据顾客需要进行醒酒,也就是所谓的"新酒醒酒"。由于此时还没有产生沉淀物,所以醒酒时不需要蜡烛提供光源。另外,一些产区特定的葡萄酒类型,以及个别酒庄为了避免香气的过度损伤,在酿造过程中未进行过滤澄清便进行装瓶的葡萄酒,其沉淀较多,建议在饮用前滗酒过滤。其他情况可以根据顾客需求,灵活选择是否进行醒酒服务。至于哪些酒需要醒酒,简单归纳如下。

(1) 有一定陈年的葡萄酒;

(2) 品质较高的葡萄酒;

(3) 口感浓郁的葡萄酒;

(4) 未进行过滤澄清的葡萄酒。

四、醒酒器的类型

根据葡萄酒的陈年时间以及口感的不同,目前市场上的醒酒器可以分为新酒醒酒器与老酒醒酒器两大类型。新酒醒酒器一般使用空间较大的醒酒器皿,葡萄酒倒入后与空气接触面积大,可以达到快速醒酒的效果。一般而言,新酒醒酒器建议使用于年份较新、酒体浓郁的葡萄酒。而老酒醒酒器一般构造精致、结构复杂、内部空间相对较小、葡萄酒与空气接触面积有限,这样的醒酒器器皿可以让葡萄酒慢慢氧化,不易损害葡萄酒脆弱的酒体构架,适用于陈年老酒的醒酒。

五、醒酒时间及方式

葡萄酒醒酒时间很难精确估算,一般侍酒师可以根据酒标上的信息,如年份、产区、品种、等级等,以及价位和品鉴经验进行判断。另外,在征得顾客允许的情况下,也可以开瓶后代其品尝,根据葡萄酒口感、单宁、香气等状态判断其醒酒时间。建议醒酒时间一般在几十分钟至2小时之间。醒酒的方式可以选择慢醒,也可以选择快醒。慢醒是指把葡萄酒倒入醒酒器之后静等;快醒是指醒酒时向顺时针方向将醒酒器稍做转动,加速葡萄酒的氧化。针对一些年份较老的优质干红葡萄酒,还可以选择二次醒酒,

即醒酒一段时间后，为了避免葡萄酒香气的过度散失，将酒液再次倒入原瓶内，然后进行侍酒服务。在这个环节里，侍酒师的工作经验以及品鉴能力显得尤为关键。同时，醒酒时间的长短也需要与顾客沟通，根据顾客的喜好随时调整。

六、醒酒器的维护与收纳

醒酒器在使用后应及时收纳至洗涤间，放置在指定的醒酒器存放点。洗涤方式一般为手洗，具体洗涤与擦拭方式见后文。清洗完后，用醒酒器专用的支架将其支撑起来，将水沥干。收纳时，一般用保鲜膜封口，用包装盒或防尘袋进行收纳，放置在干爽、安全的位置。

小节提示

任务二　训练与检测

准备各类型的几款醒酒器，要求学生对开瓶器进行功能识别并熟练掌握使用方法。采用实操演练的方式进行拓展性认知训练。

项目五　其他常用葡萄酒器皿与服务认知

项目要点

- 了解其他常用葡萄酒器皿的类型。
- 掌握其他常用葡萄酒器皿的使用及保管方法。

项目解析

在酒水服务过程中还有很多其他常用器皿，它们在服务中也发挥了重要作用，了解这些器皿的使用方法可以更好地帮助我们提升侍酒服务质量。

任务一　理 论 认 知

一、倒酒片(Wine Disc)

倒酒片是厚度为0.1—0.15 mm的PET材质的圆形亮片。在倒酒的过程中，将倒酒

片卷起，插到瓶口处，可以有效防止酒液从瓶口侧漏或泼洒出来，便于掌控倒酒量，让侍酒服务变得更轻松。倒酒时应注意把控速度，同时注意定期清洁倒酒片。许多酒庄和餐厅会将自己的品牌Logo印制在倒酒片上，然后将倒酒片作为礼品赠送给顾客。

二、酒篮与支架(Wine Basket and Rack)

酒篮与支架是专门用于把葡萄酒从酒窖或酒柜运送到顾客面前的设备，尤其适用于有沉淀的老年份葡萄酒，这类支架可以保证葡萄酒在运送过程中倾斜放置，避免搅动葡萄酒中的沉淀。

三、冷酒器(Wine Cooler)

冷酒器是一种用隔热塑料制成的圆筒，可以保持葡萄酒冷却长达2小时之久。大多数冷酒器不具有使葡萄酒降温的功能，而需要把葡萄酒提前冷却，也可以放入一些小冰袋，这类冷酒器适合外出携带。

四、冰桶(Wine Ice Bucket)

在葡萄酒降温过程中，冰桶一般会和冰桶支架一起使用，放置在顾客餐桌旁边。酒瓶应尽可能多地浸没在冰水混合物中，并在桶上方放置白色餐巾，方便侍酒师服务以及顾客倒酒时擦拭酒瓶。冰桶也可以直接放置在餐桌上，但需要在冰桶之下放置盘子或者托盘，以免冷凝水滴落在桌面上。该类器皿一般由电镀银、不锈钢或铝制成。

五、酒围嘴(Wine Drip Collar)

该类器皿放置在酒瓶瓶颈上端，可以达到防止葡萄酒液滴落的效果，通常使用在快销葡萄酒上。

六、漏斗与过滤网(Wine Funnel and Filter)

在葡萄酒服务过程中，漏斗的作用是将酒液从一个容器倒入另一个容器中，通常由银、电镀银、不锈钢或铜制成。过滤网配合漏斗一起，在醒酒过程中经常被用到。很多漏斗会内置过滤网，也经常同棉布一起使用。使用后的漏斗、过滤网必须立即清洗、消毒。

七、真空抽气塞(Wine Pump)

真空抽气塞通常使用在已开瓶葡萄酒的保管工作中。使用时，将真空酒塞插入瓶口，上下重复拉动气塞头部，将瓶内空气抽出，当阻力增大抽不动时，酒塞头部会瞬间弹回去，这时真空便已经抽好。除此类真空抽气塞之外，还有用水晶、不锈钢等制成的真空酒塞，一般使用在快销葡萄酒上。

八、保鲜分杯机(Wine Dispenser)

该机器由传统的抽真空保鲜发展为充入惰性气体(高浓可食用氮气或氩气)保鲜，

使开瓶后的葡萄酒尽可能减少与空气的接触，同时使葡萄酒温度维持在较适宜保存的区间内，可以保鲜20天左右。该机器有4支、6支、8支等多规格，方便使用，目前大多使用在高端酒店的大堂吧、意式餐厅、法式餐厅内以及各类葡萄酒专卖店、酒窖内，内置葡萄酒通常为店酒（House Wine，又称杯卖酒），价位适中，方便顾客单杯零点。

九、酒瓶垫/餐垫（Coaster）

一般情况下，酒瓶或醒酒器等放置于顾客餐桌上时，需要放置酒瓶垫或餐垫，一是保护桌面不受损，二是提升用餐的卫生环境。酒瓶垫多为银质、不锈钢质或木质，也有一些设计成银质或不锈钢质小托盘。当然，还有更加简洁的餐垫材料，如小卡片或纸垫等，均可放置在饮料及酒水的玻璃器皿之下，这些餐垫通常会印有公司信息或产品信息。

十、制冰机（Ice-Making Equipment）

市场上所提供的制冰机大部分都适用于酒水服务，选择制冰机的要点在于制冰的效率应满足日常的运营需要。日常使用时应定期对制冰机的进水管、蓄水槽、储冰箱及挡板进行清洗、除水垢，基本一个季度一次。对储冰箱进行清洗的同时，要疏通储冰箱中的排污下水口；还应定期对制冰机的进水过滤器进行更换，避免出水变小影响制冰效率；分水器管也需定期除水垢，进水不均匀会导致冰块的大小不一；还要定期检查储冰箱中的温控探头是否正常，并检查储冰箱的盖板是否密封。制冰机的日常维护不可忽视，正确维护和保养制冰机可以有效延长其使用寿命与制冰效果。

十一、餐巾（Napkin）

餐巾是必备的侍酒道具之一，服务员在进行侍酒服务时，一般要求餐巾不离手。餐巾的用途十分广泛，开瓶时，主要用于清洁瓶口与内外侧污垢；斟酒时，用于擦拭瓶口酒液；使用冰桶服务时，放置于冰桶上方，斟酒后可用其擦拭瓶身；取老酒时，放置于酒篮内作垫布使用。侍酒师专用餐巾一般选用白色的边长为50—65 cm的正方形布料，材质以全棉为最佳。使用时应经常检查其卫生情况，已经沾有污渍的餐巾应马上更换。餐巾在备用时，通常折叠成一定的形状，其折叠方式一般根据用途与习惯选择，要求折叠后简洁美观，使用方便。餐巾在使用后需要回收至餐厅指定地点，应由专业的清洗公司对餐厅布草进行专业洗涤并送回餐厅再使用。一些没有购买专业洗涤服务的餐厅，可自行清洗餐巾，清洗后晾干，晾干后的餐巾应熨烫后折叠整齐存放于指定位置，切忌与已使用过的餐巾混放在一起。

十二、酒杯收纳筐（Wine Glass Storage Basket）

酒杯收纳筐对于餐厅来说是必不可少的收纳工具。首先，在对杯子进行清洁时，需要先用酒杯收纳筐收纳，将其放置到清洗设备中清洗。其次，对于一些不经常使用的杯子，也需要用酒杯收纳筐进行收纳。酒杯收纳筐有许多不同的型号可以选用，一

般配备有防尘盖,对酒杯起到保护作用。在一些酒杯使用频次较高的场所,通常会为酒杯收纳筐配备专用的小推车以方便移动。

任务二 训练与检测

准备几款以上类型的葡萄酒器皿,要求学生对其进行功能识别及使用方法训练。采用实操演练的方式进行拓展性认知训练。

项目六 葡萄酒储藏与服务认知

项目要点

· 了解葡萄酒需要科学储藏的原因。
· 掌握葡萄酒储藏的正确方法。
· 了解已开封葡萄酒的储藏方法。
· 认识恒温酒柜的储酒作用。

项目解析

葡萄酒以葡萄为原料发酵而成,除加强型葡萄酒及干邑外,大部分葡萄酒的酒精含量较少,酒精度通常在10% vol至14% vol,有别于烈酒,因此不易长期储藏。任何一款葡萄酒都有其生命周期,葡萄酒由单宁、色素、酒石酸、酒精、酚类、水等物质构成,这些物质是葡萄酒陈年的重要影响因素。葡萄品种不同、成熟度不同、酿造方法不同导致葡萄酒的单宁、酒精等含量各不相同,也因此造成了各种葡萄酒不同的陈年潜力。这些物质会随着时间的推移,因氧化而慢慢改变性状。葡萄酒内单宁、色素与进入瓶中的氧气发生化学反应,产生沉淀,同时红葡萄酒颜色变淡,单宁逐渐变得成熟而柔顺。酒精与酒石酸也同样会与氧气产生化学反应,促使酒中的酚类物质释放。葡萄酒中还可能因二氧化硫不足导致葡萄酒发生氧化,白葡萄酒会变为棕色,果香也会消失殆尽。由此看来,葡萄酒的最佳饮用时间非常关键。市场上大部分葡萄酒都适合在2—5年内饮用完毕,而薄若莱新酒的最佳饮用时间则为1年,只有顶级优质葡萄酒才适合10年以上储藏。储藏结果的好坏与其储藏条件有直接关系,良好的储藏环境是避免葡萄酒品质下滑的关键。

任务一 理论认知

一、未开封酒的储藏

（一）温度要求

储藏葡萄酒需要合适的温度，一般要求在10—20 ℃。温度太高，葡萄酒成熟太快，会加速葡萄酒的氧化；温度太低，又会使葡萄酒成熟缓慢，不利于微氧化陈年；储藏温度忽冷忽热，温度起伏较大，也会对葡萄酒品质产生较大损害。因此，应避免在厨房、家用冰箱、暖气环境以及汽车后备箱内储藏葡萄酒。

（二）湿度要求

葡萄酒理想的储藏环境应保持60%—70%的湿度。空气太干燥，软木塞容易干裂；空气交换频繁，会加速葡萄酒的氧化；空气太过湿润，则容易造成软木塞或酒标发霉。

（三）光线要求

强烈的光照会使葡萄酒升温，加速葡萄酒的成熟，储藏过程中应避免让葡萄酒暴露在强光之下。

（四）放置要求

葡萄酒应横卧放置。竖放会容易造成软木塞风化，气孔增大，增加葡萄酒氧化风险；横卧放置可以使葡萄酒与酒塞处于接触状态，保持软木塞湿润，有利于葡萄酒缓慢陈年。对于使用螺旋盖的葡萄酒，横放和竖放均可。

（五）保持通风

葡萄酒储藏应避免异味环境，汽油、油漆、药材、香料都会污染葡萄酒的香气与味道。同时，也需要避免香水、咖啡等物品的气味熏染。葡萄酒应置于通风较好的环境，一般封闭式酒窖会设置通风循环系统，以避免葡萄酒吸入异味，酒柜也应定期通风。

（六）防止震动

葡萄酒在瓶中会经历缓慢陈年的过程，震动容易加速葡萄酒氧化，使葡萄酒失去细腻的口感。因此，应避免将葡萄酒搬来搬去，或置于汽车后备箱内，长期的颠簸与震动对葡萄酒品质有严重损害，让葡萄酒处于“沉睡”状态是保管它的最佳选择。

葡萄酒储藏是一项细致的工作，如果葡萄酒因为储藏不当而变质，将成为无法挽回的憾事，并造成酒店的直接经济损失。因此对酒店来说，葡萄酒储藏与酒窖管理是

侍酒师的一项重要工作,而配备专业通风及温控设备的专业酒窖也是酒店的一项重要投资。目前,餐厅里最常用的葡萄酒储藏设备是恒温酒柜,恒温酒柜种类繁多,可以根据日常需要收纳的数量和要求来决定采购的规格。由于红、白葡萄酒的储藏温度不一,一般建议使用双温区的恒温酒柜,或购置多台恒温酒柜,避免将温度要求不同的葡萄酒混放在一个空间。红葡萄酒的储藏温度一般为13—18 ℃,白葡萄酒、桃红葡萄酒、起泡酒与甜型酒一般设置为6—12 ℃。现在,一些生产恒温酒柜的厂家开始提供定制化的恒温酒柜,可以依客户要求进行规划布局,因地制宜地打造葡萄酒的储藏空间。这些定制化的恒温酒柜,可以镶嵌到墙体,也可以作为隔断放置在餐厅的中间位置,既起到了储藏的作用,也发挥了展示功能。

二、开封酒的储藏

葡萄酒开瓶后一般应尽快饮用,作为侍酒师,难免会在大堂吧或餐厅接触到顾客未饮用完的葡萄酒,那么,这些葡萄酒该如何处理呢?

(一)重新封口

对于软木塞封口的葡萄酒,可以将酒塞重新塞回原来位置,然后直立放置,以免酒液洒出。处理螺旋盖的葡萄酒较为简单,拧回瓶盖,封紧即可。通常情况下,应把重新封口的葡萄酒放置在凉爽的背阴环境下,夏季可以保存1—3天,冬季气温较低,可以保存3—5天。随着时间的延长,葡萄酒香气会逐渐消失殆尽,口感也会变得松散、无质感。如果餐厅有专业打塞机与塑帽机,可使用其为已开瓶葡萄酒进行重新封口。

(二)使用真空酒塞

餐厅里一般会配备简易的真空酒塞,使用真空酒塞把空气抽出的同时进行封口,可以减少空气与葡萄酒的接触。

(三)充入惰性气体

可使用保鲜机储藏开封酒。保鲜机通过往酒瓶充入惰性气体对酒液进行保鲜。一般常见的惰性气体为高浓可食用氮气或氩气,这些惰性气体覆盖在酒液之上,可以尽可能减少葡萄酒与空气的接触,进而起到保鲜的作用。

任务二 训练与检测

在有葡萄酒储藏的实训场所,对现有葡萄酒的储藏方式及储藏情况进行实地调研性训练,要求学生完成调研报告,并能各自讲解现有葡萄酒储藏方式的优缺点,提出改进方法,检验学生对知识点的应用能力。

项目七　葡萄酒侍酒温度

项目要点

· 了解侍酒温度的重要性。
· 掌握不同类型葡萄酒侍酒温度的要求。
· 能够准确地为顾客提供侍酒温度的建议。

项目解析

葡萄酒的饮用需要适宜的温度，不同的葡萄酒类型和不同的浓郁度，其最佳适饮温度都不尽相同。适宜的温度是使顾客获得葡萄酒最佳饮用体验的关键。

任务一　理论认知

葡萄酒适饮温度因其类型、酒精度、浓郁度不同而有所差异。通常情况下，红葡萄酒适合在常温下饮用。酒体轻盈的红葡萄酒香气较为淡薄，较高的侍酒温度会破坏葡萄酒的优雅质感，其香气也会快速消散，轻微冰镇是理想之选，大部分黑皮诺、薄若莱新酒以及意大利的瓦坡里切拉等葡萄酒最好冰镇处理。桃红葡萄酒、白葡萄酒也适宜冰镇，其侍酒温度需要根据葡萄酒浓郁度、香气等加以区别。起泡酒因其富含气泡，需要低温开瓶与饮用，高温开瓶很容易导致软木塞飞出，造成安全风险，同时如果温度过高，葡萄酒细腻的气泡及果香也容易消失殆尽，失去饮用起泡酒的意义。甜型酒的侍酒温度与起泡酒类似，需要深度冰镇，避免在高温下葡萄酒出现油腻、无力的质感。

葡萄酒冰镇以及温度的处理尤其依赖侍酒师的工作经验，对葡萄酒适饮温度的合理判断通常来源于品酒经验的积累。当然，通过对酒标的识别，也可以判断葡萄酒的最佳饮用温度。因此，葡萄酒基本知识与日常品酒训练至关重要，要想成为优秀的侍酒师更需要在长期的学习与工作中进行知识和技能的积累。

（一）红葡萄酒侍酒温度

一般常温饮用，侍酒温度为15—18 ℃，有些酒体轻盈的红葡萄酒，如黑皮诺（Pinot Noir）、佳美（Gamay）、卢瓦尔河的品丽珠（Cabernet Franc）、德国丹菲特（Dornfelder）、意大利巴贝拉（Barbera）、多赛托（Dolcetto）等，夏季饮用时可稍加冰镇，酒温控制在13—15 ℃饮用为最佳。

（二）白葡萄酒侍酒温度

浓郁的干白饮用时需要轻微冰镇，温度保持在10—12 ℃为宜；酒体轻盈的干白或未经橡木桶陈年的干白的侍酒温度一般略低于浓郁干白，适合冰镇，8—10 ℃饮用为宜。

（三）起泡酒侍酒温度

起泡酒内含有大量二氧化碳，为了品尝到它更加宜人的口感，侍酒温度宜设定为6—10 ℃。世界著名的起泡酒有法国香槟（Champagne）、西班牙卡瓦（Cava）、意大利普罗塞克（Prosecco）、意大利阿斯蒂（Asti）、德国塞克特（Sekt）、法国克雷芒（Crémant）等。

（四）甜型酒侍酒温度

这类葡萄酒甜度较高，饮用时需要完全冰镇，温度通常为6—8 ℃，包括世界各地各类贵腐甜酒、冰酒、晚收酒、精选酒、稻草酒、天然甜葡萄酒、波特与奶油雪莉等。

常见的葡萄酒侍酒温度如表2-2所示。

表2-2 常见的葡萄酒侍酒温度

葡萄酒类型	举例	侍酒温度
酒体浓郁的红葡萄酒	波尔多、里奥哈、西拉、巴罗洛、年份波特等	常温 15—18 ℃
酒体轻盈的红葡萄酒	薄若莱、瓦坡里切拉、多赛托等	轻微冰镇 13—15 ℃
酒体浓郁的白葡萄酒	优质勃艮第、优质波尔多、加州长相思等	轻微冰镇 10—12 ℃
酒体轻盈的白葡萄酒	密斯卡岱、长相思、阿尔巴利诺等	冰镇 8—10 ℃
桃红葡萄酒	普鲁旺斯桃红、新世界桃红等	冰镇 7—10 ℃
起泡酒	香槟、卡瓦、阿斯蒂、普罗塞克起泡等	深度冰镇 6—10 ℃
甜型酒	苏玳、托卡伊甜、麝香甜等	深度冰镇 6—8 ℃
雪莉	菲诺雪莉	冰镇 6—8 ℃
	曼萨尼亚、阿蒙帝亚、欧罗索雪莉	轻微冰镇 12—14 ℃
马德拉	普通干型、甜型马德拉	轻微冰镇 10—16 ℃
	年份马德拉	常温 18—20 ℃
波特	白波特、茶色波特、宝石波特	轻微冰镇 10—16 ℃

小节提示

续表

葡萄酒类型	举例	侍酒温度
波特	年份波特	常温 18—20 ℃

任务二　训练与检测

在实训室对不同的葡萄酒类型，分组进行侍酒温度的辨识讲解，以检验学生对不同类型的葡萄酒风格的理解，以及是否具备准确判断侍酒温度的职业技能。

章节小测

训练与检测

• 知识训练

1. 列举几个主要的葡萄酒杯类型，并描述其特点与功能。
2. 简述几个具有代表性的葡萄酒瓶类型，并描述其特点与主要使用地。
3. 列举几个开瓶器类型，并描述其使用方法。
4. 介绍醒酒器的作用与类型。
5. 归纳不同类型葡萄酒侍酒温度的要求。

• 能力训练

根据所学知识，分组完成每小节项目训练与检测，进行相关技能训练。

中篇　懂服务
——基本服务技能训练

模块三
准备工作技能训练

模块导读

侍酒服务过程需要循序渐进，工作之前的准备工作至关重要，具备基本的准备工作技能，能为正式服务环节提供基础性保障。侍酒服务准备性工作主要包括冰桶的使用、酒杯及醒酒器的清洁维护、托盘的使用、酒杯运送、餐巾折花及中西餐摆台服务等内容。本模块内容框架如下。

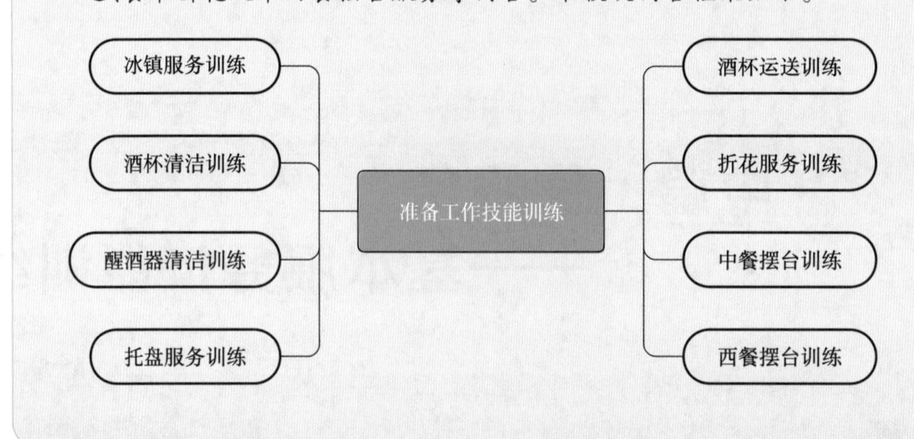

学习目标

知识目标：了解冰桶、酒杯、醒酒器、托盘、折花等的基本用途，熟悉这些酒具器皿的使用及服务规范；掌握冰桶的使用、酒杯与醒酒器的清洁、托盘的使用、酒杯运送、餐巾折花与中西餐摆台的服务程序与方法。

技能目标：运用本章专业知识，学生能在日常工作中进行正确的操练与实践；能够辨析与判断服务是否得当，并能灵活运用各类服务方式，解决实际工作中的难题，具备扎实的葡萄酒侍酒服务基本功底。

思政目标：通过本章内容，学生能够对冰桶的使用、酒杯与醒酒器的清洁、餐巾折花、摆台服务有一定科学认知，并能具有创新思维；学生能树立学习餐前准备性技能的职业意识，遵循正确科学的职业规范，逐步提升专业的职业素养。

项目一 冰镇服务训练

项目要求

- 了解常见的冰镇方法。
- 熟悉冰桶的用途及使用方法。
- 掌握冰桶准备的服务程序与方法。
- 能够在限定时间内完成冰镇服务工作。

项目解析

冰桶(Ice-Bucket)便于准备,又有非常好的冷却效果,在餐厅的使用频率极高,大部分白葡萄酒、桃红葡萄酒以及起泡酒在饮用之前都需要冰镇。部分清淡的红葡萄酒或者浓郁度适中的红葡萄酒,在夏季或储藏温度过高时也需要适度冰镇,冰桶的准备与使用方法是侍酒服务人员的一项必备常识。现在的餐厅出现了很多冰桶的替代品,例如保温桶,这是一种双层塑料制成的圆桶,通常情况下,在配备专业酒柜的高端餐厅,葡萄酒一般在酒柜内存放,顾客点单后,把处于低温状态的葡萄酒从酒柜内取出,之后放入保温桶内,可以在一定时间内维持葡萄酒的温度。但该设备不具有降低葡萄酒温度的功能,所以使用起来有一定局限。

目前,专用酒柜已经成为国内很多高端餐厅储藏葡萄酒时必不可少的设备。酒水管理人员一般会把红、白葡萄酒分开储藏,红葡萄酒的储藏温度通常设定为13—18 ℃,适饮温度较低的白葡萄酒、起泡酒、桃红葡萄酒等的储藏温度一般会设定为6—12 ℃。顾客点单后,侍酒师可直接将酒从酒柜内取出,为顾客开瓶,斟酒后根据顾客需要将酒瓶放入冰桶内,让其一直处于冰镇状态。如果顾客有预定,根据宴会情况,侍酒师也可以提前将酒从酒柜取出,放入准备好的冰桶内降温,待顾客到达后,从冰桶内取出葡萄酒进行服务。

任务一 准备工作

单纯的冷水或冰的降温效果都不够理想,所以在大部分情况下,冰镇时需要使用冰水混合物。将相同体积的水与冰放入冰桶内,根据冰桶内放入的葡萄酒瓶数,正确判断冰水混合物将达到的水位线,通常倒入量为该桶的一半以上,约为2/3。一方面注

意避免冰水溢出，另一方面水量也不宜过少，以确保最佳冰镇效果。侍酒师在准备冰桶的阶段也可以在冰桶内放入少量食用盐来加速冰的溶解。除了冰水混合物之外，还需准备几块白色餐布，一块叠为长条状，放置在已经装好冰水混合物的冰桶之上，一块置于冰桶服务台备用。侍酒师还应随身携带几块餐布，以备不时之需。

任务二　操作流程

服务场景训练，可选择单人训练或三人团队训练，团队训练需要进行任务分解，团队分工协作，完成任务单。

场景一：顾客没有预约，直接来店消费，点了一款干白葡萄酒，要求进行取酒及冰镇服务（见表3-1）。

表3-1　冰镇服务流程一

序号	操作标准
1	顾客入座后，吧台内检查可使用的冰桶，确保卫生状态，准备冰桶、冰桶架、餐巾、冰水混合物，将餐巾叠为长条状放于冰桶之上
2	将准备好的冰桶放置于顾客餐桌旁或服务台，放置位置接近主人位
3	酒柜内取酒，开瓶斟酒后，将酒放入冰桶内保持冰镇
4	用餐结束，收台归位

场景二：顾客预约商务宴会，点了2瓶红葡萄酒、2瓶白葡萄酒，要求在开餐前完成冰镇服务（见表3-2）。

小节提示

表3-2　冰镇服务流程二

序号	操作标准
1	合理判断顾客来店时间，提前30 min进行物料准备，包括冰桶、冰桶架、餐巾、冰水混合物等
2	准备白色餐布，折叠出所需形状备用，一条放于冰桶之上，其余的放在服务台
3	葡萄酒放入冰桶内
4	用餐结束，收台归位

检测表

任务三　训练与检测

请完成训练与检测。

项目二 酒杯清洁训练

项目要求

· 掌握酒杯的清洁方法。
· 掌握酒杯清洗与擦拭的程序与方法。
· 能够在限定时间内完成酒杯的清洗与擦拭工作。

项目解析

在酒吧与餐厅，使用过的玻璃器皿必须及时清洗和擦拭，污点、油渍与指纹都会让顾客留下不好印象，破坏顾客用餐体验。虽然现在很多酒店已经提供了机器清洗，酒杯手工清洗在多数大堂吧与餐厅仍然是重要的技能性工作。酒杯应在顾客使用结束后被尽快运送到吧台，清洗工作不应延迟太久，以免污渍固化。

任务一 准备工作

布置操作空间，每人准备2块餐布，准备一定数量的需清洗的酒杯，可以先从ISO标准品酒杯的清洗开始，熟练之后再用正常餐饮用红、白葡萄酒杯及起泡酒杯进行训练。

任务二 操作流程

清洗酒杯通常先从杯底开始，然后是杯肚，最后是杯口。杯口处是油渍、唇印等污渍较为集中的地方，侍酒师应左手握住杯底，右手拇指食指按一个方向配合旋转擦拭，并多次重复，以达到最佳清洗效果。酒杯清洗之后通常应放置于白色餐布之上，静置几分钟，待大部分水珠滑落之后，即可予以擦拭。擦拭酒杯环节，通常需要两块干净的白色餐布，一块托住酒杯杯底，另一块用来擦拭酒杯。餐布一般为50 mm×50 mm或者60 mm×60 mm大小，如果尺寸较大，也可以使用一块餐布完成。

方法1：把餐布完全打开，一手握住杯子的底部，一只手隔着餐布握住玻璃杯肚，禁止用手直接接触酒杯，大拇指放入杯内，其余手指握住杯子的外围。两手旋转酒杯，擦

拭酒杯内外。

方法2:把餐布完全打开,一块托住杯底,另一块折为三角形,使用一角慢慢放入酒杯。随后把食指、中指、无名指隔餐布深入酒杯(酒杯较小的可以只使用食指和中指),并往杯底挤压餐布,直至杯底,确保杯底擦拭干净。大拇指放置于酒杯之外,酒杯内三指贴近杯肚,两手配合旋转酒杯,擦拭酒杯内外。

酒杯的清洗擦拭,可以根据个人习惯选择适合自己的方法。但需要注意的是,不要使用湿布,注意动作流畅,另外酒杯不宜握得太紧,以免酒杯破裂。

酒杯清洗与擦拭的操作流程与标准如表3-3所示。

表3-3 酒杯清洗与擦拭的操作流程与标准

序号	操作流程与标准
1	双手拇指食指捏住杯底,自然转动清洗杯底
2	清洗杯柄及杯身外围
3	清洗杯口及酒杯内侧
4	冲洗整个杯身
5	结束清洗,放置在吧台沥干水分,准备擦拭
6	双手拇指食指捏住餐布,擦拭杯底
7	擦拭杯柄
8	擦拭酒杯外围
9	拿起另一块餐布,呈三角状放入酒杯内压实,确保能接触杯底
10	一手握住杯身,一手捏住餐布与杯壁外侧,双手配合擦拭酒杯内侧及杯底
11	借助光线检查酒杯清洁程度,然后放回吧台倒置
12	将所有器具归位,整理工作台,结束操作

小节提示

任务三 训练与检测

检测表

酒杯清洗与擦拭训练时,可以单人进行,也可以进行团队比赛。团队比赛时要做任务分解,并设定完成时间。

• 不要用手直接接触擦拭中或擦拭后的酒杯,避免留下指纹影响光洁度,擦拭时一般使用两块餐布完成,如使用一块餐布擦拭,双手可戴一次性塑胶手套完成擦拭动作。

• 如何快速使酒杯干净明亮:冰桶里装温热的水,将葡萄酒杯倒着放进水

中(杯口接触水面即可),使用蒸汽让酒杯杯壁出现水雾,然后立刻取出进行上述擦拭步骤即可,这个方法常适用于人数较多的大型宴会服务。

(来源:成都华尔道夫酒店首席侍酒师 Colin 李伟)

项目三 醒酒器清洁训练

项目要求

- 了解醒酒器各种类型与清洁标准。
- 掌握醒酒器清洗与擦拭的程序与方法。
- 能够在限定时间内完成醒酒器的清洗与擦拭工作。

项目解析

醒酒器是葡萄酒酒具器皿中较大的物件,其形状不规则,肚大口小,不易清洗擦拭,器皿本身成本也较高,因此它的清洗与保管需要更加谨慎。使用后的醒酒器,一般需要尽快用清水冲洗,可以使用简单的清洗刷多冲刷几遍,接着倒置沥干水,最后进行擦拭。使用过的醒酒器,应及时清洗。

任务一 准备工作

布置操作空间,每人至少准备2块餐布,并准备一定数量需要清洗的醒酒器,进行清洗与擦拭训练。

任务二 操作流程

在酒店通常使用以下几种方法进行清洁。

方法一:温水清洗,这种方法是一种纯物理式的清洁方法,对醒酒器破坏小,无异味残留,清洁后倒置自然晾干即可,一般很少有水渍痕迹,所以应用广泛。注意水温不要过热,否则容易导致醒酒器炸裂。如果没有温水,可直接使用凉水冲洗,但沥水几分钟后,需要使用毛巾将水珠擦去。

方法二:经常能看到一些酒店或专卖店使用清洗珠清洗醒酒器,这也是一种较为

实用的物理清洁方法。清洗珠一般用镍铬合金制成，浸泡在水中不会生锈，可以反复使用。先将清洗珠倒入装有清水的醒酒器中，稍稍摇晃，清洗珠随水流自由转动，依靠摩擦便可将有污渍的地方清洗干净，操作简单。但需要注意的是，在操作时不要用力摇动清洗珠，否则很容易将醒酒器撞碎。

方法三：放入少量洗涤液、柠檬汁或白醋进行清洁。这种方法主要适用于放置时间长或酒渍残留过多的醒酒器。先在醒酒器里放入几滴洗涤液，加水浸泡一段时间，然后使用瓶刷清洗，最后用清水多次冲刷。这类清洗方法一般会有少量异味残留，所以，在对醒酒器进行杀菌消毒后，部分餐厅会要求倒入少量白葡萄酒，去除洗洁精气味残留，以免影响葡萄酒的风味，最后倒置放在醒酒器专用架晾干。如果醒酒器污渍过多，需要深度清洁，可以使用柠檬汁、小苏打或白醋等洗涤用品。这种方法也需要短暂浸泡，或晃动醒酒器增强清洗效果，最后再用温水清洗即可，注意需要检查是否残留异味。

清洗过的醒酒器，通常先放置于支架上，沥干大部分水分后，用干净餐布将外部擦干。对于醒酒器内侧水珠的擦拭有几种方法：一种方法是将其倒置于无异味的通风处，加速内部水分的蒸发；第二种方法是使用餐布，将其卷成条状，放入醒酒器内，慢慢摇动吸取器皿内侧水珠；第三种方法是使用专门擦拭醒酒器内部的长柄毛巾，然后可以直接使用醒酒器烘干机。擦拭干净的醒酒器，应倒挂在专用支架上待用。

检测表

任务三　训练与检测

请完成训练与检测。

侍酒师在线

•一般情况下，为了避免醒酒器残留其他气味和化学物质，尽量不要用清洁剂清洗醒酒器，除非残留了特别顽固的污渍。清洗醒酒器一般用温水冲洗，水温不可过高，体感温热即可。

•如何清除顽固污渍：用苏打水（含有碳酸氢钠）或白醋浸泡污渍，然后用醒酒器清洁工具进行清除，清除后用清水浸泡，最后倒放沥水即可。

•日常保管醒酒器时，应使用专用醒酒器挂架，倒立放置，减少灰尘进入，也可以放入专用器皿柜内保管。

•再次使用醒酒器时，为避免有灰尘或异味，可在醒酒服务时用少量葡萄酒冲刷

（来源：成都华尔道夫酒店首席侍酒师 Colin 李伟）

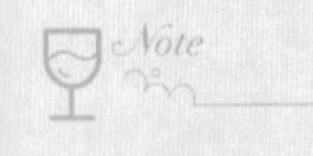

项目四 托盘服务训练

项目要求

· 了解托盘基本知识。
· 掌握托盘操作动作要领。
· 能够灵活使用托盘,完成规范化服务操作。

项目解析

托盘是餐饮服务人员运送各种物品和为顾客服务必备的基本工具,服务人员在餐厅服务过程中应尽可能地使用托盘,这是规范服务的体现,也有利于提高服务效率和服务质量,使服务向高档次、高规格方向发展。不仅如此,在餐饮服务中广泛使用托盘,还起到讲究卫生和讲究礼貌的作用。因此,侍酒师一定要做到"送物不离盘",作为餐饮服务人员必须下功夫练好灵活使用托盘这一基本功。

任务一 理论认知

一、托盘的种类

(1) 按材料分。托盘有木质、金属和胶木防滑托盘。现在酒店多用胶木防滑托盘,有些高档餐饮宴会还使用银质托盘。

(2) 按大小分。通常有大、中、小三种规格。

(3) 按照形状。有圆托盘和方托盘两种。

二、托盘的用途

不同的托盘,其用途也各有不同。大、中号长方形托盘一般用于运送菜点、酒水和盘碟等较重物品。大圆形托盘一般用于席间服务,小圆形托盘主要用于递送账单、票据、钱币等。

三、轻托操作要领

轻托又称胸前托,所托重量一般在5 kg以内,主要用来为顾客上菜、分菜、斟酒等。操作时,用左手托盘,掌心向上呈凹形,五指指端及掌根部撑住托盘底部中心位置,掌

心不能与托盘底部接触，左手臂弯曲呈90°，手肘距离腰部一拳。行走时头要正，肩要平，上身要直，眼睛向前，脚步要轻捷。

四、重托操作要领

重托又称肩上托，是托载较重的菜点、酒水和盘碟的姿势。重托的运送重量一般为10—20 kg，大多选用大、中号方形托盘，需要服务员有一定的臂力和技巧。目前，餐厅服务人员较少用重托，多用小型手推车递送重物，既安全又省力。尽管如此，服务人员也应了解重托基本技巧。操作时，左手向上弯曲，手肘距离腰部15 cm，前肩与身平行，掌心向上，略高于肩，五指分开，用大拇指指端到手掌掌根的部位和其余四指托住托盘底部保持平衡。

任务二　操作标准与程序

一、轻托操作标准

轻托操作标准如表3-4所示。

表3-4　轻托操作标准

序号	操作程序	操作标准
1	准备物品	准备托盘和专用垫布
2	理盘	根据不同用途选择好托盘，注意托盘清洁与卫生；在盘内垫上专用垫布，将其铺平
3	装盘	根据物品形状、体积和使用的先后顺序合理摆放物品位置。盘内物品摆放整齐，横竖成行。一般重物、高物放在托盘的内侧，轻物、矮物放在外侧；先上桌的物品摆放在内侧，后上桌的物品摆放在外侧，以确保安全运送与方便取用
4	起盘	左脚在前，右脚在后，屈膝弯腰。右手轻轻将托盘拉出1/3，左手找准中心托于托盘底部，右手扶住托盘，起托撤回左脚
5	行走	行走时要头正肩平，上身挺直，目视前方，脚步轻快稳健，精力集中。随着步伐移动，托盘会在胸前自然摆动，幅度以菜汁、酒水不外溢为限。 行走的步伐可分为常步、快步、碎步、垫步四种。常步即以平常速度行进，步距均匀，快慢适宜，运送一般物品时使用；快步的步伐较大，步速稍快，但不能跑，运送火候菜时常使用；碎步的步伐较小、步速较快，运送汤类时常使用；垫步的步法是一脚在前，一脚在后，前脚进一步后脚跟一步，常用于穿行狭窄过道
6	落盘	落盘时要将托盘小心地放在工作台上，左脚在前，右脚在后，弯腰前倾，右手协助将托盘放于工作台上

小节提示

二、重托操作标准

重托操作标准如表3-5所示。

表3-5 重托操作标准

序号	操作程序	操作标准
1	准备物品	准备托盘和专用垫布
2	理盘	与轻托理盘的方法基本相同,选择大小合适的托盘,并及时清洁托盘内污渍
3	装盘	将托盘物品均匀摆放,注意按照物品高矮、大小摆放协调,切忌物品层次混乱摆放,以免造成餐具破损。同时,还要注意物品之间要有一定距离,以免端放行走时发生碰撞而产生响声
4	起盘	用双手将托盘移至工作台外,用右手协助将托盘拉出1/3,左手伸入托盘底部,五指自然张开并托住盘底的中心。双脚分开呈八字形,双腿下蹲略成骑马蹲步姿势,腰部略向左前方弯曲。掌握好重心后,用右手协助左手将托盘向上托起,同时左手向上弯曲臂肘,并向左后方旋转,擎托于肩上方,要做到盘底不擱肩、盘前不靠嘴、盘后不靠发,待左手向后托实、托稳后再将右手撤回,呈下垂姿势自然摆动,或扶托盘的前角
5	行走	行走时上身挺直,动作协调不摇摆,步伐不宜过大、过急,保持平稳,防止汤水外溢。注意重心平稳,量力而行,随时关注行人,避免发生碰撞
6	落盘	落盘时左脚向前一步,用右手扶住托盘边沿,左手向右转动手腕,带动托盘向右旋转,待盘面从右肩移至台面平行时(呈轻托状态),再用左臂和右手向前推进

任务三 训练与检测

检测表

准备操作训练场景,需要按照学生数量配备两种以上尺寸的托盘,建议每2名学生至少配备一个托盘。要求单人单训,在限定时间内完成,可从用托盘运送矿泉水瓶开始训练,熟练后进行酒杯、餐碟、汤勺等餐具的运送训练。

侍酒师在线

·为了在手肘弯曲90°托盘时保持托盘稳固,务必将左手五指张开,托稳托盘。托盘朝向胸口的一端可轻轻靠在小臂上,防止打滑和晃动。

·托盘里面也可以放置餐布或胶垫作为防滑材料,具体做法需要依据餐厅标准作业程序(SOP)。

(来源:成都华尔道夫酒店首席侍酒师Colin李伟)

Note

项目五　酒杯运送训练

项目要求

· 了解酒杯运送的方法与技巧。
· 掌握手持运送与托盘运送酒杯的技巧与服务程序。
· 能够在限定时间内完成酒杯手持运送与托盘运送服务。

项目解析

餐桌上酒杯的摆放一般分为两种情形:一种是顾客就餐前摆盘,此时在前期准备阶段可以将酒杯摆放在餐桌的正确位置,如果隔夜使用,应将酒杯倒置放在餐桌上,顾客到来后,根据顾客人数,撤掉不需要的酒杯;还有一种情况为顾客到达后,需要根据顾客所点葡萄酒类型,正确选用酒杯。为顾客摆放酒杯时,应始终在右侧服务,服务时只允许捏住杯柄放置,切记不可握住整个杯身甚至触摸杯口。另外,摆放酒杯前,务必借助光线,先检查酒杯清洁度,确保无异味、指纹、水渍、灰尘等。

任务一　准备工作

在餐厅工作,酒杯运送是基本工作之一。在顾客用餐前,服务人员需要把酒杯从吧台运送至餐桌,通常有两种服务方式:一种为手持运送,另一种为托盘运送。手持运送时,掌心应朝上,把酒杯杯底放入指缝之间,确保酒杯逐一夹在手指之间,切记不要酒杯叠放,以免打滑碰碎,一次可同时运送3—5支。使用托盘运送酒杯时,应根据托盘大小及酒杯大小确定运送数量,一般可以放置4—10支不等,酒杯直立,杯口朝上,保证卫生。摆放酒杯时始终于顾客右侧服务。在顾客用餐后,酒杯运送大多采用托盘,酒杯直立正放。

任务二　操作标准与程序

进行服务场景训练,要求单人单训,在限定时间内完成。

场景一:地点设定在葡萄酒主题酒吧或快餐酒店,顾客较多,餐桌为4人位,进行手持运送酒杯服务训练(见表3-6)。

表 3-6 手持运送酒杯操作程序

序号	操作程序	操作内容
1	物件准备	顾客入座后,在吧台内准备相应酒杯类型,检查酒杯状态,取下酒杯,准备餐布
2	酒杯摆放	餐布(可不用)搭在胳膊小臂处,手掌心朝上,把酒杯杯底分别放入指缝之间
3	右侧服务	在顾客餐桌右侧服务
4	收起餐布	酒杯摆放结束后,收起餐布,准备为进行开瓶、斟酒等其他工作
5	结束归位	微笑示意顾客用餐,将器具归位

场景二:地点设定在正规商务宴会,餐桌为10人位,进行托盘运送酒杯服务训练(见表3-7)。

表 3-7 托盘运送酒杯操作程序

序号	操作程序	操作内容
1	理盘准备	顾客入座,吧台内准备相应酒杯类型,检查酒杯状态,取下酒杯,准备好托盘,盘内使用专用垫布
2	装盘摆放	酒杯一次性装盘,摆成梅花状,重心居中,以便运送
3	起盘托杯	左脚在前,右脚在后,屈膝弯腰,右手轻轻将托盘拉出1/3,左手找准中心,托于托盘底部,右手顺势扶住托盘,起托撤回左脚
4	托盘行走	头正肩平,上身挺直,目视前方,脚步轻快稳健,精神集中,常步行走
5	落盘摆放	落盘摆放酒杯,右脚在前,左脚在后,在顾客右侧服务,将酒杯摆放于正确就餐位置

检测表

任务三 训练与检测

请完成训练与检测。

项目六 折花服务训练

项目要求

· 认识餐巾折花的类型与用途。

· 掌握各种杯花、盘花折叠技巧。
· 能根据不同的宴会主题选择相搭配的花形。
· 能够在限定时间内进行杯花、盘花折叠服务。

项目解析

餐巾折花是餐前的准备工作，即服务人员将餐巾折成各式花样，插在酒杯或水杯中，或者放置在盘碟中，既美化了餐桌，烘托了宴会的气氛，区分了用餐来宾（主宾）身份，又方便了顾客就餐。餐巾折花主要有杯花、盘花与环花三种，其花形已逐渐趋向于线条简洁明快的样式，因为这种样式折叠所需时间短，摊开折花使用时的褶皱较少，符合顾客卫生整洁的心理需求，比较受顾客欢迎。随着时代的发展，餐巾折花大多逐渐趋向于盘花。

任务一　理论认知

餐巾一方面可以用来擦嘴，另一方面也可以防止汤汁油污弄脏衣服，起到保持卫生的作用；餐巾折花的花形多样，摆放在餐桌上用以美化桌面，同时还可以渲染宴会气氛，给顾客视觉上的享受；另外，运用餐巾不同的花形及摆设可以凸显宴会主题，同时可以区分宾主的身份座次，便于顾客入座，体现宴会的规格与档次。

一、餐巾的种类

（一）按质地分类

按质地分类，餐巾可以分为全棉质地和涤纶化纤质地两种，功能各有所长。前者吸水性、去污性强，浆烫后易折叠，造型效果好；但每次清净后都须上浆、烫挺，比较费时费力；后者易洗易干，不用浆烫，平整挺括，使用方便，但吸水性、去污性较差，折叠造型的可塑性也不如前者，高档酒店多选用全棉质地餐巾。

（二）按照色泽分类

餐巾的色型可根据餐厅主题风格和主题色调选用，力求和谐统一。主要有白色餐巾与彩色餐巾，彩色餐巾又有暖色调与冷色调之分。

（三）按照规格分类

50—65 cm 见方的餐巾较为常见，也有一些场合需要特殊规格的餐巾。

二、餐巾的花形与应用

（一）花形的种类

按照折叠方法与摆设用具的不同，可将餐巾折花花形分为杯花、盘花和环花三类。

杯花插入杯中完成造型，取出杯子杯花即散开。盘花独立成形，成形后不会自行散开，可放在盘中或桌面上。环花是将餐巾平整卷好或折叠成一个尾端，套在餐巾环内。按照造型外观的不同，可将餐巾花分为植物、动物、实物三类。植物花形变化多，造型美观，应用广；动物花形有的塑其整体，有的取其特征，均形态逼真，生动活泼；实物花形也有较多应用。

（二）花形选择与应用

餐巾的花形选择一般应根据宴会的主题、规格、季节时令、顾客习惯、宾主座次、台面摆放等因素具体考量，总体原则如下。

（1）根据宴会主题确定花形。

（2）根据宴会规格选择花形。

（3）根据花色冷盘选用与之相匹配的花形。

（4）根据时令季节选择花形。

（5）根据顾客身份、地位、宗教信仰、风俗习惯和爱好选择花形。

（6）根据宾主座次选择不同花形。

（三）餐巾折花的摆放

主题折花要摆放于主位，一般餐巾折花摆放于其他顾客席位上；摆插餐巾折花时要将其观赏面朝向顾客席位；餐巾折花不宜挡住顾客视线；盘花要摆正摆稳，杯花要掌握入杯的深度。

任务二　操作标准与程序

餐巾折花的操作要领如下。

（1）根据不同宴席需要，结合餐巾和台布的颜色，以及餐具质地、形状、色泽等因素，构思设计相应的折叠花形，力求将餐巾花形与宴会主题融为一体，营造良好的宴会气氛。

（2）通过折、叠、捏、翻、卷、穿、拉等手法及恰当使用筷子、杯子和盘子，将餐巾折叠成形，放入杯中或盘中。

（3）餐巾折花的造型力求简单美观、拆用方便，又体现造型对象的特点。

（4）折叠餐巾时，双手动作要轻巧灵活，用力适当，捏折力度要均匀，餐巾各边距离和角度要准确，力求一次叠成，以免重做而影响花形图案的美观。

任务三　训练与检测

检测表

准备一定的实训场地，同时按照学生数量配备餐巾折花所需物品，如餐巾、垫布、餐碟、水杯、酒杯、秒表等，每名学生应配备不少于一块餐巾。

场景一：按照餐巾折花操作要领，要求学生在限定时间内，进行“常用餐巾花”折叠训练。

场景二：按照餐巾折花操作要领，要求学生在限定时间内，进行6人位西餐餐巾折花与10人位中餐餐巾折花训练，至少进行两种以上花形的餐巾折花训练。

项目七　中餐摆台训练

项目要求

- 能够辨析中餐各种餐具及布草。
- 了解中餐零点与宴会摆台物品的规格与标准。
- 掌握中餐摆台流程、标准，通过反复练习强化中餐摆台技能。
- 能够在限定时间内完成中餐零点摆台与10人位中餐宴会摆台服务。

项目解析

餐前准备是餐厅服务开始阶段需要做的准备工作，摆台是其中的重要项目之一。中餐摆台就是将各种中餐餐具按照要求摆放在台面上。无论中餐摆台还是西餐摆台，关于餐具的数量、种类及摆放位置，均有一系列的规范与标准，遵守这些标准可以提升顾客的用餐体验，提高服务质量。当然，餐具的材质、规格也能在一定程度上体现宴会的档次。

任务一　理论认知

中餐摆台主要餐具包括骨碟、汤碗、汤匙、筷子、筷子架、各式酒杯、餐巾、味碟、杯碟、茶杯等；主要用具包括烟灰缸、牙签（牙签筒）、花瓶、席位卡、菜单等。餐饮布草主要包括台布、餐巾、椅套、餐垫等物品（见表3-8）。

表 3-8 中餐摆台主要物品用途表

序号	餐具用具名称	用途
1	骨碟 Dinner Plate	一种常用餐具，一般放在展示碟上面，供顾客放置用餐过程中产生的垃圾，如骨头、鱼刺，螃蟹壳等。
2	装饰碟/展示碟 Show Plate	一般为设计美观的平盘，在开餐前做展示用，顾客入座后撤掉。
3	汤碗 Soup Bowl	又名翅碗，用以盛装汤类或炖制品，敞口底深，容量较大，直径多为 20 cm 左右
4	汤匙 Spoon	又名匙羹，较小，主要用于喝汤
5	筷子 Chopsticks	用于夹取食物，餐厅一般会提供公用汤匙与筷子
6	筷子架 Chopsticks Rest	用于架起筷子，防止筷子直接接触桌子，确保卫生
7	杯碟 Saucer	用于置放杯子，隔热，方便端放茶杯
8	茶杯 Tea Cup	用于喝茶
9	牙签 Toothpick	用于剔牙

餐饮布草在餐饮摆台中担任着重要的角色，同时也是美化餐厅和台面的重要物品。布草的色调应和宴会主题及餐具风格搭配协调，符合现代审美标准(见表 3-9)。

表 3-9 中餐摆台主要布草及规格

序号	布草名称	用途、规格及摆放位置
1	碟垫	用餐清洁，50 cm×50 cm，摆放于骨碟正中
2	餐巾	用餐清洁，50 cm×50 cm，摆放于骨碟正中
3	台布	装饰餐台，240 cm×240 cm，均匀平铺在餐台上
4	餐车垫布	餐车卫生保洁，40 cm×200 cm，均匀平铺在餐车上

任务二 操作标准与程序

中餐摆台按用餐形式分为零点摆台与宴会摆台。由于各地饮食习惯与餐具规格不尽相同，各地酒店都有适用于本酒店的摆台标准。制定一个好的摆台标准需要掌握一定的基本原则，那就是要方便顾客用餐，方便服务人员操作，同时又能体现餐厅的美观、干净和整洁。

一、中餐零点摆台

中餐零点摆台操作程序与标准如表3-10所示。

表3-10　中餐零点摆台操作程序与标准

序号	操作程序	操作标准
1	物品准备	装饰碟、骨碟、汤碗、汤匙、筷子架、筷子、牙签、茶杯、杯碟、餐巾等
2	台面操作	装饰碟的碟边离台边1.5 cm,装饰碟之间距离相等,骨碟摆于装饰碟正中位置; 骨碟的碟边离台边1.5 cm,骨碟之间距离相等,骨碟与骨碟相对; 汤碗对骨碟中线,汤匙柄向左与骨碟中线垂直; 筷子架上缘与汤碗顶边在一条直线上,筷尾与骨碟底边在一条直线上; 牙签摆在筷子与杯碟之间,离筷子1 cm,牙签尾离台边3 cm,摆放时注意桌面统一; 茶杯与杯碟摆放在筷子的右边,杯耳统一向右; 烟灰缸摆法:4—6人台在鲜花旁摆放一个,10—12人台按"十"字形摆放4个; 餐巾摆放在骨碟上

中餐零点摆台标准示例如图3-1所示。

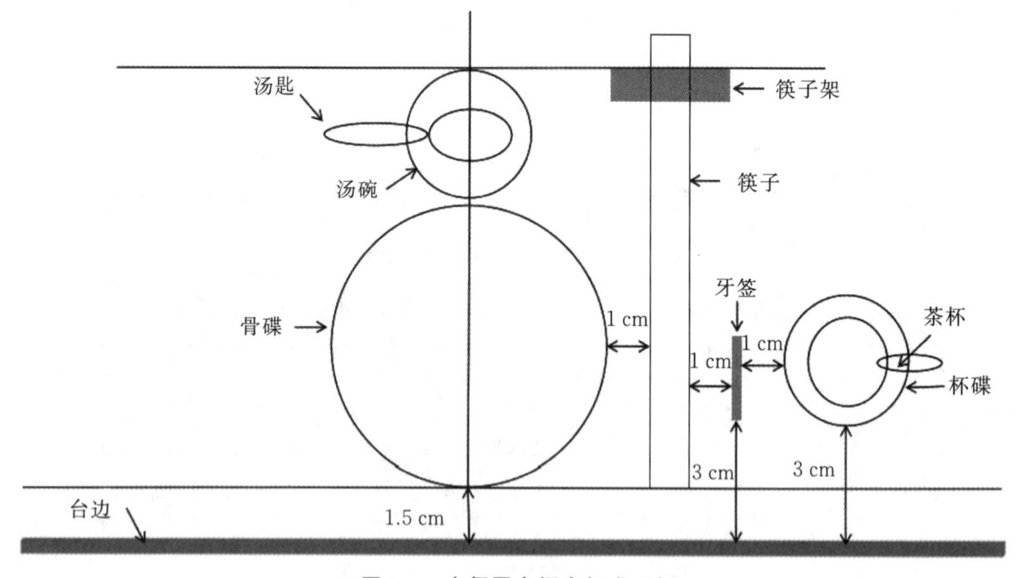

图3-1　中餐零点摆台标准示例

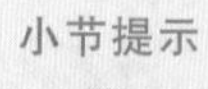
小节提示

二、中餐宴会摆台

中餐宴会一般多采用圆桌,从6人位至20人位不等。宴会的席位安排在宴会中有非常重要的含义,我国通常习惯按主宾、职务、年龄等作为席位安排的依据。具体规范有四条:第一,面门为主;第二,主宾居右;第三,好事成双;最后,各桌同向。另外,中餐宴会摆台还须注意符合礼仪规范,尊重风俗习惯,尽量满足顾客的特殊要求。

(一)正式单桌宴会席位安排

主人通常坐在面向入口(门)方向能纵观全局的位置,副主人与主人相对而坐,第一主宾坐在主人右侧,第二主宾坐在主人左侧,第三主宾坐在副主人右侧,第四主宾坐在副主人左侧,其他座位为陪同席,如图3-2所示。

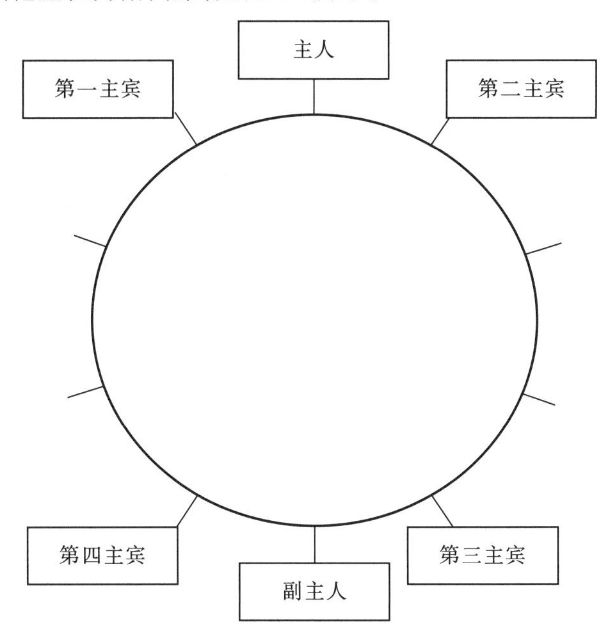

图3-2 正式单桌宴会席位安排

(二)大型宴会桌次安排

大型宴会桌次安排的原则为中心第一,先左后右,高近低远。桌与桌之间的距离不少于2 m,桌与墙之间的距离不少于1.2 m。各桌主人位以主桌主人位为基准点。安排方法有两种:一种是各桌主人与主桌主人朝向同一个方向,如婚宴等;另一种为各桌主人与主桌主人遥相呼应,如商务宴请等。

(三)中餐宴会摆台操作程序与标准

中餐宴会摆台操作程序与标准如表3-11所示。

表3-11 中餐宴会摆台操作程序与标准

序号	操作程序	操作标准
1	展铺台布	站于主宾位置,适当用力,采用抖铺式、推拉式或撒网式先将台布抖开,将台布进行定位,台布正面向上,十字居中,凸缝朝向主副宾位,自然下垂,台面平整
2	餐椅定位	从主宾位开始拉椅定位,座位中心与餐碟中心对齐,餐椅之间距离均等,餐椅座面边缘距离台布下垂部分1.5 cm

续表

序号	操作程序	操作标准
3	餐碟定位	将餐碟排好放在托盘内，左手端托盘，右手摆放；手持餐碟边缘部分，保证卫生；从主宾位开始按顺时针方向依次进行定位；碟与碟之间距离相等，相对餐碟与餐桌中心点呈三点一线，餐碟外缘距离桌边1.5 cm
4	摆放味碟、汤碗、汤匙、筷子、牙签、公用勺、公用筷	（1）味碟位于餐碟正上方相距1 cm处。 （2）汤碗摆放在味碟左侧相距1 cm处，与味碟在一条直接上。汤勺放置于汤碗中，勺把朝左，与餐碟平行。 （3）筷子架摆在餐碟右边，与味碟在一条直线上。摆放时注意筷子架的造型图案，如果是动物造型，头部应朝左摆放。 （4）筷子、长柄勺摆在筷子架上，长柄勺距离餐碟3 cm，筷尾距离餐桌沿1.5 cm，筷子套正面朝上。 （5）牙签位于长柄勺和筷子之间，牙签套正面朝上，牙签套底部与长柄勺尾部齐平。 （6）公用餐具摆放在正副主人位正前方，按先筷后勺顺序将筷子、长柄勺搁在公用筷子架上（设两套）。公用筷架与正副主人位水杯之间距离1 cm，筷子末端及勺柄向右
5	摆放酒杯	（1）葡萄酒杯摆放在味碟正上方相距2 cm处；白酒杯摆放在葡萄酒杯右侧；水杯摆放在葡萄酒杯左侧。杯肚间隔1 cm，三杯成斜直线，向右与水平线呈30 °角。 （2）如果餐巾折花是杯花，水杯应待餐巾花折好后一起摆放上桌。 （3）摆放杯具时手持杯柄中下部，不能接触杯身
6	餐巾折花	花形符合主题、整体协调，折叠手法正确、卫生，一次性成型；现多为盘花
7	摆放烟灰缸	（1）烟灰缸从主宾位右侧开始摆放，隔两座放一个，放于两个餐碟之间的中线上；架烟孔朝向两边顾客，呈“品”字形摆放。 （2）火柴摆放在靠桌面中心一侧的烟灰缸上，火柴盒封面朝上，红磷面朝向桌边一侧
8	摆放装饰物	花饰摆在台面正中，造型美观，符合宴会主题要求。花饰高度不超过30 cm，避免影响顾客视线
9	摆放菜单和桌牌号	10人以下餐台摆放两份菜单，分别摆放于正副主人位的筷子架右侧。12人以上摆放4份，呈“十”字形摆放。桌号牌摆放在花饰正前方，面对副主人位

小节提示

检测表

任务三　训练与检测

准备一定的实训场地，按照学生数量配备餐桌、餐椅与全套餐具。参考上文中餐摆台操作程序与标准，要求学生在限定时间内，进行中餐摆台训练，并进行考核评价。

项目八 西餐摆台训练

项目要求

· 能够辨析西餐各种餐具及布草。
· 了解西餐零点与宴会摆台物品的规格与标准。
· 掌握西餐摆台流程与标准,通过反复练习强化西餐摆台技能。
· 能够在限定时间内完成西餐正餐摆台与6人位宴会摆台服务。

项目解析

在西餐摆台的工作要求中,关于餐具的数量、种类及摆放位置,有一系列规范与标准,遵守这些标准可以提升顾客用餐体验,提高服务质量。当然,餐具的材质、规格在一定程度上也体现了宴会的档次。

任务一 理论认知

广义的西餐餐具主要包括刀、叉、匙、盘碟、杯、餐巾等,其中盘碟又有菜盘、甜品盘、奶油盘、开胃碟等;酒杯是西餐最讲究的餐具之一。在正式宴会上,通常每上一种酒,都会更换专用酒杯。

狭义的餐具则专指刀、叉、匙三大件。刀分为食用刀、鱼刀、肉刀(刀口带锯齿)、黄油刀及水果刀;叉分为食用叉、鱼叉、肉叉和虾叉;匙则有汤匙、甜品匙、茶匙等。公用刀叉匙的尺寸明显大于个人用餐的刀叉匙。西餐摆台主要餐具及用途如表3-12所示。

表3-12 西餐摆台主要餐具及用途

序号	餐具用具名称	用途
1	主餐刀 Main Course Knife	又称正餐刀、主菜刀、肉刀,带齿,用于午餐、晚餐中不带骨头的肉类主菜
2	鱼刀 Fish Knife	前部下折,方便平用,不带齿,用于鱼类菜肴
3	奶油刀 Butter Knife	用于涂抹黄油、果酱,可以替代鱼子酱刀或鱼子酱棒,属小号餐具
4	主餐叉 Main Course Fork	又称肉叉,用于一切主菜

续表

序号	餐具用具名称	用途
5	鱼叉 Fish Fork	叉齿短,与鱼刀配用,用于易于分解的鱼类和与壳分离的其他水产。如果鱼类是主菜,鱼叉可用主餐叉代替;如果鱼类是副菜,鱼叉可用甜品叉代替
6	沙拉叉 Salad Fork	食用沙拉时使用
7	甜品叉 Dessert Fork	与甜品刀、甜品勺配用,用于食用开胃菜、副菜、奶酪、甜品和早餐,可替代水果叉、蛋糕叉等,属中号餐具
8	奶油盘 Butter Plate	盛放黄油的盘子
9	汤匙 Soup Spoon	正餐勺,配汤盘使用,放于就餐者右侧刀的最外端,与餐刀并排
10	甜品勺 Dessert Spoon	可与汤盅、粟米碗等配用,当作汤匙,也可与甜品叉配用,属中号餐具
11	红葡萄酒杯 Red Wine Glass	饮用红葡萄酒时使用
12	白葡萄酒杯 White Wine Glass	饮用白葡萄酒、桃红葡萄酒或甜型葡萄酒时使用
13	起泡酒杯 Sparkling Wine Glass	饮用各类起泡酒时使用
14	水杯 Water Glass	饮用冷、热水时使用
15	餐巾 Napkin	西餐宴会上的一种保洁方巾,又称“口布”

西餐主要餐饮布草主要包括台布、餐巾、早餐垫布、正餐垫布、椅套、托盘垫、杯垫、擦杯布等,宴会布草还包括台裙、舞台裙等。

任务二　操作标准与程序

西餐席位安排与中餐有相当大的区别,中餐多使用圆桌,西餐多使用长桌或T形桌。西餐的席位一般依照女士优先、恭敬主宾、以右为尊、距离定位、面门为上、交叉排列等原则安排。

以6人位为例,西餐摆台台形按照餐台长边每边两人、短边每边一人来进行安排。服务人员应从副主人位右侧桌边开始,按顺时针方向,在餐椅右侧或后侧操作。餐布应无任何折痕,餐巾盘花的花形不限,但需要与主题搭配,突出主位花形。除装饰盘、花饰和烛台可徒手操作外,其他物品的运放均应使用托盘完成。

一、西餐早餐摆台

西餐早餐摆台操作程序与标准如表3-13所示。

表3-13 西餐早餐摆台操作程序与标准

操作程序	操作标准
物品准备	早餐垫布、正餐刀、正餐叉、汤匙、牛油刀、牛油碟、咖啡杯、咖啡杯垫碟、咖啡匙、奶勺、糖盅、椒盐瓶、花碗、餐巾纸等
台面操作	早餐垫布平铺于所在餐位正中央； 餐刀放于早餐垫布右侧，垂直放置，刀口朝内，刀柄距离台边1.5 cm； 正餐叉放于早餐垫布左侧，垂直放置，叉齿向上，叉柄尾部距离台边1.5 cm； 汤匙于餐刀右边垂直放置，凹口向上，与正餐刀距离0.5 cm，尾部距离台边1.5 cm； 牛油碟放于餐叉左边，与餐叉相距0.5 cm，距离台边1.5 cm； 牛油刀放于牛油碟内右边的1/3处，刀口朝左，尾部距离台边1.5 cm； 咖啡杯、咖啡杯垫碟及咖啡匙摆放在汤匙右侧，杯把、匙把均朝右平行摆放并与桌边呈45°角； 花碗和椒盐瓶相距3 cm； 糖盅放于椒盐瓶正前方适当位置，与椒盐瓶相距3 cm； 奶勺放于椒盐瓶右方，奶勺开口朝向椒盐瓶； 餐巾纸放于椒盐瓶左边，餐巾纸上的酒店Logo正朝餐厅过道方向
注意事项	餐巾：干净，熨烫平整，无任何污迹或破损； 刀叉餐具：干净，锃亮，款式相配； 瓷器餐具：干净，无破损，款式相配

二、西餐正餐摆台

西餐正餐摆台操作程序与标准如表3-14所示。

表3-14 西餐正餐摆台操作程序与标准

操作程序	操作标准
物品准备	台布、正餐刀、正餐叉、汤匙、牛油刀、牛油碟、装饰碟、花碗、椒盐瓶、餐布等
台面操作	台布平铺于台面正中央，两边下垂平行对齐； 装饰碟摆放在每个餐位的正中央，距离台边1.5 cm； 餐刀放于装饰碟右侧，垂直放置，刀口朝装饰碟，距离装饰碟0.5 cm，尾部距离台边1.5 cm； 正餐叉放于装饰碟左侧，垂直放置，叉齿向上，距离装饰碟0.5 cm，尾部距离台边1.5 cm； 汤匙放于餐刀右边，垂直放置，凹口向上，距离正餐刀0.5 cm，尾部距离台边1.5 cm； 牛油碟放于餐叉左边适当位置，与餐叉相距0.5 cm，距离台边1.5 cm； 牛油刀放于牛油碟内右边的1/3处，刀口朝左，尾部距离台边1.5 cm； 餐巾折花放于装饰碟内，将观赏面朝向顾客； 花碗与椒盐瓶相距3 cm

续表

操作程序	操作标准
注意事项	餐巾:干净,熨烫平整,无任何污迹或破损; 刀叉餐具:干净,锃亮,款式相配; 瓷器餐具:干净,无破损,款式相配

三、西餐宴会摆台

西餐宴会摆台操作程序与标准如表3-15所示。

表3-15 西餐宴会摆台操作程序与标准

操作程序	操作标准
物品准备	主食餐盘、主食餐刀、鱼刀、汤匙、头盘刀、主食餐叉、鱼叉、头盘叉、面包盘、牛油刀、牛油碟、水果刀、甜食叉、甜食匙、水杯、葡萄酒杯、餐布等
展铺台布	台布平整铺于桌面上,中凸线向上,两块台布的中凸线要对齐,并压在餐桌纵向中心线上,交接处布面重叠5 cm,台布对应两边下垂均等,主人位方向的台布要重叠于副主人位方向的台布之上
座椅定位	从主人位开始按顺时针方向摆放座椅,站立于座椅正后方操作,座椅之间距离相等,相对座椅的椅背中心要对准,座椅边沿与下垂台布相距1 cm
摆放装饰盘	从主人位开始按顺时针方向依次摆放装饰盘,手持盘沿右侧操作,盘边距离桌边1 cm,装饰盘中心与餐位中心对准,盘与盘之间距离均等
摆放刀叉勺	(1)准备好所有刀具及汤匙,摆放于托盘,在装饰盘右侧由内向外依次摆放。从主餐刀开始,顺序为主餐刀、鱼刀、汤匙和开胃品刀,刀刃向左,汤匙勺面向上。各餐具之间距离为0.5 cm,除鱼刀距离桌边5 cm以外,其他餐具距离桌边1 cm。从主人位开始摆放,按照顺时针方向依次操作。 (2)准备好所有叉具及甜品叉、勺,摆放于托盘,装饰盘左侧由内向外依次摆放主餐叉、鱼叉、开胃品叉;甜品叉放在装饰盘正上方,叉尖向右,甜品勺放在甜品叉的正上方,勺头向左。除甜品叉、勺以外,各叉具之间距离为0.5 cm,鱼叉距离桌边5 cm,其他叉具距离桌边1 cm,装饰盘与甜品叉之间距离为1 cm
摆放面包盘、黄油刀及黄油碟	(1)面包盘边距离开胃品叉1 cm,面包盘中心点与装饰盘中心点沿水平方向对齐。 (2)黄油刀放于面包盘右侧边缘1/3处。 (3)黄油碟摆放在黄油刀尖正上方3 cm处,黄油碟左侧边沿与面包盘中心在一条直线上
摆放酒杯	(1)手持杯柄中下部摆放,摆放顺序为白葡萄酒杯、红葡萄酒杯、水杯。 (2)白葡萄酒杯摆放在开胃品刀正上方2 cm处,杯底中心在开胃品刀的中心线上;三个酒杯呈斜直线对齐,向右与水平线呈45°角,各杯杯肚之间的距离为1 cm
摆放装饰物	(1)花饰摆放在餐桌中央和台布中线上,花饰高度不超过30 cm。 (2)烛台底座与花饰底座相距20 cm,烛台底座中心压在台布中凸线上,两个烛台方向一致,且与杯具呈直线平行

续表

操作程序	操作标准
牙签盅、椒盐瓶	(1)牙签盅与烛台相距10 cm,牙签盅中心压在台布中凸线上。 (2)椒盐瓶与牙签盅相距2 cm,椒瓶和盐瓶间距1 cm,左椒右盐,椒盐瓶间距中心对准台布中凸线
餐巾盘花	花形符合主题、整体协调,折叠手法正确、卫生,一次性成型;盘中摆放一致,左右对齐,突出正副主人
注意事项	(1)餐巾:干净,熨烫平整,无任何污迹或破损; (2)刀叉餐具:干净,锃亮,款式相配; (3)瓷器餐具:干净,无破损,款式相配

任务三　训练与检测

检测表

准备一定实训场地,按照学生数量配备餐桌、餐椅与全套餐具。参考上文西餐摆台操作标准,要求学生在限定时间内进行西餐摆台训练,并进行考核评价。

侍酒师在线

• 餐椅定位后,可以在餐椅与餐桌之间留出腿的宽度,这样只需拉一点点椅子就可以让顾客轻松落座。

• 为顾客进行拉椅入座服务时,需用双手握住椅子的椅背,用膝盖顶住椅背的下半部,轻轻将椅子往外移出。等顾客往下坐时,轻轻将椅子往前推,顾客自然坐下。推椅时,应注意应将椅子轻轻提起,避免椅子发出声音。

(来源:成都华尔道夫酒店首席侍酒师 Colin 李伟)

训练与检测

章节小测

• **知识训练**

1. 简述几种酒杯的清洗与擦拭方法,以及注意事项。
2. 简述几种醒酒器清洗与擦拭方法,以及注意事项。
3. 简述轻托的操作标准与使用规范。
4. 简述酒杯运送的方法与注意事项。
5. 归纳中西餐宴会座次安排的方法,并画出图例。

• **能力训练**

根据所学知识,分组完成每小节项目的训练任务,并进行相关技能检测。

模块四
侍酒服务技能训练

模块导读

侍酒服务需要扎实的酒水基本服务功底，整体服务素养的培育基本是从开瓶、斟酒与醒酒这些看似简单却很实用的技能训练开始的。本章包含了各类酒的开瓶、斟酒与醒酒服务等技能实操内容，学习这些内容，可以为下一模块的侍酒场景服务训练打下基础。本模块内容框架如下。

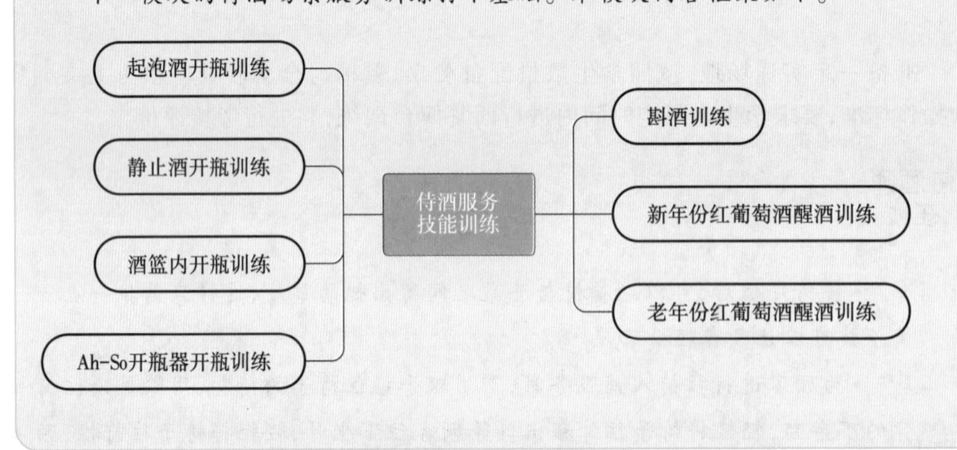

学习目标

知识目标：了解各类酒开瓶、斟酒、醒酒的相关基本知识，熟悉这些基本技能在操作中应注意的事项，并掌握开瓶、斟酒与醒酒的服务程序与方法。

技能目标：运用本章专业知识，学生能在日常工作中进行正确操练与实践；能够辨析与判断服务是否得当，能够解决实际工作中的难题，具备处理突发事件中棘手问题的能力；掌握基础动作技巧与操作规范，具备扎实的侍酒服务基本功。

思政目标：通过本章学习，学生能够对开瓶、斟酒与醒酒服务有一定科学认知，通过加强基本技能的训练，提升职业意识，养成良好的职业习惯，培养基本技能训练标准化、规范化、制度化的职业思维与职业素养。

项目一 起泡酒开瓶训练

项目要求

· 了解起泡酒开瓶的基本知识及注意事项。
· 掌握起泡酒开瓶方法、程序与标准。
· 能够在限定时间内完成起泡酒开瓶。

项目解析

任何一款葡萄酒的开瓶都要在顾客视线范围内进行，以示对顾客的尊重。因为管理方式与规定的不同，有些酒店是在备餐间开瓶的，但这不符合葡萄酒的服务标准。在顾客视线范围内开瓶，对服务人员或者侍酒师有较高的要求：一是动作要熟练、敏捷，二是姿态要优雅、端庄。如果条件允许，葡萄酒的开瓶一般不建议在顾客所在的餐桌前进行，也不允许触碰桌布，而应在酒水车、便携式服务架或距离较近的工作台上进行。

任务一 准备工作

因为起泡酒瓶内有相当大的气压，其开瓶方法尤为关键，特别是香槟可以达到6—7个标准气压，如果没有用正确的方式开瓶，可能会产生一定的危险。首先，起泡酒的开瓶一定要在葡萄酒温度较低的情况下进行，一般会控制在6—10 ℃（个别情况下，根据顾客要求可以稍低或稍高）。常温状态下，起泡酒瓶内二氧化碳较为活跃，虽然软木塞外的铁丝圈也能有效控制瓶内气压，但松开铁丝圈的瞬间，如果没有按住软木塞，很容易出现飞塞的现象。降温方式通常为将酒放在冰水混合的冰桶里进行冰镇，冰镇时间根据其原始温度以及侍酒师的经验而定。在条件好的酒店，起泡酒往往被放置在葡萄酒专用酒柜内储存，专用酒柜具有恒温、恒湿的功能，是葡萄酒储藏的最佳之选。起泡酒酒柜一般将温度设定在6—10 ℃，由于温度较低，开瓶安全性较好，可从酒柜将酒取出后直接为顾客开瓶。

准备起泡酒开瓶训练的场地，包括冰桶、工作台、桌布、起泡酒、开瓶器、餐巾、餐碟（用以盛放软木塞）等。要求学生着正装，符合仪容、仪表及仪态要求，从冰桶取酒，并按照既定步骤完成起泡酒的开瓶。

任务二　操作标准与程序

1. 取出酒瓶

从冰桶内取出起泡酒，正确使用餐巾擦拭瓶身。

2. 正确割取酒帽

根据餐厅规范，可以使用徒手直接撕开，注意尽量保持酒帽的完整性。大部餐厅通常要求使用酒刀割取酒帽，3刀将锡纸割开（开瓶3刀，指的是用酒刀顶端的锡箔刀沿着瓶口凸起的下方，分别从酒帽的左右两边分别割1刀，再竖向割1圈，酒帽上部分的锡箔就完全分离且容易脱落），完整地取下酒帽并保持切口整齐，去除的酒帽放入工装口袋。

3 松开铁丝圈

为了确保开瓶安全，用左手大拇指（或餐巾）紧紧摁住软木塞的上端，同时使用右手慢慢松开铁丝圈。

4. 正确拿起酒瓶

用左手大拇指（或餐巾）保持摁住软木塞，顺势将酒瓶拿起，两手自然将酒瓶端于身前，将其倾斜30°—45°。一手握紧酒塞，一手握住瓶底，瓶口全程朝向无人且安全的方向，酒标尽量朝正前方。

5. 正确转动酒瓶

右手转动瓶底，根据气压的情况，判断转动瓶底圈数，通常为半圈到2圈不等。保持缓慢转动，力度不要过猛，避免飞塞，直至瓶内气压将酒塞顶出。

6. 释放气压，取出软木塞

右手握紧酒塞，并慢慢释放瓶内气体，使酒塞慢慢移出瓶颈，避免飞塞。释放瓶内气压过程中，注意不要发出过于强烈的声响，酒液也不能喷溅，酒塞不飞出。开瓶时，通常会发出"嘶"的声音，而不是"砰"的声音。

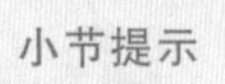

7. 放入餐碟

为了方便顾客观察软木塞状况，通常在铁丝圈与软木塞分离后，将软木塞放入准备好的餐碟内。

8. 擦拭瓶口

用餐巾擦拭瓶口内侧，确保符合卫生要求。

9. 放回酒瓶

将酒瓶放入冰桶内，上方放置白色餐巾。

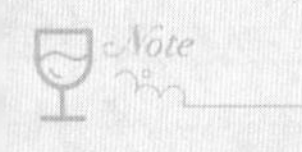

10.结束操作

将所有器具归位,整理工作台,结束操作。

任务三 训练与检测

参考起泡酒开瓶教学视频进行起泡酒开瓶训练。准备工作台,需要按照学生数量配备练习用具,建议每5名学生至少配备1套练习用具。

教学视频

起泡酒开瓶

检测表

侍酒师在线

•起泡酒瓶内压力较高,最高可达6到7个标准气压,如果瓶塞飞出,很可能会打碎周围摆放的玻璃杯,因此在起泡酒开瓶时,务必注意操作安全。

•起泡酒开瓶要求转瓶不转塞,转瓶时务必将大拇指一直按着软木塞顶端,一方面可以防止软木塞喷出,另一方面可以更直接地感受到软木塞的状态和被顶出的力度。

•软木塞外围的铁丝圈一般需要拧5—6圈才能解开。

(来源:成都华尔道夫酒店首席侍酒师Colin李伟)

项目二 静止酒开瓶训练

项目要求

· 了解静止葡萄酒开瓶的基本知识及注意事项。

· 掌握静止葡萄酒开瓶的方法、程序与标准。

· 能够在限定时间内完成静止葡萄酒的开瓶。

项目解析

静止葡萄酒的开瓶相对于起泡酒较为容易,因为葡萄酒内没有气压,不需要担心飞塞,但也可能会发生断塞现象,所以一名优秀的侍酒师需要具备非常熟练的开瓶技巧,大量的训练工作是必不可少的。静止葡萄酒开瓶一律使用酒刀进行,酒刀需要定期检查与更换,以保障刀口部分有良好的切割能力。静止葡萄酒的开瓶分为白葡萄酒

Note

开瓶与红葡萄酒开瓶，由于白葡萄酒开瓶饮用前通常需要在冰桶内进行冰镇，所以开瓶之前，需要用餐巾先将瓶身的水擦干。静止葡萄酒的开瓶通常在酒水车、可移动的服务架或者顾客可视的工作台上进行，需要准备好白色餐巾，保证服务质量。一般很少将酒瓶拿在手中或直接放在冰桶内开瓶。

任务一　准备工作

准备静止葡萄酒开瓶训练的场地，包括工作台、桌布、静止葡萄酒、开瓶器、餐巾、餐碟等。要求学生着正装，符合仪容、仪表及仪态要求，按照既定步骤完成静止葡萄酒开瓶。

任务二　操作标准与程序

1. 正确割取酒帽

沿瓶口玻璃环下层处切开锡纸，一般不在距离瓶口最近的凸出部位切割，以保证葡萄酒斟酒时卫生状况良好。割取酒帽通常分三步，用酒刀顶端的锡箔刀沿着瓶口凸起的下方，分别从酒帽的左右两边割一刀，再竖向割一圈，酒帽上部分的锡箔就完全分离且容易脱落，完整地取下酒帽并保持切口整齐。整个过程中不允许转动酒瓶，取下的酒帽应尽量保持完整，展现出侍酒师良好的服务技能，酒帽应放置在餐碟内，以供顾客鉴赏。

2. 擦拭瓶口

用餐巾擦拭已经去掉酒帽的瓶口周围，去除锡箔残留的金属味，保证葡萄酒良好的卫生状态。

3. 钻入软木塞

右手拿酒刀，先把酒刀螺旋钻尖对准软木塞中央部位，并顺势旋转进入，尽量不要使螺旋钻全部钻透木塞，保留半圈或1圈螺旋环数，避免木塞碎屑掉入葡萄酒内，影响酒的口感。

小节提示

4. 取出软木塞

将酒刀的金属关节部分轻轻卡在瓶口凸起部分，左手握住刀身关节和瓶颈处，右手握住酒刀把柄后端，在杠杆的拉力作用下缓缓抬起，并确保在拔取过程中保持垂直的状态，避免软木塞折断。待塞子快被拔出瓶口时，停止撬动，用拇指和食指钳住软木塞左右晃动（也可使用白色餐布包裹住软木塞），并取出。取软木塞的过程要尽量保持

安静，避免出现"砰"的开瓶声。

5. 卸掉软木塞

左手握住酒塞一端，右手转动酒刀，动作连贯地将软木塞从酒刀的螺旋钻上卸下。

6. 检查软木塞

取下软木塞后，顺势放在鼻前轻闻，确保无异味、无污染，并将软木塞放入盛放酒帽的餐碟内。

7. 再次擦拭瓶口

用餐巾再次擦拭瓶口内侧，擦掉软木塞残留的渣滓，确保符合卫生要求。

8. 结束操作

将所有器具归位，整理工作台，结束操作。

任务三 训练与检测

参考静止葡萄酒开瓶教学视频进行开瓶训练。准备工作台，需要按照学生数量配备练习用具，建议每5名学生至少配备1套练习用具，可分组进行训练与检测。

教学视频

静止白葡萄酒开瓶

侍酒师在线

- 割取瓶口酒帽时，侍酒师要养成3刀割取的习惯。
- 割取瓶口酒帽时，一般坚持割下不割上的原则，这样能充分露出瓶口。
- 用酒刀的刀刃操作时，大拇指一般按在瓶口处切割，避免割伤手指，注意操作安全。

（来源：成都华尔道夫酒店首席侍酒师 Colin 李伟）

教学视频

静止红葡萄酒开瓶

项目三 酒篮内开瓶训练

检测表

项目要求

- 了解酒篮的用途及注意事项。
- 掌握酒篮内开瓶方法、程序与标准。
- 能够在限定时间内完成酒篮内开瓶。

项目解析

我们日常饮用的红葡萄酒，通常分为两类：一类属于年份较新的葡萄酒，一般没有沉淀，被称为新酒；一类是保存时间较长，年份较为久远，葡萄酒氧化后，会形成酒石酸的结晶，这类葡萄酒被称为老酒。新酒因为没有沉淀物，所以一般竖直开瓶即可；老酒因为有部分沉淀物，较为粗犷地拿取及开瓶会使沉淀泛起，影响葡萄酒的口感，因此这类葡萄酒通常建议使用酒篮服务，要求轻拿轻放，保障葡萄酒处于平稳状态，整个开瓶过程均需要在酒篮内进行。开瓶器可以选用“侍者之友”，也可以选择老酒开瓶器。另外，酒篮内开瓶通常也是将酒篮放置在酒水车、可移动服务架或者顾客可视的工作台上进行。

任务一　准备工作

准备酒篮内开瓶训练的场地，包括工作台、桌布、葡萄酒、酒篮、开瓶器、餐巾、餐碟等。要求学生着正装，符合仪容、仪表及仪态要求，按照既定步骤完成葡萄酒酒篮内开瓶。

任务二　操作标准与程序

小节提示

1. 准备酒篮

首先需要准备酒篮，检查其是否干净、有无破损，并根据需要在酒篮内铺白色垫布，酒瓶应全程卧于酒篮内，不旋转瓶身。场景服务时应遵循先取酒篮和餐巾，再取酒的服务顺序。

2. 正确割取酒帽

将葡萄酒放入酒篮内，将酒篮稍做倾斜（场景服务时瓶口朝右），瓶颈侧于身体前端，左手握住瓶颈下端，以确保酒瓶稳固在酒篮内，右手将瓶口凸出部分以上的酒帽割开去除。酒篮内切割酒帽与静止葡萄酒切割方法一致，通常分三步完成，并将切割完整的酒帽放入餐碟内。

3. 擦拭瓶口周围

右手拿起餐巾，将瓶口周围擦拭干净，并去除锡箔残留的金属味。

4. 正确取出软木塞

左手平稳地握住瓶颈处，右手将酒刀螺旋钻头慢慢转入软木塞内，使用两节杠杆，将酒塞轻轻拔出，不要用力过猛，以防酒塞断裂或将酒液洒出。在这一过程中，切记不

Note

要转动或摇动瓶身，避免沉淀物泛起。

5. 检查软木塞

拔塞前使用餐巾将其包住，取出软木塞时不发出过于明显的声响，酒液不喷溅。取下软木塞后，顺势放在鼻前轻闻，确保无异味、无污染，并将软木塞放于盛放酒帽的餐碟内。

6. 再次擦拭瓶口

用餐巾再次擦拭瓶口内侧，擦掉软木塞残留的渣滓，确保符合卫生要求。

7. 结束操作

将所有器具归位，整理工作台，结束操作。

任务三　训练与检测

教学视频

酒篮内开瓶

参考酒篮内开瓶教学视频，准备工作台，进行非场景式技能训练。需要按照学生数量配备练习用具，建议每5名学生至少配备1套练习用具，可分组进行训练与检测。

项目四　Ah-So开瓶器开瓶训练

检测表

项目要求

· 了解Ah-So开瓶器的用途及注意事项。
· 掌握Ah-So开瓶器的开瓶方法、程序与标准。
· 能够在限定时间内完成Ah-So开瓶器开瓶。

项目解析

在服务中遇到老年份葡萄酒的时候，除了要用醒酒器滗酒和醒酒外，我们还应该注意到，由于老年份葡萄酒的软木塞有可能在陈年过程中被酒液腐蚀，逐渐失去弹性，变得脆弱，这时如果使用螺旋式开瓶器，极易出现断塞，并有可能造成大量软木碎屑落入瓶中，而使用Ah-So开瓶器可以在很大程度上避免上述状况的发生，因此在开启老年份葡萄酒时可以使用老酒专用Ah-So开瓶器进行操作。Ah-So开瓶器由一个把手和两片特殊钢材制成的“刀片”组成，它利用刀片夹住软木塞，使其慢慢旋转，直至从瓶中夹出，老酒开瓶器能很好地保持软木塞的完整，适用于软木塞脆弱的葡萄酒的开瓶，以及断塞处理。

任务一 准备工作

准备Ah-So开瓶器开瓶训练的场地，包括工作台、桌布、葡萄酒、Ah-So开瓶器、酒刀、餐巾、餐碟等。要求学生着正装，符合仪容、仪表及仪态要求，按照既定步骤完成Ah-So开瓶器开瓶。

任务二 操作标准与程序

小节提示

1. 准备Ah-So开瓶器

准备Ah-So开瓶器，检查其是否干净、有无破损。

2. 正确割取酒帽

按照静止葡萄酒割取酒帽的方法，将酒帽割开，露出软木塞，将酒帽放于餐碟内。

3. 擦拭瓶口周围

右手拿起餐巾，将瓶口周围擦拭干净，并去除锡箔残留的金属味。

4. 检查软木塞状态

透过瓶口观察软木塞的状态，留意软木塞的前端是否已经有腐烂的迹象，并仔细观察软木塞其他部分的状况。

5. 正确开瓶

首先，将Ah-So开瓶器的长刀片沿着瓶口内壁和酒塞外壁之间缝隙慢慢插入，至短刀片处，再将短刀片慢慢插入。轻柔地将两片刀片都插入酒塞与瓶颈之间，均匀用力向下摇晃手柄，直至两片刀片完全夹住酒塞为止。然后握住手柄，缓慢地一边转动开瓶器(顺时针方向)，一边向上提拉，直至将酒塞从瓶口处旋转拔出。

6. 再次擦拭瓶口

用餐巾再次擦拭瓶口内侧，将瓶口周围残余的碎屑擦拭干净，确保符合卫生要求。

7. 结束操作

将所有器具归位，整理工作台，结束操作。

教学视频

Ah-So
开瓶

任务三 训练与检测

准备工作台，进行非场景式技能训练。需要按照学生数量配备练习用具，建议每5名学生至少配备1套练习用具，可分组进行训练与检测。

侍酒师在线

• 用Ah-So的刀片插入时，切记要先用长刀片插入酒塞与玻璃瓶口接触的位置，然后再插入短的刀片，把失去弹性的酒塞卡牢固，再旋转着把酒塞拔出。

• 用Ah-So开瓶器开瓶同正常静态葡萄酒开瓶一样，都需要擦拭瓶口。

• 如果在酒篮内开酒，建议在瓶口位置垂直于桌面处放一块餐巾，以防止倾斜取塞时有酒液溅出，弄脏顾客用餐的桌面。

（来源：成都华尔道夫酒店首席侍酒师Colin李伟）

项目五　斟酒训练

项目要求

· 了解各类葡萄酒斟酒服务的基本要求及注意事项。
· 掌握斟酒方法、程序与标准。
· 限定时间内完成斟酒服务。

项目解析

斟酒服务也是体现侍酒师工作能力的一个重要环节。斟酒姿态良好，斟酒技能娴熟，斟酒过程尽量避免滴洒，斟酒动作不影响顾客用餐，尊重斟酒礼仪，合理把握斟酒量，这些都是作为一名优秀侍酒师应该具备的重要服务素质。学生可以在课余时间多做一些握瓶方式的练习，多关注服务细节，学会保持矜持、优雅的微笑，这些都能帮助我们尽快地掌握斟酒服务的要点。

任务一　理论认知

一、持瓶及斟酒方法

1. 持瓶姿势

持瓶时，右手叉开拇指，并拢四指，掌心贴于瓶身中下部（或抓握瓶底），酒标一般

检测表

教学视频

起泡酒斟酒

教学视频

静止红开瓶及斟酒

教学视频

静止白斟酒

教学视频

新年份红斟酒

教学视频

老年份红斟酒

面向被服务的顾客，以确保其在顾客视线之内。避免触碰及遮挡酒标，四指用力均匀，使酒瓶握稳在手中。如果技能熟练，也可右手叉开拇指，拇指握于酒瓶下部（或底部上端），四指并拢握于酒瓶中下部（或底部），拇指方向与四指方向相关，酒标朝向顾客进行斟酒服务，这种姿势手腕转动更加灵活。

2. 手臂姿势

斟酒时，右侧小臂弯曲呈45°角，双臂以肩为轴，小臂用力，通过手腕的活动将酒斟入杯中。腕力使用灵活，斟酒时握瓶及倾斜角度的控制就更加自如，同时手腕转动需要用巧劲，以更好地控制酒液流出的速度与数量，斟酒及转瓶均应利用手腕的转动。斟酒时避免大臂用力或大臂与身体之间角度过大，进而影响顾客视线，甚至迫使顾客躲闪。

3. 腿脚姿势

进行餐桌服务时，应站于顾客右侧身后两位顾客座椅中间，右腿在前，脚掌落地，左脚在后，左脚尖着地呈后蹬势。身体微微向左倾斜，保持矜持的微笑，面向顾客，右手持瓶，酒标朝向顾客依次进行斟酒。

4. 斟酒方法

斟酒时将瓶口对准酒杯中间位置，距离杯口2 cm（不要贴近杯口），斟酒过程要缓慢，合理控制酒液流速。倒入适合的酒液后，小幅度转动瓶身，瓶口向上进行收瓶，保持酒液无滴洒，然后顺势轻轻擦拭瓶口，保持动作连贯性。起泡酒斟酒时，为避免倒酒过程中有泡沫溢出，一定要缓慢进行，保持细小水流，也可以分两次倒酒，待泡沫消失部分后，再次补充为6至7成满。斟完一杯更换位置时，要做到进退有序，退时先左脚掌落地后，右腿撤回与左腿并齐，使身体恢复立正姿势。再次斟酒时，左脚先向前跨，后脚跟上跨半步，形成规律性进退，使斟酒服务整体过程流畅大方。斟酒时，切忌身体贴靠顾客太近，但也不要离得太远，更不可一次为左右两侧的顾客斟酒，即不可反手斟酒，时刻保持右侧斟酒是斟酒服务的基本原则。在斟酒服务时，可以为顾客简单介绍酒款特色之处，如酒的产地、口感风味与配餐等信息。

二、合理的斟酒量

最常见的葡萄酒瓶装容量为750 mL，按照国际惯例，一瓶葡萄酒一般斟倒6—8杯为宜。由于酒杯品牌及类型多样，所以斟酒量需要考虑酒杯的大小和型号。红葡萄酒使用较大型号酒杯，一般保持稍少于1/2的斟酒量，切记不要过多，需要留出足够的晃杯空间，释放葡萄酒的香气；白葡萄酒、桃红葡萄酒及甜型酒则应稍多于1/3的斟酒量。起泡酒则建议斟倒5—7成满。酒量过少，不易观察上升的起泡；酒量过多，容易造成饮酒温度升高。另外，葡萄酒的斟酒量还要考虑具体情况，如顾客数量，就单瓶葡萄酒而言，如果是8—10人位，葡萄酒按750 mL平均分配，倒入顾客酒杯内，确保斟酒量均匀一致（瓶内通常有些余留）；如果是4—6人位，则可以按两轮斟完整瓶葡萄酒的量进行斟倒。当然，因为我们常有“干杯”的习惯，所以葡萄酒斟酒量还要尊重顾客的意愿。

Note

如果是杯卖酒，可以在通常红、白葡萄酒斟酒量的基础上酌情给顾客多斟倒一些，体现酒店服务的人性化。

三、常见的斟酒方式

斟酒是服务人员必须掌握的一项基本服务技能，要求做到不滴不洒、不少不溢，姿势正确优雅，动作迅速快捷。尤其在宴会中，对斟酒服务要求更高。服务人员必须熟练掌握正确的方法与技巧。常见的斟酒方式如下。

1. 桌斟

桌斟是指顾客的酒杯放在餐桌上，服务人员持瓶向杯中斟倒酒水。这种方法是最常见的斟酒方式，广泛应用于零点及宴会服务上。斟酒方法参考上文。

2. 捧斟

捧斟是指斟酒时，服务人员站立于顾客右侧身后，右手握瓶，左手将酒杯捧在手中，站立于顾客右后方进行斟酒，斟酒结束后，将酒杯放回顾客右手处，这种方式多用于酒会和酒吧服务，捧斟取送酒杯时动作要轻捷、稳重、优雅大方。

3. 托盘托举斟酒

这种斟酒方式是指将顾客选定的酒水、饮料放于托盘内，服务人员左手端托盘，托盘的位置位于顾客座椅背后，操作时保证托盘平稳，右手取酒、送酒、斟酒。这种方式斟酒难度高，服务时要注意装盘合理，轻拿轻放，安全第一。

四、斟酒服务基本礼仪

(1) 斟酒服务应时刻在顾客右侧进行，右手抓握酒瓶，酒标朝向顾客，左手拿白色餐巾，及时接住滴落的葡萄酒或擦拭瓶口残留的葡萄酒渍。

(2) 斟酒应遵循按顺时针方向的服务顺序。

(3) 先给主人斟酒，斟酒量一般控制在 30 mL 左右。经主人品鉴确认后，再开始为其他列席顾客斟酒。

(4) 正式斟酒从主宾开始，要考虑女士与年长者优先原则。先年长者，后年轻者；先年长女士，后年轻女士；先年长男士；后年轻男士。为避免斟酒过程太过复杂，如是圆桌，征得主人同意后，可以从主人右侧第一位女士开始斟酒，之后按顺时针方向斟完即可。斟酒时切记不要移动酒杯位置，尽量不要捧斟，保持桌面餐具规范的摆放是对顾客的最基本的尊重。

(5) 斟酒时，尽量不要一次性倒完瓶内的葡萄酒，要保留一定剩余。

(6) 白葡萄酒、桃红葡萄酒及起泡酒斟酒结束后，应询问顾客是希望把酒瓶放回冰桶内继续冰镇，还是放在桌面保持常温(一般情况下，如果顾客没有特殊要求，侍酒师应把酒放回冰桶)。放在桌面上酒应该在酒瓶下方搁置餐盘或瓶垫；如果将葡萄酒放回冰桶内，冰桶上方应放置白色餐布。再次斟酒时，应使用白色餐布将酒瓶擦拭干净，或持餐布包瓶斟酒，以免握瓶时因瓶身潮湿而打滑。

(7) 有些餐厅的侍酒师承担了更多角色，尤其在老年份葡萄酒的侍酒服务时，在征得主人同意的前提下，侍酒师往往会为自己斟倒1 mL左右的葡萄酒，在主人品酒前后，协助主人品鉴葡萄酒，为顾客提供合理的饮用建议。

(8) 当顾客的第一瓶葡萄酒即将饮用完时，应及时与主人沟通，询问是否添酒。如果顾客中途添加新款葡萄酒，应为顾客撤掉已使用过的酒杯，以确保在饮用过程中风味不会交叉影响。如果前款葡萄酒尚未饮用完，新款葡萄酒已经呈上，则可询问顾客是否撤掉前款葡萄酒，之后摆放新的酒杯。新款酒的斟酒方式同样遵循前款的规律，使用新的酒杯，让主人先行品鉴，然后按顺序斟酒。在大型宴会中，由于酒杯使用量过大，且顾客没有更多时间逐一品尝每款葡萄酒，此时就需要侍酒师对新款酒进行少量品尝，以保证该款葡萄酒的质量以及最佳的饮用温度。检验合格后，可直接为顾客向已使用过的酒杯内斟入新葡萄酒。

(9) 斟酒服务过程中，应及时关注顾客酒杯的盛酒状况，根据顾客需要斟倒葡萄酒，顾客无特别交代时，则按上文提到的斟酒量及方式进行斟酒。

(10) 如果一些葡萄酒需要醒酒服务，侍酒师应在对该款葡萄酒进行合理判断的基础上向顾客说明，并征得顾客同意，然后再进行醒酒服务。倒入醒酒器的葡萄酒，斟酒时需要使用醒酒器斟酒，具体内容参考下文“醒酒器斟酒标准”。

任务二　操作标准与程序

小节提示

准备斟酒技能操作训练场地，包括工作台、桌布、葡萄酒（可装水训练）、酒杯（每组6—8个酒杯）、餐巾等。要求学生着正装，符合仪容、仪表及仪态要求，按照既定步骤完成斟酒训练。为更好地训练斟酒服务技能，可让学生分别进行起泡酒斟酒训练与静止葡萄酒斟酒训练。

一、起泡酒斟酒标准

(1) 侍酒师站于工作台内侧，左手持餐巾，右手握住酒瓶下端或瓶底斟酒，不遮挡酒标，确保酒标朝向顾客。

(2) 在杯口上方2—3 cm处进行斟酒，保持动作稳定，流速均匀缓慢。

(3) 斟酒动作完成后，微微上扬瓶口并转动酒瓶，斟酒、转瓶、收瓶动作连贯，酒液无溢出，无滴酒。

(4) 如斟酒时泡沫过多，可在中途停留片刻，待泡沫稍消减后进行补斟。通常要求慢节奏斟酒，保持水流稳定，一次将起泡酒斟倒完成，起泡酒斟酒量通常为酒杯容量的2/3，切记不可斟“回头酒”。

(5) 每次斟酒结束后，迅速用餐巾擦拭瓶口。

(6) 根据顾客需求，把酒瓶重新放回冰桶内，上方放置餐巾。

(7) 将所有器具归位，整理工作台，结束操作。

二、静止葡萄酒斟酒标准

(1) 站立于顾客右侧,左手持餐巾,右手握住酒瓶下端或瓶底斟酒,酒标朝向顾客。

(2) 在杯口上方2—3 cm处斟倒,保持酒液流速均匀,缓慢倒入酒杯中。

(3) 斟酒动作完成后,微微上扬瓶口并转动酒瓶,确保酒液无滴酒。

(4) 每次斟酒结束后,迅速用餐巾擦拭瓶口。

(5) 将所有器具归位,整理工作台,结束操作。

三、醒酒器斟酒标准

(1) 站立于顾客右侧,左手以餐巾夹持醒酒器于手掌内,右手拇指放于醒酒器底部一侧,四指自然分开夹持住醒酒器底部的另一侧进行斟酒,有些时候也可以手持醒酒器腰部进行斟酒(为安全起见,另一手可拿餐巾扶在醒酒器一侧,辅助斟酒),前者通常更符合侍酒服务规范,但有一定难度,需多加练习。

(2) 在杯口上方2—3 cm处斟倒,保持酒液流速均匀,缓慢斟入酒杯中。

(3) 斟酒动作完成后,微微上扬醒酒器,确保无滴酒。

(4) 每次斟酒结束后,迅速用餐巾擦拭瓶口。

(5) 将所有器具归位,整理工作台,结束操作。

任务三　训练与检测

准备一定器具,进行非场景式技能训练。需要按照学生数量配备练习用具,建议每5名学生至少配备1套练习用具,可分组进行训练与检测,为了使技能训练具有连贯性,建议进行开瓶、斟酒连贯性技能训练。

检测表

侍酒师在线

• 在中餐商务场合,侍酒师往往需要转换服务思路和调整服务顺序,应细心观察,做到灵活服务。可根据具体情形参考主宾优先、长者优先的原则进行服务。

• 斟酒动作一定要干练利索,不拖泥带水。同时注意斟完酒一定要转瓶并擦拭瓶口,以防瓶口酒液滴到桌面或顾客的衣服上。

• 给顾客斟酒时,入杯的酒量应力求均等。另外,斟酒时不要斟“回头酒”,更不可反手斟酒。

(来源:成都华尔道夫酒店首席侍酒师Colin李伟)

检测表

项目六 新年份红葡萄酒醒酒训练

项目要求

· 了解新年份红葡萄酒醒酒的基本要求及注意事项。
· 掌握新年份红葡萄酒醒酒的方法、程序与标准。
· 在限定时间内进行技能训练。

项目解析

根据前面章节的介绍，我们了解了红葡萄酒醒酒服务的部分知识。与起泡酒服务不同，其服务过程需要用到相关醒酒用器皿，如蜡烛、火柴、醒酒器等。将蜡烛点燃作为背景光源，主要是为了更方便观察瓶中沉淀。只有老年份葡萄酒或未澄清、过滤的葡萄酒才会使用到蜡烛，年份较新的葡萄酒进行醒酒服务时则可以不用准备蜡烛。

任务一 准备工作

准备新年份葡萄酒醒酒技能训练场地，包括工作台、桌布、葡萄酒、新年份酒醒酒器、开瓶器、餐巾、餐碟、瓶垫等。要求学生着正装，符合仪容、仪表及仪态要求，按照既定步骤完成新年份红葡萄酒醒酒技能操作，为提高醒酒与斟酒技能的连贯性，可同时进行醒酒与斟酒技能训练。

任务二 操作标准与程序

小节提示

(1) 按照静止葡萄酒开瓶方式进行开瓶，割取酒帽，擦拭瓶口周围，轻轻取出酒塞(通常用白色餐布包裹软木塞取出)，轻闻酒塞，确认葡萄酒酒质，再次擦拭瓶口内侧，保持瓶口清洁卫生。

(2) 将软木塞放入餐碟内。

(3) 左手抓握醒酒器，右手抓握瓶身，酒标朝向顾客，将酒液缓缓倒入醒酒器内。

(4) 瓶底处可余留一定酒液，避免将沉淀物倒入醒酒器内。

(5) 醒酒结束后，将酒瓶放回原处，酒瓶下搁置瓶垫或餐碟。

(6) 左手持餐巾，右手正确抓握醒酒器，进行斟酒，酒标朝向顾客。

(7) 在杯口上方2—3 cm处斟倒,酒液流速均匀、缓慢,无滴洒。

(8) 随着醒酒器内剩余酒量变少,斟酒难度增大。为顺利完成斟酒服务,在斟酒过程中,可调整抓握醒酒器的手形,以确保酒液安全倒出。

(9) 每次斟酒结束后,用餐巾擦拭瓶口。

(10) 将所有器具归位,整理工作台,结束操作。

任务三 训练与检测

检测表

准备一定器具,进行非场景式技能训练,需要按照学生数量配备练习用具,建议每5名学生至少配备1套练习用具,可分组进行训练与检测。

项目七 老年份红葡萄酒醒酒训练

项目要求

· 了解老年份红葡萄酒醒酒的基本要求及注意事项。
· 掌握老年份红葡萄酒醒酒的方法、程序与标准。
· 在限定时间内进行技能训练。

项目解析

老年份红葡萄酒在陈年过程中会产生大量的酒石酸结晶,酒石酸结晶一般为大小均匀的红色颗粒,如果将它倒入酒杯中,可以看得更加明显。这些颗粒物往往会影响酒的外观及口感,所以在进行老年份红葡萄酒醒酒服务时,建议顾客做"滗析"处理。过滤沉淀物可以使用漏斗等,也可以通过将红葡萄酒缓慢倒入醒酒器的同时将沉淀保留在瓶底的方式实现过滤。这类醒酒服务明显比普通红葡萄酒的醒酒服务细节更多,更复杂一些,这就要求侍酒师有更严谨、细致的工作态度。

任务一 准备工作

准备老年份红葡萄酒醒酒技能训练场地,包括工作台、桌布、葡萄酒、老年份酒醒酒器、开瓶器、蜡烛、单支烛台、餐巾、餐碟、瓶垫等。要求学生着正装,符合仪容、仪表

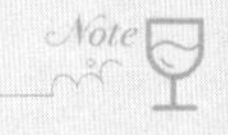

及仪态要求，按照既定步骤完成老年份红葡萄酒醒操作，为提高醒酒与斟酒的连贯性，可同时进行醒酒与斟酒技能训练。

任务二　操作标准与程序

小节提示

（1）选用老年份酒醒酒器，使用火柴点燃蜡烛，并将火柴棒放回火柴盒，保留备用。

（2）一手持醒酒器，一手握住瓶底（或瓶身中下端），酒标朝向顾客。

（3）两手自然端起酒瓶与醒酒器，酒瓶应与蜡烛保持适当距离，防止火焰温度对酒体产生不良影响。

（4）将葡萄酒缓缓倒入醒酒器内，视线保持在瓶肩处，以蜡烛作为背景光源，确保看清瓶内沉淀。当瓶肩出现沉淀时，停止倒酒，保留少量酒液在瓶内，避免沉淀物进入醒酒器。

（5）醒酒结束后，将酒瓶放回酒篮（篮内有垫布）。

（6）用火柴棒熄灭蜡烛，准备斟酒。

（7）站立于顾客右侧服务，左手持餐巾，右手正确抓握醒酒器斟酒，酒标朝向顾客。

（8）在杯口上方2—3 cm处斟倒，酒液流速均匀、缓慢，无滴酒。

（9）随着醒酒器内剩余酒量变少，斟酒难度增大。为顺利完成斟酒服务，在斟酒过程中，可调整抓握醒酒器的手形，以确保酒液安全倒出。

（10）每次斟酒结束后，用餐巾擦拭瓶口。

（11）将所有器具归位，整理工作台，结束操作。

任务三　训练与检测

准备一定器具，进行非场景式技能训练，需要按照学生数量配备练习用具，建议每5名学生至少配备1套练习用具，可分组进行训练与检测。

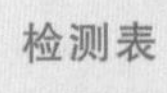

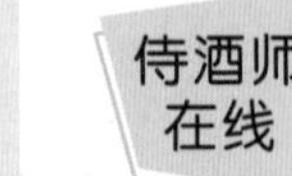

•将酒液倒入醒酒器时，切记要慢速倒酒，以便看清沉淀物流向。

•老年份红葡萄酒较为脆弱，醒酒时需要控制好流速，尽量慢一些，减少酒液碰撞，以防止其结构受到破坏。

（来源：成都华尔道夫酒店首席侍酒师 Colin 李伟）

章节小测

训练与检测

• 知识训练

1. 简述起泡酒与静止葡萄酒开瓶的步骤与注意事项。
2. 简述酒篮内开瓶的步骤与注意事项。
3. 简述Ah-So开瓶器的使用步骤与注意事项。
4. 简述几种持瓶与斟酒姿势的规范与注意事项。
5. 归纳新老年份红葡萄酒醒酒服务的不同之处,服务时的注意事项。

• 能力训练

根据所学知识,分组完成每小节项目的训练任务,并进行相关技能检测。

模块五
侍酒服务场景式训练

模块导读

所有真实的侍酒服务均是在场景化状态下完成的，熟悉并掌握侍酒服务的全流程是作为一名专业侍酒师必须具备的技能。本章内容涵盖了侍酒服务中常见的场景服务，主要包括点酒、起泡酒、白葡萄酒、红葡萄酒、杯卖酒、白酒、黄酒与日本清酒的场景服务。此外，本单元还追加了一些针对服务中出现突发情况制定处理预案的阐述，掌握这些解决棘手问题的方法，有助于提升整体服务质量。本模块内容框架如下。

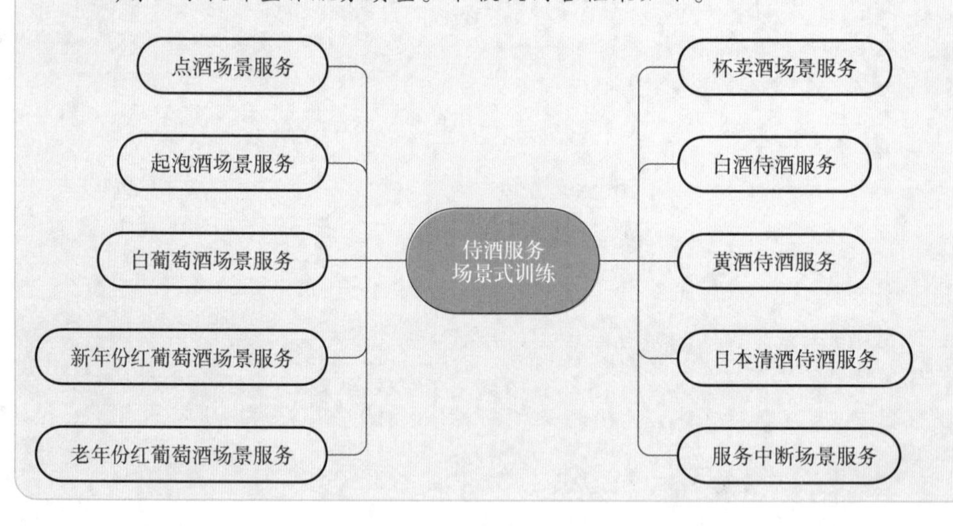

学习目标

知识目标：了解各类酒水场景服务的基本知识点；熟悉服务前需要做的准备工作与注意事项；掌握各类酒水场景服务的程序与方法；同时，了解服务中有哪些易出现的突发事件，探究造成服务中断的原因，并能掌握制定处理预案的方法。

技能目标：运用本章专业知识，学生能在日常工作中进行正确场景服务操练与实践；能够辨析与判断服务是否得当，并能根据实际情况，创新服务方式，具备优化服务质量的能力；针对突发事件，具备处理棘手问题的能力，能解决实际工作中的难题；同时，熟练掌握业务规范，具备娴熟、专业的葡萄酒侍酒服务水平。

思政目标：通过本章学习，学生能够对各类酒水服务有一定科学认知，同时，学生能深化对中国主要酒精类饮品服务的素养性认知，了解“国人喝国酒”理念，提升中国酒文化自信；通过场景化技能训练，培养学生在真实场景下全局把握的职业观，铸造精益求精、严格做事、追求卓越的职业精神与职业素养。

项目一　点酒场景服务

项目要求

· 了解酒水推荐顺序。
· 掌握引领入座的服务礼仪，并能熟练运用。
· 掌握递送酒单与展铺餐巾的服务要领，并能熟练运用。
· 掌握点酒推介技巧。

项目解析

顾客来餐厅用餐，侍酒师为顾客展示酒单，做好推介工作，配合顾客点单，这些都能为顾客留下美好的第一印象，会直接影响到顾客对整个消费过程的评价。侍酒师要对酒单上所有的酒款了如指掌，对菜单上所有的菜品的食材及烹饪方式做到心中有数，能快速而全面地解答顾客点酒配餐时的各种问题，这样才称得上是成功的推介行为。良好的专业知识与职业素养是做好一切工作的前提条件，侍酒师需要遵循科学的服务程序，为顾客提供细致入微的服务工作。

顾客来餐厅用餐，不管是选择中式菜品还是西方菜品，点餐通常有一定规律可循，如先凉后热、先咸后甜、色泽相协调、浓淡相搭配等，葡萄酒的推介也需要以此为据。向顾客推荐酒水，通常可以遵循以下原则。

（1）先干型酒后甜型酒。

（2）先白葡萄酒后红葡萄酒，白葡萄酒搭配白色鱼肉及蔬菜类菜品，红葡萄酒搭配红色肉类及酱料较多的、复杂的中式菜品。

（3）先清淡型酒后浓郁型酒，清淡酒搭配清淡的菜肴，浓郁酒搭配浓郁、复杂的菜肴。

（4）未经橡木桶陈年的葡萄酒在先，经橡木桶陈年的葡萄酒在后。

（5）干型起泡酒或酸度较高的白葡萄酒搭配开胃菜品。

(6) 半干型或半甜型酒可搭配辛辣食物。

(7) 甜型酒搭配餐后甜食。

任务一　准备工作

按照预设用餐人数，进行点酒场景服务训练场地布置，准备工作台(长条桌)、桌布、餐椅、台号牌、餐碟、点酒单、酒单、记录笔、餐巾等。要求学生着正装，符合仪容、仪表及仪态要求，按照既定步骤完成点单服务场景训练。

任务二　操作标准与程序

1. 引领入座

顾客进入餐厅后，侍酒师(或餐厅领班与经理)应立刻笑脸相迎，询问预定情况，如有预定，微笑示意，引领顾客按照预定餐桌入座。如果顾客没有预定，应该与顾客沟通并安排餐位，待顾客入座，侍酒师应第一时间靠近餐位，礼貌地欢迎顾客，向顾客介绍自己当值侍酒师的身份。

2. 递送酒单

侍酒师应身体前倾，面带微笑，态度热情，双手递送酒单，并为顾客打开至第一页，阅读面朝向顾客，并与顾客适当交流。如果本桌就餐人数较多，则应提供两份及以上的酒单供顾客参考。

因酒单更新不及时，出现个别酒款缺货时，应礼貌致歉并向顾客说明。递送酒单时，应始终站在顾客右侧服务。在顾客翻阅酒单时，可礼貌性地向后撤一步，给顾客留出商量的空间；在顾客需要时，再及时上前协助点酒。

3. 展铺餐巾

顾客点酒期间，可为顾客进行展铺餐巾服务，站于顾客右侧，从女宾或主宾开始，按顺时针方向进行，餐巾正面朝上，一角压放在骨碟下方。

4. 点酒服务

站于主人右侧，身体微微前倾。询问主人是否可以开始点酒，手持记录笔和点酒单开始记录。向顾客推荐酒水时，应学会判断顾客对品质的要求以及心理价位，读懂顾客需求，不要过度营销。顾客点酒结束后，应为顾客复述所点酒品，包括酒名、年份、生产者、产区、品种、规格(750 mL、375 mL、1.5 L等)、类型(干型、半干型、半甜型等)，以及其他重要信息，并在点酒单上进行记录，包括台号、日期、用餐人数、酒名、规格、数量、价格、签字、封单等。同时，应询问顾客有无特殊要求，为顾客提供个性化服务。

5. 结束服务

待顾客点酒完毕，礼貌交流后，结束点酒服务。

任务三　训练与检测

检测表

按照预设用餐人数，进行点酒场景服务训练场地布置，进行场景式技能训练，建议在校内实训室完成。需要按照学生数量配备练习用具，建议每3名学生至少配备1套练习用具，进行单人式点酒训练与检测。

设定一定的服务场景，2位有预约顾客（或无预约顾客）进入餐厅用餐，从引领顾客入座开始，进行点酒场景服务模拟训练，要求在限定时间内完成。

岗课赛证

酒水推荐的考量因素

酒餐搭配因素：在餐厅里，向顾客推荐酒水的基本考量因素是顾客所选择的食物。顾客选择西餐时，一般采用主菜配酒法与甜点配酒法进行推介；顾客选择中餐时，一般需要考虑顾客用餐形式是分餐制还是合餐制，前者可参考西餐配餐法，后者可考虑主题（整个菜品的大菜）搭配法。另外，在中西餐搭配时还应考虑地方特色搭配，一些地方特色的食材和菜品有其独特之处，配酒时应充分考虑。

其他客观因素：一是季节，应考虑不同的季节人们的饮酒喜好，以及与不同季节的时令菜肴搭配；二是用餐时段，午餐一般适合推荐杯卖酒或酒精度较低的酒，下午茶通常推荐甜型酒，晚餐用餐时间较长，是销售酒水的最佳时间，应在酒餐搭配的基础上，推荐优质的红、白葡萄酒，餐后通常会推荐烈酒。

其他主观因素：①预算，侍酒师应通过解读顾客用餐预算来针对性推荐酒水。②用餐性质。③侍酒师须辨别是商务宴请还是亲朋聚会，用餐主题是推荐酒款的重要考量因素。④来宾人数。一般一瓶750 mL的葡萄酒可以满足3—5人的饮用需求，如要提升用餐体验，可向顾客推荐红、白葡萄酒以及甜型酒。⑤口味爱好。侍酒师须根据顾客喜好进行针对性服务。⑥个人经历。有些顾客对葡萄酒的接受程度与选择方向会受个人经历的直接影响。⑦性别。女生更喜欢干型酒、微甜型酒、甜型酒、起泡酒或酒精度略低的葡萄酒，男士更喜欢浓郁的葡萄酒。

（来源：刘雨龙，（加）Vivienne Zhang《葡萄酒品鉴与侍酒服务：中级》，中国轻工出版社，2020年版）

侍酒师在线

• 点酒服务时侍酒师的仪容仪表非常重要，服务时不要吝啬微笑，笑容是最具善意和亲和力的个人名片。

• 与顾客沟通需求时，可以采用“做减法”的思路，剖析顾客的心理价位、口感偏好、品种与产区喜好等信息。

• 在点酒服务时，难免会有同席的顾客插话。侍酒师要注意审时度势，学会正确解读顾客需求。

（来源：成都华尔道夫酒店首席侍酒师 Colin 李伟）

项目二　起泡酒场景服务

项目要求

· 了解起泡酒场景服务的准备工作及注意事项。

· 掌握起泡酒场景服务流程。

· 能够在限定时间内完成个人及团队服务。

项目解析

起泡酒场景服务是建立在熟练的起泡酒开瓶与斟酒技能基础之上的，为了更身临其境地进行场景式服务训练，可以设定两人或多人用餐的模拟场景，根据场景预设，让学生掌握服务的方法与流程。

任务一　准备工作

按照预设用餐人数，进行起泡酒场景服务训练场地布置，包括工作台（西式长条桌或中式圆桌均可）、餐布、餐椅、酒水车、起泡酒、餐巾、餐碟、开瓶器、起泡酒杯、冰桶（含冰水混合物）、冰桶架、托盘等。要求学生着正装，符合仪容、仪表及仪态要求，按照既定步骤完成起泡酒服务场景训练。

任务二 操作标准与程序

1. 引领入座

礼貌迎宾,递送迎宾词,并介绍自己作为当值侍酒师身份,询问客人预定情况,礼貌引领客人入座。

2. 呈递酒单

待顾客入座,双手为主人呈递酒单,并打开酒单首页。根据顾客需要合理推荐餐厅特色酒款或主打类型,并做好点酒记录,点酒单内容包括所点葡萄酒名称、年份、生产者、品种等,并向顾客复述所点酒的年份、酒名等重要信息。

3. 递送酒杯

为顾客选择合适的起泡酒杯,并对照光线,检查酒杯的清洁程度。递送酒杯时,通常使用托盘(西式简餐服务允许手持运送),摆台过程中不可直接触摸杯口与杯身。遵循先宾后主、女士优先的原则,按顺时针方向为顾客摆放酒杯。

4. 准备冰桶

为冰镇服务准备冰桶,冰桶内加入适量的冰水混合物(有预约的情况下,通常需要提前做好冰镇准备),冰桶上方放置白色餐巾,并端放于顾客餐桌一旁,一般靠近主人位,放于主人右侧。根据实际情况,也可将冰桶放在工作台备用(应准备垫盘与餐布,不能将盛放葡萄酒的冰桶直接放在工作台之上,以免浸湿工作台)。

5. 取酒递送

从酒柜中为顾客取酒,检查酒标信息,确保与顾客所点葡萄酒一致。左手持餐布,右手托住酒瓶底,利用胳膊做一定支撑,步态平稳地递送到主人位右侧。如果因葡萄酒温度过低,导致瓶身有水雾,需要在瓶底垫上餐布运送。

6. 示酒确认

站于主人位右后方,保持酒标朝向顾客,向主人展示所点葡萄酒,并复述以下信息:该款酒的名称、产区、国别、品种与年份等。目的是确认所取酒款与顾客点的酒款一致,避免因酒庄差异、年份差异造成的开错酒等严重事故。在主人确认后,进行下一步服务。

7. 正确开瓶

按照起泡酒开瓶方式正确开瓶,通常在事先准备好的酒水车或工作台上进行。开瓶的过程中,应保持动作优雅、娴熟、流畅,取下软木塞后置于鼻前轻闻,确认软木塞无污染,之后把软木塞与铁丝圈分开,放于事先准备好的餐碟内,呈递给主人鉴赏。为避免软木塞滚动,通常需要用拇指按着软木塞,将餐碟递送到主人位右手边。

8. 擦拭瓶口

开瓶后，及时擦拭瓶口，确保瓶口清洁卫生。

9. 斟倒品尝酒

左手持餐布，为主人斟倒品尝酒，通常约为30 mL，待主人品尝结束，礼貌询问葡萄酒状态，并请示是否可以开始斟酒。

教学视频

起泡酒场景服务

10. 正式斟酒

待主人示意后正式为顾客斟酒，遵循先宾后主、女士优先的原则，按顺时针方向为顾客斟酒。

11. 归位结束

斟酒结束，把酒瓶放于主人右侧冰桶之内，倾斜瓶身，冰桶上方放置白色餐布，带走盛放软木塞的餐碟及酒水车，将器具归位，向顾客呈递用餐祝福语，结束服务。

教学视频

起泡酒场景服务（带引领）

任务三　训练与检测

参考起泡酒场景服务教学视频，按照预设用餐人数，进行起泡酒场景服务训练场地布置，进行场景式技能训练。需要按照学生数量配备练习用具，建议每6名学生至少配备1套练习用具，进行单人式训练与检测。

设定一定的服务场景，模拟2位有预约顾客进入餐厅用餐，从引领顾客入座开始，进行单人场景服务模拟训练，要求在限定时间内完成。

检测表

项目三　白葡萄酒场景服务

项目要求

- 了解白葡萄酒场景服务的准备工作及注意事项。
- 掌握白葡萄酒场景服务流程。
- 能够在限定时间内完成个人及团队服务。

项目解析

白葡萄酒场景服务与起泡酒场景服务基本相似，同样可设定两人或多人用餐的模拟场景，根据场景预设，进行单人式训练或团队式训练。

任务一 准备工作

按照预设用餐人数，进行白葡萄酒场景服务训练场地布置，包括工作台（西式长条桌或中式圆桌均可）、桌布、餐椅、酒水车、白葡萄酒、餐巾、餐碟、开瓶器、白葡萄酒杯、冰桶（含冰水混合物）、冰桶架、托盘等。要求学生着正装，符合仪容、仪表及仪态要求，按照既定步骤完成白葡萄酒服务场景训练。

任务二 操作标准与程序

1. 引领入座

礼貌迎宾，递送迎宾词，并介绍自己作为当值侍酒师身份，询问客人预定情况，礼貌引领客人入座。

2. 呈递酒单

待顾客入座，双手为主人呈递酒单，并打开酒单首页。根据顾客需要合理推荐餐厅特色酒款或主打类型，并做好点酒记录，并向顾客复述所点酒的年份、酒名等重要信息。

3. 递送酒杯

为顾客选择合适的白葡萄酒杯，并对照光线，检查酒杯的卫生情况。递送酒杯时，通常使用托盘（西式简餐服务允许手持运送），摆台过程中不可直接抓握杯口与杯身。遵循先宾后主、女士优先的原则，按顺时针方向为顾客摆放酒杯。

4. 准备冰桶

为冰镇服务准备冰桶，冰桶内加入适量的冰水混合物，冰桶上方放置白色餐巾，并端放于顾客餐桌一旁，一般靠近主人位，放于主人右侧。根据实际情况，也可将冰桶放在工作台备用，与起泡酒一样，摆放于工作台时，须注意卫生状况。

5. 取酒递送

从酒柜中为顾客取酒，确认酒标信息。左手持餐布，右手托住酒瓶底，利用胳膊做一定支撑，在瓶底垫上餐布进行运送。

6. 示酒确认

站于主人位右后方，保持酒标朝向顾客，向主人展示所点葡萄酒，并复述以下信息：该款酒的名称、产区、国别、品种与年份等。在主人确认后，进行下一步服务。

7. 正确开瓶

按照静止葡萄酒开瓶方式正确开瓶，通常在事先准备好的酒水车、工作台或顾客餐桌一侧进行。开瓶的过程中，应保持动作优雅、娴熟、流畅，取下软木塞后置于鼻前轻闻，确认软木塞无污染，之后把软木塞放于事先准备好的餐碟内，呈递给主人鉴赏。为避免软木塞滚动，通常需要用拇指按着软木塞，将餐碟递送到主人位右手边。

8. 擦拭瓶口

开瓶后，及时擦拭瓶口，确保瓶口清洁卫生。

9. 斟倒品尝酒

左手持餐布，为主人斟倒品尝酒，通常约为 30 mL，待主人品尝结束，礼貌询问葡萄酒状态，并请示是否可以开始斟酒。

10. 正式斟酒

待主人示意后正式为顾客倒酒，遵循先宾后主、女士优先原则，按顺时针方向为顾客斟酒。

11. 放回酒瓶

斟酒结束，根据顾客意愿把酒瓶放回。如果保持冰镇，应把酒瓶放回冰桶内，上方放置白色餐布；如果常温饮用，可把酒瓶放于顾客餐桌或工作台上，下方放置瓶垫，确保清洁卫生。

12. 归位结束

酒瓶放置结束后，将器具归位，带走盛放软木塞的餐碟，推走酒水车，向顾客呈递用餐祝福语，结束服务。

服务标准流程

• 点单：利用酒单协助主人点酒；适当提供点酒建议；请主人确认酒款。

• 开瓶：将未开瓶的酒呈于主人面前，以示所点酒款与实物无异；按规范进行开瓶，并向主人展示软木塞；处置杂物，如顾客无特别要求，将酒帽与软木塞随身带走或置于酒瓶旁边；在餐桌空间允许的情况下，把酒瓶、软木塞和醒酒器等放置于托盘上，放于主人右手边。

• 侍酒：侍酒师始终将餐布拿在手上或搭在前臂，不可放进口袋或搭在肩上；现场如摆放冰桶或工作台，其位置不可阻碍顾客或服务人员行走；正式斟酒前，请主人品尝样酒；从主人右手边顾客开始，按顺时针方向斟酒，一般遵循先宾后主、女士优先的斟酒顺序。

（来源：刘雨龙，（加）Vivienne Zhang《葡萄酒品鉴与侍酒服务：中级》，中国轻工出版社，2020年版）

检测表

单人

检测表

团队一

检测表

团队二

任务三 训练与检测

准备一定场景，进行白葡萄酒场景式技能训练，建议所配练习用具的数量要保证每3名学生不少于一套，可单人训练，也可团队训练。

场景一：设定一定的服务场景，模拟2位有预约顾客进入餐厅用餐，从引领顾客入座开始，进行单人式场景服务训练，要求在限定时间内完成。

场景二：设定一定的服务场景，模拟4位顾客入座，进行3人团队式场景服务训练（按照既定分工依次完成相应操作），要求在限定时间内完成。

团队式场景服务训练是按照3人承担的不同工作角色进行的场景设计，可通过临时抽签决定学生角色或服务顺序，以此测评学生对技能的掌握与熟练程度。团队式场景服务训练还可以变通测评形式，对学生进行多样化场景训练。

场景三：设定一定的服务场景，模拟4位有预约顾客进入餐厅用餐，从引领顾客入座开始，3人合理分配角色，并相互协作，完成团队式场景服务训练，要求在限定时间内完成。

侍酒师在线

• 有条件的餐厅，应尽量用小圆桌（Guéridon）或送餐车（配白色桌布）来操作，可以提升仪式感，也可降低弄脏餐桌的风险。

（来源：成都华尔道夫酒店首席侍酒师 Colin 李伟）

项目四 新年份红葡萄酒场景服务

项目要求

· 了解新年份红葡萄酒场景服务的准备工作及注意事项。

· 掌握新年份红葡萄酒场景服务的流程。

· 能够在限定时间内完成个人及团队服务。

项目解析

新年份红葡萄酒场景服务训练与起泡酒或白葡萄酒场景服务训练有很多不同之处。新年份红葡萄酒同样可设定两人或多人用餐的模拟场景，根据场景预设，进行单人式训练或团队式训练。另外,新年份红葡萄酒场景服务的细节、流程会因侍酒师习惯、餐厅要求或顾客需求的不同而略有差异,可依具体情形进行微调。

任务一　准备工作

按照预设用餐人数,进行新年份红葡萄酒场景服务训练场地布置,包括餐桌(西式长条桌或中式圆桌均可)、桌布、餐椅、酒水车、餐巾、餐碟、开瓶器、新年份红葡萄酒、红葡萄酒杯、醒酒器、托盘等。要求学生着正装,符合仪容、仪表及仪态要求,按照既定步骤完成新年份葡萄酒场景服务训练。

任务二　操作标准与程序

1. 引领入座,呈递酒单

与白葡萄酒场景服务的程序一样,侍酒师引领顾客入座,用双手为顾客呈递酒单。

2. 递送酒杯

为顾客准备合适的酒杯,并检查酒杯清洁状况。

3. 准备器具

准备并检查新年份红葡萄酒醒酒服务所需要的醒酒器、餐巾、餐碟、酒刀等器具,并且将这些器具置于酒水车上,将酒水车推至顾客餐桌旁,或使用托盘将这些器具运送到操作台上。

4. 取酒示酒

从酒柜内为顾客取酒,并向主人示酒,确认酒款信息。

5. 正确开瓶

按照静止葡萄酒开瓶规范实施开瓶,并两次擦拭瓶口。

6. 斟倒品尝酒

为主人斟倒品尝酒,连同软木塞呈送至主人位。

7. 醒酒服务

左手抓握醒酒器,右手抓瓶底,酒标朝外(确保在顾客可视范围内),将葡萄酒缓缓倒入醒酒器内,稍留余量,勿全部倒完。

8. 斟酒服务

左手拿餐布,右手持醒酒器,遵循先宾后主、女士优先原则,按顺时针方向依次为顾客斟酒。

9. 归位器具

斟酒结束后，将空瓶放于靠近主人位一侧的瓶垫之上，盛放葡萄酒的醒酒器放于空瓶同侧。除醒酒器及酒瓶外，将其他相关器具放回酒水车。

10. 呈递祝福语

祝顾客用餐愉快，除将醒酒器及酒瓶留在现场展示以外，移走其他所有器具。

教学视频

新年份红场景服务

任务三　训练与检测

准备一定场景，进行新年份葡萄酒场景服务模拟训练，需要按照学生数量配备练习用具，建议每3名学生至少配备1套练习用具，可单人训练，也可团队训练。

场景一：设定一定的服务场景，模拟4位有预约顾客进入餐厅用餐，从引领顾客入座开始，进行单人式场景服务训练，要求在限定时间内完成。

场景二：设定一定的服务场景，模拟4位顾客入座，进行3人团队式场景服务训练（按照既定分工依次完成相应操作），要求在限定时间内完成。

场景三：设定一定的服务场景，模拟4位有预约顾客进入餐厅用餐，从引领顾客入座开始，3人合理分配角色，并相互协作，完成团队式场景服务训练，要求在限定时间内完成。

检测表

单人

检测表

团队一

检测表

团队二

项目五　老年份红葡萄酒场景服务

项目要求

· 了解老年份红葡萄酒场景服务的准备工作及注意事项。
· 掌握老年份红葡萄酒场景服务的流程。
· 能够在限定时间内完成个人及团队服务。

项目解析

老年份红葡萄酒场景服务与新年份红葡萄酒场景服务也有很多不同之处。相比新年份酒，老年份红葡萄酒往往有较多沉淀，所以通常使用蜡烛进行辅助醒酒，另外为了更平稳地运送葡萄酒，通常会使用酒篮。这些不同点，使老年份红葡萄酒的醒酒服务流程较为烦琐与复杂，需要注意的事项也较多。另外，老年份红葡萄酒场景服务的细节、流程也会因侍酒师习惯、餐厅要求或顾客需求的不同而略有差异，可依具体情形进行微调。

任务一　准备工作

待顾客点酒结束后，为顾客配备合适的醒酒器、漏斗（或不用）、开瓶器（酒刀或老酒开瓶器）、蜡烛、火柴、餐碟、餐巾、酒篮、托盘等器具物品。老年份红葡萄酒场景服务器具较多，所以一定要准备齐全，并检查器具的清洁状况，确认器具处于正常使用状态，特别是火柴，一定要保证能正常点燃。另外，还要准备在醒酒过程中可以方便摆放器具的酒水车或移动工作台，并将盛放器具的工作台转移到主人位右侧，以备下一步服务时使用。

老年份红葡萄酒由于被长久储藏，出现坏酒的可能性较高，侍酒师应在征得主人允许的情况下倒出15 mL左右的样酒，协助顾客品鉴葡萄酒香气及口感状态。如果未得到主人允许，侍酒师不要自作主张倒酒检查。

醒酒服务时，侍酒师应双臂略做倾斜，自然抓握醒酒器与酒瓶，将酒液缓缓倒入醒酒器内，蜡烛放在瓶颈正上方远近适中的位置，确保能借助光源方便、准确地观察到瓶肩处的沉淀物。

任务二　操作标准与程序

1. 引领入座，呈递酒单

与白葡萄酒场景服务的程序一样，侍酒师引领顾客入座，用双手为顾客呈递酒单。

2. 递送酒杯

为顾客准备合适的酒杯，并检查酒杯清洁状况。

3. 准备器具

准备老年份红葡萄酒醒酒服务所需要的醒酒器、蜡烛、火柴、餐巾、餐碟、酒刀或老酒开瓶器、漏斗等器具，检查这些器具的清洁状况，并且将这些器具置于酒水车上，将酒水车推至顾客餐桌旁，或使用托盘运送到操作台上。

4. 取酒示酒

从酒柜内平稳地为顾客取酒，并向主人示酒，确认酒款信息，此过程应使用酒篮（内铺白色餐巾）。

5. 点燃蜡烛

转身引燃火柴（避免引燃火柴时散发的二氧化硫影响酒的风味），点燃蜡烛，不要将使用过的火柴棒丢弃，可放于火柴盒一端或餐碟内，熄灭蜡烛时会用到。

6. 正确开瓶

按照酒篮内开瓶的步骤，正确实施开瓶，并两次擦拭瓶口。

7. 斟倒品尝酒

使用酒篮（不要拿起酒篮倒酒，通常采用侧倾酒篮方式进行斟酒，以免激起老年份红葡萄酒的沉淀物）为主人斟倒品尝酒，在征得主人同意的情况下，可以为自己斟入15 mL左右的葡萄酒，以协助主人品鉴。之后将品尝酒连同软木塞一起放入餐碟，送至主人位。

8. 醒酒服务

从酒篮内平稳地取出酒瓶，右手抓瓶底，酒标朝外（确保顾客可视），左手抓握醒酒器，将酒液缓缓倒入醒酒器内。三点（视线、瓶肩、光源）一线，借助光源仔细观察酒中沉淀物，待沉淀物流至瓶肩处时，立即停止倒入。

9. 斟酒服务

左手拿餐布，右手持醒酒器，为顾客倒酒，遵循先宾后主、女士优先原则，按顺时针方向依次为顾客斟酒。

10. 归位器具

斟酒结束后，将空瓶放于靠近主人位一侧的瓶垫之上，盛放葡萄酒的醒酒器放于空瓶同侧。除醒酒器及酒瓶外，将其他醒酒相关器具放回酒水车。

11. 呈递祝福语

祝顾客用餐愉快，除将醒酒器及酒瓶留在现场展示以外，移走其他所有器具。

任务三　训练与检测

准备一定场景，进行老年份红葡萄酒场景服务模拟训练，需要按照学生数量配备练习用具，建议每3名学生至少配备1套练习用具，可单人训练，也可团队训练。

场景一：设定一定的服务场景，模拟4位有预约顾客进入餐厅用餐，从引领顾客入座开始，进行单人式场景服务训练，要求在限定时间内完成。

场景二：设定一定的服务场景，模拟4位顾客入座，进行3人团队式场景服务训练（按照既定分工依次完成相应操作），要求在限定时间内完成。

场景三：设定一定的服务场景，模拟4位有预约顾客进入餐厅用餐，从引领顾客入座开始，3人合理分配角色，并相互协作，完成团队式场景服务训练，要求在限定时间内完成。

教学视频

老年份红场景服务

教学视频

老年份红场景服务（带引领）

检测表

单人

检测表

团队一

检测表

团队二

侍酒师在线

•酒杯和醒酒器一定要对着光源检查是否有水渍与指纹等。

•倒酒时不要让瓶口或醒酒器口与酒杯产生接触。

•醒酒服务时可适当与顾客互动,包括介绍酒的口感风味,以及“老年份酒开瓶可能会比较慢(可结合顾客点酒、开酒的时间节点和上菜的时间,把控操作速度)”“老年份酒需要稍长一点的醒酒时间”“要等待香气的绽放”“好酒需要慢慢品鉴”等叙述语。

(来源:成都华尔道夫酒店首席侍酒师Colin李伟)

项目六　杯卖酒场景服务

项目要求

· 了解什么是杯卖酒以及杯卖酒的发展趋势。
· 能阐述什么样的酒适合杯卖及其主要适用人群。
· 掌握卡拉文取酒器的使用方法。
· 能够熟练使用卡拉文取酒器为顾客进行杯卖酒服务。

项目解析

杯卖酒是近几年在国内高端酒店兴起的一种酒类消费形式,由于可以分杯零点、价格实惠,深受外籍顾客、单人游以及双人游游客的喜爱。目前,我国高端餐饮酒店的大堂吧及零点西餐厅都有该类型服务,尤其是北上广等一线及南方部分城市,随着消费行为的个性化及酒类消费形式的多样化,杯卖酒服务变得愈加常见。

任务一　理论认知

一、什么是杯卖酒

杯卖酒也被称为店酒(House Wine),是指在酒店中以单杯、平价的方式销售的葡

萄酒，此类消费现象在欧美国家各大酒店较为普遍。单杯点的葡萄酒（Wine by Glass）通常价位较为合适，在法国，有不少"高品质与顶级庄园协会"（VDP）的餐酒被作为店酒出售，这些酒经过精心挑选，搭配畅销菜肴都会比较适宜，再加上其价格合理，很快成为酒店的招牌酒，是酒店迎合人们多样消费需求的一种营销方式，这种消费形式在我国市场也有扩展趋势。除了店酒这种形式以外，有些高档餐厅还会特别推荐月酒（Wine of the Month）、周酒（Wine of the Week）或者当日推荐（Wine of the Day）等。

二、什么酒适合杯卖

首先是价位合理的酒。酒店通常会选用价位在200—800元的葡萄酒作为杯卖酒销售，每杯价格定在50—200元，价位较为合理，适合单杯消费。价格较高的葡萄酒会让消费者有一定的消费压力，通常不适合杯卖。其次是那些酸度适中、果香清新、单宁柔和、简单易饮、适合配餐的葡萄酒。为顾客营造美好的用餐体验是酒店服务的根本。杯卖酒与酒店特色菜肴或主打菜品的搭配能很大程度上增加顾客用餐舒适度，提升顾客用餐愉悦感。再者，杯卖酒多选择红、白葡萄酒，起泡酒开瓶后气泡容易快速消散因而不太适合杯卖。因此，大部分酒店的杯卖酒以红、白葡萄酒或桃红葡萄酒为主，偶尔搭配一款起泡酒，以满足顾客消费的多样性。

三、哪些人需要杯卖酒

随着餐饮酒水市场的细分，越来越多的城市消费群体开始有对杯卖酒的需求。这些消费群体中以星级酒店里的海外游客居多，他们有强烈的品尝地方特色饮食的欲望，杯卖酒是最理想的搭配之选；另外，越来越多的同行人员较少的游客群体往往更期望消费杯卖酒，优惠的价格、便捷的上酒方式，是他们选择杯卖酒的重要理由；在发达城市里，杯卖酒成为流行的一种晚餐后消遣形式，受到葡萄酒爱好群体的喜爱，大部分重视葡萄酒销售的餐饮机构，均已设置杯卖酒，以满足越来越丰富的消费需求。

四、服务与保管

杯卖酒的单杯斟酒量建议比正常斟酒量稍多，根据顾客需要，通常可以为1/2或者2/3杯，以显示酒店对顾客的慷慨，一瓶葡萄酒建议斟倒4—6杯为宜。葡萄酒一旦开瓶，香气会很快散失，导致品质下降，针对这种情况，很多高端酒店在大堂吧与西餐厅设置了保鲜分杯机，这类机器可以为已开瓶的葡萄酒及时补充惰性气体，阻断葡萄酒的液面与空气接触，从而使葡萄酒保鲜达15天左右。保鲜分杯机操作非常便捷，又可以保障葡萄酒的质量口感，是酒店的重要设备。没有这类设备的餐厅，可以使用真空抽气的酒塞对已开瓶葡萄酒进行保管，但保鲜时间一般只有1—2天，并且应置于阴凉处，尽快消费，以免影响品酒效果。

近几年，市场上出现了一种叫作卡拉文（Coravin）的取酒器，为一些优质葡萄酒的杯卖提供了方便。它由不锈钢和铝合制而成，无需拔出软木塞，而是通过将一根细长且耐用的金属吸管穿过软木塞，从瓶中抽取葡萄酒，抽取酒的同时，向瓶内补充惰性气体（一般为氩气）以平衡气压，这种设备需要消耗特制的氩胶囊，使用成本较高。卡拉

文取酒器适用于天然软木塞封口的酒瓶或卡拉文螺旋盖封装的酒瓶，使用取酒器进行杯卖酒场景服务的具体操作标准与程序见任务二。

任务二　操作标准与程序

1. 引领入座，呈递酒单

侍酒师引领顾客入座，用双手向顾客呈递酒单。

2. 准备器具

准备卡拉文取酒器、酒杯、餐巾、托盘等器具，检查这些器具的清洁状况，并且将这些器具放于酒水车，将酒水车推至顾客餐桌旁，或使用托盘将这些器具运送至操作台上。

3. 取酒示酒

从酒柜内为顾客取出葡萄酒，正确持瓶，酒标朝上，向主人展示葡萄酒，并确认酒款信息；待主人确认后，再进行下一步服务。

4. 正确抽酒

一手扶住瓶身，一手拿起取酒器。首先应将卡扣与瓶颈对齐，然后一气呵成向下推，使取酒针完全穿过软木塞，插入酒瓶。接着一手握住酒瓶下半部，另一只手握住取酒器手柄，倾斜酒瓶，略抬高瓶身底部，让出酒口低于瓶底，使瓶内的葡萄酒与软木塞充分接触。快速按压并松开扳机，直至倒出所需要的分量，如果葡萄酒流出速度减慢或停止，可重复按压，如停止取酒，将酒瓶竖直即可。

5. 取针擦拭

完成倒酒后，一只手握住手柄，一只手握住瓶身，将取酒器拉离酒瓶。拔出取酒针后，软木塞或金属箔顶部留下少许葡萄酒属正常现象，等待数秒，在软木塞重新密封后，将酒瓶顶部擦拭干净。

6. 递送服务

按顺时针顺序，遵循先宾后主、女士优先的原则，使用托盘将已斟好的葡萄酒递送至顾客面前。

小节提示

7. 归位器皿

递送结束后，将酒瓶重新放回酒柜或指定位置，并使用托盘将取酒器及其他器具收纳归位。

8. 呈递祝福语

经询问，顾客无其他服务需求后，祝顾客用餐愉快。

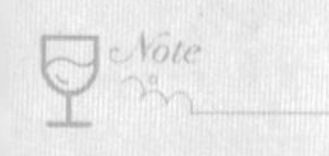

任务三　训练与检测

场景一：准备台面及器具，使用卡拉文取酒器进行取酒技能训练，建议进行单人式训练与检测。

场景二：设定一定的服务场景，模拟2位有预约顾客进入餐厅用餐，从引领顾客入座开始，进行单人杯卖酒场景服务模拟训练，要求在限定时间内完成。

检测表

侍酒师在线

•日常工作中，需要定时查看卡拉文取酒器的氩气囊库存，注意及时备货和补充。

•操作卡拉文取酒器时，要按住气门倒酒，避免出现倒酒不顺畅的情况。

•卡拉文取酒器的气针材质偏软，在给新开的酒插入气针时要注意操作安全，避免将气针弄断。

（来源：成都华尔道夫酒店首席侍酒师 Colin 李伟）

项目七　白酒侍酒服务

项目要求

· 了解白酒发展历史和中国源远流长的酒文化。
· 了解白酒12种主要香型及代表性品牌。
· 掌握白酒概念与主要特征。
· 掌握白酒侍酒服务流程。

项目解析

白酒（外文名：Baijiu、Chinese Baijiu）是中国特有的一个酒种，是中国酒类（除了果酒、米酒外）的统称，又称烧酒、老白干、烧刀子等。白酒具有酒质无色（或微黄）透明、气味芳香纯正、入口绵甜爽净、酒精度较高等特点，是以稻谷、小麦、玉米、高粱、大麦与青稞等粮食谷物为原料，经过酒曲中微生物的作用，将谷物中的淀粉转化为糖分，经过发酵形成发酵酒，继而在发酵酒的基础上，通过蒸馏工艺将酒精分离出来，再经过窖藏陈年和勾兑而得到一种烈酒。根据国家标准化管理委员会发布的《白酒工业术语》(GB/T 15109—2021)、《饮料酒术语和分类》(GB/T 17204—2021)，白酒是以粮谷为主要原料，以大曲、小曲、麸曲、酶制剂及酵母等为糖化发酵剂，经蒸煮、糖化、发酵、蒸馏、陈酿、勾调而成的蒸馏酒。新标准实施后，液态法白酒和固液法白酒将明确不得使用非谷物食用酒精和食品添加剂。

任务一　理论认知

一、历史发展

中国酒的历史，可以追溯到上古时期。商纣王"以酒为池，悬肉为林"，《诗经》中有"十月获稻，为此春酒"的记载，其他史书上也有"猿猴造酒""杜康酿酒"的记载，表明我国已经有超过五千年的酿酒历史。然而白酒作为一种蒸馏酒，它的酿造必须借助蒸馏器的发明和运用。考古发现，中国人早在汉代可能已经发明了蒸馏器。唐宋时期的文献记载中，"烧酒"一词出现颇为频繁，而且比较符合蒸馏酒的特征。唐代将酒统称为"春"，也称"春酒"，《旧唐书·德宗本纪》中已经有关于"剑南烧春"的描述，这里的"烧春"即是烧酒。白居易也有"荔枝新熟鸡冠色，烧酒初开琥珀香"的诗句。到了元代，蒸馏术已被大面积推广使用。《本草纲目》记载："烧酒非古法也，自元时始创，其法用浓酒和糟入甑，蒸令气上，用器承取滴露，凡酸败之酒皆可蒸烧。近时惟以糯米或黍或秫或大麦蒸熟，和曲酿瓮中十日，以甑蒸好，其清如水，味极浓烈，盖酒露也。"这是最为明确的关于蒸馏酒制作步骤和方法的记载。发展到明清时期，中国酒类品种已经全部定型，发酵酒发展出了黄酒，蒸馏酒发展出了谷物烧酒。这一时期正式采用高粱与杂粮酿酒，勾调和串香工艺也得到全面的突破，作为后起之秀的中国白酒正式与黄酒形成抗衡之势，涌现出了大量蒸馏酒精品，白酒进入规模化发展时代。

二、主要分类

按发酵方式，我国白酒主要分三类，分别是固态法白酒、液态法白酒与固液法白酒。白酒主要分类标准与定义如下。

1. 固态法白酒(Traditional Baijiu)

固态法白酒是以粮谷为原料，以大曲、小曲、麸曲等为糖化发酵剂，采用固态发酵法或半固态发酵法工艺所得的基酒，经陈酿、勾调而成的，不直接或间接添加食用酒精及非自身发酵产生的呈色、呈香、呈味物质，具有本品固有风格特征的白酒。

2. 液态法白酒(Liquid Fermentation Baijiu)

液态法白酒是以粮谷为原料，采用液态发酵法工艺所得的基酒，可添加谷物食用酿造酒精，不直接或间接添加非自身发酵产生的呈色、呈香、呈味物质，精制加工而成的白酒。

3. 固液法白酒(Traditional And Liquid Fermentation Baijiu)

固液法白酒是以液态法白酒或以谷物食用酿造酒精为基酒，利用固态发酵酒醅或

特制香醅串蒸或浸蒸，或直接与固态法白酒按一定比例调配而成，不直接或间接添加非自身发酵产生的呈色、呈香、呈味物质，具有本品固有风格的白酒。

4. 12种香型白酒

（1）浓香型白酒：以粮谷为原料，采用浓香大曲为糖化发酵剂，经泥窖固态发酵，然后进行固态蒸馏、陈酿、勾调而成的，不直接或间接添加食用酒精或非自身发酵产生的呈色、呈香、呈味物质的白酒。浓香型白酒的特点是具有以乙酸乙酯为主体的复合香气，饮时芳香浓郁，甘绵适口，饮后尤香，回味悠长，可概括为“香、甜、浓、净”四个字。典型代表有五粮液、剑南春、泸州老窖、双沟大曲与洋河大曲等。

（2）清香型白酒：以粮谷为原料，采用大曲、小曲、麸曲及酒曲为糖化发酵剂，经缸、池等容器固态发酵，然后进行固态蒸馏、陈酿、勾调而成的，不直接或间接添加食用酒精或非自身发酵产生的呈色、呈香、呈味物质的白酒。清香型白酒的特点是具有以乙酸乙酯为主体的复合香气，酒气清香芬芳，醇厚绵软，甘润爽口，酒味纯净。典型代表有山西汾酒、汾阳王酒、同山烧、牛栏山二锅头、江小白、河南宝丰酒、青稞酒、河南龙兴酒、厦门高粱酒与武汉“黄鹤楼酒”等。

（3）米香型白酒：以大米为原料，采用小曲为糖化发酵剂，经半固态法发酵、蒸馏、陈酿、勾调而成的，不直接或间接添加食用酒精及非自身发酵产生的呈色、呈香、呈味物质的白酒。米香型白酒的特点是具有以乳酸乙酯、苯乙醇为主体的复合香气，无色透明，蜜香清柔，幽雅纯净，入口绵甜，回味怡畅。典型代表有桂林的三花酒和全州的湘山酒等。

（4）酱香型白酒：以粮谷为原料。采用高温大曲为糖化发酵剂，经固态发酵、固态蒸馏、陈酿、勾调而成的，不直接或间接添加食用酒精或非自身发酵产生的呈色、呈香、呈味物质，具有酱香特征风格的白酒。酱香型白酒的特点是微黄透明，酱香突出，优雅细腻，酒体醇厚，回味悠长，空杯留香。酱香型又称茅香型，典型代表有茅台、郎酒、习酒、珍酒、国台酒、金沙窖、仙潭酒与武陵酒等。

（5）特香型白酒：以大米为主要原料，以面粉、麦麸和酒糟培制的大曲为糖化发酵剂，经红褚条石窖池固态发酵，然后进行固态蒸馏、陈酿、勾调而成的，不直接或间接添加食用酒精或非自身发酵产生的呈色、呈香、呈味物质的白酒。特香型白酒具有酒体醇厚丰满、入口绵甜、后味爽净的特点。典型代表有江西的四特酒和贡酒等。

（6）芝麻香型白酒：以粮谷为主要原料，或配以麸皮，以大曲、麸曲等为糖化发酵剂，经堆积、固态发酵、固态蒸馏、陈酿、勾调而成的，不直接或间接添加食用酒精或非自身发酵产生的呈色、呈香、呈味物质，具有芝麻香型风格的白酒。典型代表有山东景芝白干、江苏梅兰春等。

（7）老白干香型白酒：以粮谷为原料，采用中温大曲为糖化发酵剂，以地缸等为发酵容器，经固态发酵、固态蒸馏、陈酿、勾调而成的，不直接或间接添加食用酒精或非自身发酵产生的呈色、呈香、呈味物质的白酒，具有以乳酸乙酯和乙酸乙酯为主体的复合香气。其特点是香气清雅，自然协调，回味悠长。衡水老白干为其典型代表。

（8）凤香型白酒：以粮谷为原料，采用大曲为糖化发酵剂，经固态发酵、固态蒸馏、

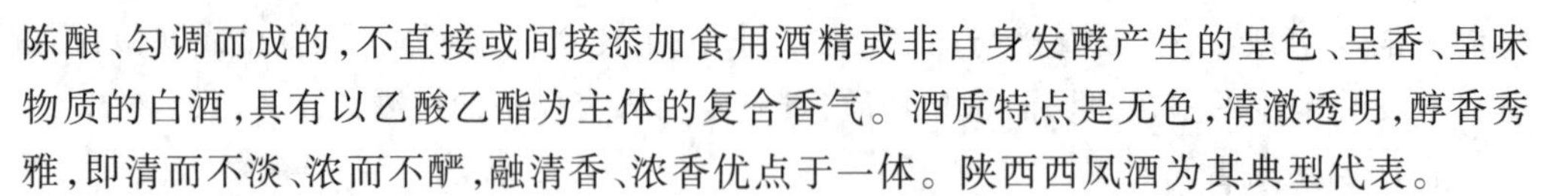

陈酿、勾调而成的，不直接或间接添加食用酒精或非自身发酵产生的呈色、呈香、呈味物质的白酒，具有以乙酸乙酯为主体的复合香气。酒质特点是无色，清澈透明，醇香秀雅，即清而不淡、浓而不酽，融清香、浓香优点于一体。陕西西凤酒为其典型代表。

(9) 浓酱兼香型白酒：以粮谷为原料，采用一种或多种曲为糖化发酵剂(或分型固态发酵)，经固态蒸馏、陈酿、勾调而成的，不直接或间接添加食用酒精及非自身发酵产生的呈色、呈香、呈味物质，具有浓香兼酱香风格的白酒。白云边为其典型代表。

(10) 馥郁香型白酒：以粮谷为原料，采用小曲和大曲为糖化发酵剂，经泥窖固态发酵、清蒸混入、陈酿、勾调而成的，不直接或间接添加食用酒精及非自身发酵产生的呈色、呈香、呈味物质，具有"前浓、中清、后酱"独特风格的白酒。酒鬼酒为其典型代表。

(11) 董香型白酒：又称药香型白酒，是以高粱、小麦、大米等为主要原料，按添加中药材的传统工艺制作大曲、小曲，用固态法大窖、小窖发酵，经串香蒸馏，长期储存，勾调而成的，不直接或间接添加食用酒精及非自身发酵产生的呈色、呈香、呈味物质，具有董香型风格的白酒。其特点是清澈透明，香气典雅，浓郁甘美，略带药香。贵州董酒为其典型代表。

(12) 豉香型白酒：以大米或预碎的大米为原料，经蒸煮，采用大酒饼作为主要糖化发酵剂，采用边糖化边发酵的工艺，经蒸馏、陈肉酝浸、勾调而成的，不直接或间接添加食用酒精及非自身发酵产生的呈色、呈香、呈味物质，具有豉香特点的白酒。广东玉冰烧为其典型代表。

综上所述，白酒酿造流程：谷物→蒸煮→摊凉→加曲发酵→蒸馏→取酒→贮存→勾调→成酒。

三、白酒品鉴

白酒品鉴与葡萄酒或其他烈酒相比，没有本质上区别，依然遵循观色、闻香、品味和评估的基本流程。但值得一提的是，在白酒品鉴中，闻香的重要性远远超出其他酒类，甚至有"七分闻，三分品"的说法。特别是有多款样酒需要被品尝时，由于白酒的酒精度一般在50% vol以上，多次饮用对人的味觉是一种巨大的刺激。

1. 观色

观察酒的色泽、透明度和挂杯度。绝大多数白酒都是无色透明状态，随着陈年时间变长，酒液会开始呈现微黄的颜色。某些类型的白酒本身就自带微黄色，比如酱香型和豉香型白酒。挂杯在白酒品鉴质量评估时有一定的参考价值，但并不绝对。

2. 闻香

闻香的过程有诸多注意事项，最重要的就是在一轮品评时要先闻完每一杯的香气，再入口品尝。切忌闻一杯尝一杯，这会严重影响对后一杯酒的判断。闻香时鼻子距离杯口1—3 cm，只吸气不呼气，避免干扰。

3. 品味

白酒品尝时入口不能太多，否则整个口腔将被酒精麻痹，一般来说0.5—2 mL即可。同时，酒液在嘴里的停留时间不要超过10s，每款酒的品尝次数也不可超过3次。

4. 评估

白酒的评估可以参考其他烈酒，本质上都是类似的。在白酒评估的语境下，讲究纯、甜、净、爽以及协调，即对风味浓郁度、平衡度、回味长度、复杂度和典型性的把握，其中比较困难的一点在于白酒的典型性，不同香型的白酒，其典型风格有所不同，需要分开进行评价。

任务二 准备工作

待顾客点酒结束后，为顾客配备合适的酒杯、分酒器、托盘、餐布、餐碟等器具。服务前一定要将器具准备齐全，并检查器具的清洁状况，确认器具处于正常使用状态，特别是分酒器，需要按照顾客数量配套相应的套数。另外，还要准备方便摆放器具的酒水车或移动工作台，并将盛放有器皿的工作台转移到主人位右侧，以备下一步服务时使用。

任务三 操作标准与程序

1. 呈递酒单

引领顾客入座，用双手为顾客呈递酒单。

2. 递送酒杯

为顾客准备合适的白酒杯，并检查酒杯清洁状况。

3. 准备器具

准备分酒器、餐巾、餐碟等器具，并且将这些器具放于酒水车或使用托盘运送到操作台上，将酒水车推至顾客餐桌旁进行操作。

4. 取酒示酒

从酒柜内为顾客取出白酒，注意保留包装盒，并确认其卫生状况。双手持盒，一手托于盒底，一手轻扶上端，向主人展示白酒，并协助主人确认酒款信息。

5. 正确开瓶

征得主人同意后，按照白酒类型及其包装工艺，在宾客面前打开白酒外包装，并正确实施开瓶。

6. 斟酒服务

服务时左手持餐布，右手持白酒，遵循先宾后主、女士优先的原则，从顾客右侧，按顺时针方向为顾客斟酒。斟酒时，酒瓶商标须朝向顾客，瓶口不能与杯口接触，以免有

碍卫生或发出声响。斟酒结束后,轻轻转动瓶口,避免酒液滴落在台面上,并及时用餐布擦拭瓶口。斟酒量通常为2/3杯或8分满。

7. 分酒服务

需要使用分酒器时,则将白酒倒入顾客的分酒器中进行斟酒。倒入分酒器时,通常左手拿分酒器(把手处),右手抓握瓶身进行斟倒。斟倒完毕后,使用分酒器向顾客面前的酒杯斟酒(斟酒量通常为8分满)。然后,将分酒器放置于顾客面前,做"邀请品饮"的手势。在服务中,需随时为顾客的分酒器斟酒。

8. 加酒服务

随时为顾客加酒,若顾客瓶中的酒只剩下一杯的量时,询问主人是否再加一瓶,如果主人不再加酒,可根据情形将空杯撤掉,如果主人同意再加一瓶,服务流程同上。

9. 归位器皿

斟酒结束后,通常将空瓶放于餐桌的边台上,其他相关物品也应放回边台。如果顾客需要酒瓶,也可将酒瓶放于餐桌靠近主人位的一侧,并在瓶底下方放置瓶垫。

10. 呈递祝福语

经询问,顾客无其他服务需求后,祝顾客用餐愉快,结束服务。

任务三　训练与检测

设定一定的服务场景,模拟2位有预约的顾客进入餐厅用餐,从引领顾客入座开始,进行白酒场景服务模拟训练,要求在限定时间内完成。

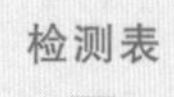

侍酒师在线

• 与检查其他器具一样,分酒器也需要在光源下检查是否有水渍、指纹,确定外观洁净后再上桌。

• 如果想表演一下"拉酒线",操作时注意动作稳定性,不要把酒溅出去,同时也请注意香气厚重(如酱香型白酒)的白酒对于用餐环境的影响。

(来源:成都华尔道夫酒店首席侍酒师Colin李伟)

项目八　黄酒侍酒服务

项目要求

· 了解黄酒发展历史和中国源远流长的酒文化。

· 了解黄酒主要分类及代表性品牌。
· 掌握黄酒概念与主要特征。
· 掌握黄酒侍酒服务流程。

项目解析

黄酒是中国最早发明的发酵酒。河南省舞阳县贾湖遗址的考古发掘,发现了世界上最早的酿酒坊,通过傅里叶变换红外光谱分析发现,9000年前(新石器时代)已有黄酒。黄酒的起源为谷物酿酒,采用的是复式发酵法。

任务一 理论认知

一、历史发展

中国黄酒从早期米酒到成熟黄酒经过了上千年的发展历程。唐代之前的谷物发酵酒还处于低级阶段,非蒸馏的米酒有一个显著缺点,即淀粉在糖化和发酵的双重作用下,会产生大量悬浮颗粒,让酒水变得浑浊。唐宋以后,随着酒水过滤技术的进步,黄酒产量逐渐增加,最终在元朝时,黄酒的酿造基本摆脱了浊酒的困扰。酒呈黄色或红色,或赤黄色、棕黄色,这是因为在酿造、贮藏过程中,酒中的糖分与氨基酸发生美拉德反应,形成了黄酒的独特色泽。

(一)先秦时期

先秦时期的中国黄酒,我们可以统称为米酒,它最早的名称多种多样,有“旨酒”“甘酒”之说。《孟子·离娄下》谓“禹恶旨酒而好善言”,《夏书·五子之歌》言太康“甘酒嗜音,峻宇雕墙”。可见,“甘”和“旨”都是对早期米酒的雅称。大约公元前1600年,我国进入商朝时期。商朝的农业经济有了更大程度的发展,谷物品种及种植量都在增加,其中“黍”的产量明显增大。“黍”为大黄米,是酿酒所用的优质原料。周朝时人们开始将酿好的酒使用于各种生活场合,这时已出现清酒与白酒的分类,清酒是指酿造时间长、液感清澈的酒;白酒是指浑浊的酒,即古人通称的“浊酒”。

(二)汉代

汉代时人们想尽办法提高酒曲的发酵能力,以求酿造出更高酒精度的酒,并出现了专业的制曲人,他们把酒曲当作商品出售,售卖给其他酿酒者,汉代时制曲工艺取得了很大的进步。同时,汉代已有众多黄酒分类,按照原料命名的酒主要有稻酒、黍酒、秫(shú)酒、米酒等;按照酿造时间命名的酒有春酒、冬酒;根据酿酒形态把谷物酒区分为两大类,一类是浊酒,另一类是清酒。 前者酿造时间较短,用曲量较少,酒体浑浊,且酒精度低;后者酿造时间较长,酒精度较高,且酒液较清。清酒与浊酒是中国早期黄酒

(米酒)酿造的基本模式,这种模式一直延续到宋元时期,最终被高酒质的黄酒所取代。

（三）魏晋南北朝

到了东汉时期,黄酒酿酒技术已有明显提高,九酝法被广泛应用。九酝法是指分批追加原料,使得发酵液体中始终保持足够的糖分,充分培养酵母菌。用九酝法酿成的酒甘香醇烈,酒精度自然变高。自魏之后,历代酿酒者所采用的连续投料的酿造手段,均以魏武帝时期的九酝法为原始依据。酒精度的提高是黄酒酿造中里程碑式的成就,促使酒精度提高的原因,主要是酿酒者对酿酒原料的科学甄选。这一时期,人们开始将食用谷物与酿酒谷物分开使用,酿酒时,基本上会选用黏性较大、出酒率较高的糯米为原料,当时称之为“秫米”,或称“秫谷”,使用秫米酿酒,酒的质量明显提高。

（四）唐代

唐代的黄酒(米酒)酿造模式,继续分为浊酒和清酒。同时又将米酒的成品酒分为生酒和烧酒。酿造过滤后的酒称为“生酒”,或称“生醅”“生春”。为了延长黄酒保质期,唐代人还学会了给生酒进行加热处理的技术,借以达到控制酒中微生物反应和消毒灭菌的双重效果。值得注意的是,唐代人酿出了黄色与琥珀色的酒,这标志着中国酿酒开始发展出黄酒。唐代诗歌对酒的琥珀光泽有所表现,如权德舆的《放歌行》云:“春酒盛来琥珀光,暗闻兰麝几般香。”唐代的黄色酒和琥珀色酒在色泽方面已接近现代黄酒的外观,其品质高于其他色泽的酒。

（五）宋代

由于技术能力的改进,宋代的浊酒和清酒已经不像前代那样泾渭分明,二者之间的差距越来越小,酿酒技术得到进一步提高。宋代的发酵酒酿出后呈黄色,或呈赤黄色、红色、赤黑色等颜色,从外观上看,已与现代黄酒形态类似。从酒的口味来看,宋代的发酵酒开始出现类型多样化,有“苦”“劲”“辣”“辛”“烈”等描述词汇,借以表示酒精度的提高和酒质的升华。陈藻在诗歌中写道:“白秫新收酿得红,洗锅吹火煮油葱。莫嫌倾出清和浊,胜是尝来辣且浓。”可见宋人酿制的浊酒,酒精度已明显提升,这说明中国发酵酒的酿制达到了一个全新的高度,高品质的黄酒已经出现。

（六）元代

进入元代,中国发酵酒的酿造彻底摆脱了浊酒的困扰,全面进入黄酒阶段。酒呈黄色或红色,或赤黄色、棕黄色,这是因为在酿造、贮藏过程中,酒中的糖与氨基酸形成美拉德反应,产生了多样的色素。从口味上看,这一时期酿造技术也已直抵顶峰,酿出的黄酒呈现出多样口味,除甜味外,酒精度偏高的酒多呈苦辣之味。元朝人品评黄酒,使用了很多专用术语,其中有苦、涩、酸、浑、淡、清、光、滑、辣等。另外,到元朝时,发酵酒已经统称为黄酒,发酵酒的酿造工艺日臻完善,并得到普及。而后明清两代,中国发酵酒一直延续元代黄酒的酿造模式向前发展。

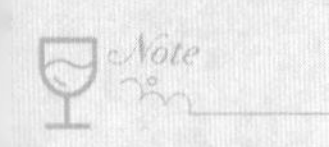

二、主要分类

黄酒产地较广，品种很多，根据国家标准化管理委员会发布的2021年第7号国家标准《饮料酒术语和分类》(GB/T 17204—2021)，黄酒有三种分类方式，分别是按产品风格分类、按原料分类和按含糖量分类。

黄酒按产品风格可分为传统型黄酒(Traditional Type Huangjiu)、清爽型黄酒(Light Type Huangjiu)、特型黄酒(Special Type Huangjiu)和红曲酒(Hongqu Huangjiu)四种。传统型黄酒是指以稻米、黍米、玉米、小米、小麦、水等为主要原料，经蒸煮、加酒曲、糖化、发酵、压榨、过滤、煎酒(除菌)、贮存、勾调而成的黄酒。清爽型黄酒是指以稻米、黍米、玉米、小米、小麦、水等为主要原料，经蒸煮、加入酒曲或部分酶制剂、酵母为糖化发酵剂，经糖化、发酵、压榨、过滤、煎酒(除菌)、贮存、勾调而成的，口味清爽的黄酒。特型黄酒是指由于原辅料和(或)工艺有所改变，具有特殊风味且不改变黄酒风格的酒。红曲酒是指以稻米或其他淀粉质原料、水为主要原料，以红曲为主要糖化发酵剂酿制而成的发酵酒。

黄酒按原料可以分为稻米黄酒(Rice Huangjiu)与非稻米黄酒(Non-Rice Huangjiu)两类。稻米黄酒指的是以稻米为主要原料酿制而成的黄酒；非稻米黄酒指的是以除稻米外其他粮谷类为主要原料酿制而成的黄酒。

黄酒按含糖量可以分为干黄酒(Dry Huangjiu)、半干黄酒(Semi-Dry Huangjiu)、半甜黄酒(Semi-Sweet Huangjiu)和甜黄酒(Sweet Huangjiu)四种。

(一)干黄酒

干黄酒是总含糖量小于或等于15.0 g/L的黄酒，以绍兴状元红酒为代表。这类黄酒配料时加水量较多，发酵醪浓度较低，加上发酵温度控制得较低，开粑(即搅拌冷却、调节温度)间隔时间短，因而有利于酵母菌的繁殖和发挥作用，故原料发酵得较为彻底，酒中残留的淀粉、糊精和糖分等浸出物质相对较少，所以口味较干。其口味鲜爽，浓郁醇香，呈橙黄至深褐色，清亮透明，有光泽。

(二)半干黄酒

半干黄酒是总含糖量为15.1 g/L至40 g/L的黄酒。"半干"表示酒中的糖分还未全部发酵成酒精，还保留了一些糖分。在生产上，这种酒的加水量较少，相当于在配料时增加了饭量，故又称为"加饭酒"。半干黄酒口味醇厚、柔和、鲜爽，香气浓郁，呈橙黄至深褐色，清透有光泽。我国大多数高档黄酒均属此种类型。

(三)半甜黄酒

半甜黄酒是总含糖量为40.1 g/L至100 g/L的黄酒，又称善酿酒。这种酒采用的工艺独特，是用成品黄酒代水，加入发酵醪中，使得在糖化发酵的开始之际，发酵醪中的酒精度就达到较高的水平，一定程度上抑制了酵母菌的生长速度。由于酵母菌数量较少，发酵醪中产生的糖分不能转化成酒精，故成品酒中的糖分较高。其风味特征为

拓展阅读

酒香浓郁,酒精度适中,口味醇厚鲜爽,酒体协调,清亮透明。

(四)甜黄酒

甜黄酒是总含糖量高于100 g/L的黄酒,又称香雪酒。这种酒一般是采用淋饭操作法,拌入酒药,搭窝先酿成甜酒酿,当糖化至一定程度时,加入酒精度为40% vol—50% vol的米白酒或糟烧酒,以抑制微生物的糖化发酵作用。这一类型的黄酒鲜甜醇厚,酒体协调,呈橙黄至深褐色,清亮透明,口味甜美,香气浓郁。

任务二 准备工作

待顾客点酒结束后,为顾客配备合适的酒杯、温酒器、冰桶、托盘、餐布、餐碟等器具。服务前一定要将器具准备齐全,并检查器具的清洁状况,确认器具处于正常使用状态,应特别注意的是黄酒有冰镇与温热两种饮用方式,饮用方式不同,所使用的酒杯与服务器具也有差异,服务时应同时配备两套器具,以应对顾客的不同需求。另外,还要准备可以方便摆放器具的酒水车或移动工作台,并将盛放有器皿的工作台转移到主人位右侧,以备下一步服务时使用。

任务三 操作标准与程序

1. 呈递酒单

引领顾客入座,用双手为顾客呈递酒单。

2. 递送酒杯

为顾客准备合适的黄酒杯,并检查酒杯清洁状况。顾客要求冰镇饮用时,一般选用白葡萄酒杯;顾客要求温酒饮用时,一般选用保温效果好的传统瓷杯。

3. 准备器皿

准备温酒器、冷酒器、餐巾、餐碟、托盘等器皿,并且将这些器皿放于酒水车或使用托盘移动至操作台上,将酒水车推至顾客餐桌旁进行操作。

4. 取酒示酒

从酒柜内取出黄酒,检查酒标包装盒与酒标是否有破损,酒瓶是否出现漏液等情况。擦拭瓶身,确保其良好的卫生状况。双手持酒,一手托于瓶底,一手轻握瓶颈,向主人展示黄酒,并协助主人确认酒款信息。

Note

5. 正确开瓶

征得顾客同意后，在顾客面前正确开瓶，并主动询问顾客有无特殊要求，是否有加热、冰镇或添加话梅、姜丝等饮用要求。

6. 温酒服务

若顾客要求将黄酒加热饮用，要告知顾客温酒过程大概需要的时长，然后为顾客进行温酒服务。首先，应将黄酒倒入温酒壶的内胆之中，再向温酒壶中加入80 ℃左右的热水。接下来，将酒壶内胆放入温水中2—3 min，通常黄酒加热到38 ℃左右口感最佳。这一环节中，可根据顾客要求将话梅、姜丝等配料放置于温酒壶的内胆中。

7. 冰酒服务

若顾客要求冰镇饮用，可采用与白葡萄酒冰镇服务相同的方式进行冰酒。另外，在一些高端餐饮场合，部分黄酒储存于专用酒柜中，可事先将黄酒根据不同类型放置于不同温区，取酒后直接为顾客进行斟酒服务。

8. 斟酒服务

斟酒时左手持餐布，右手持酒瓶或酒壶（温酒壶或冷酒器），遵循先宾后主、女士优先的原则，从顾客右侧，按顺时针方向为顾客斟酒。斟酒时，酒瓶商标需面向顾客，瓶口不能与杯口接触，以免有碍卫生或发出声响。每一次斟酒后，轻轻转动瓶口，避免酒液滴落在台面上，并及时用餐布擦拭瓶口。黄酒杯的斟酒量通常为2/3杯或八分满。斟酒结束后，应将温酒壶重新放入温酒或冰酒容器内，以保持黄酒适宜的饮用温度。

9. 加酒服务

随时为顾客加酒，注意时刻使酒保持最适宜的温度。若酒瓶或酒壶中的酒只剩下1杯量时，询问主人是否再加一瓶，如果主人不再加酒，可根据情形将空杯撤掉，如果主人同意再加一瓶，服务流程同上。

10. 归位器皿

斟酒结束后，通常将空瓶放于餐桌的边台上，其他相关物品也应放回边台；如果顾客需要酒瓶，也可将酒瓶放于餐桌靠近主人位的一侧，并在瓶底下方放置瓶垫。

11. 呈递祝福语

经询问，顾客无其他服务需求后，祝顾客用餐愉快，结束服务。

检测表

任务四 训练与检测

设定一定的服务场景，模拟2位有预约的顾客进入餐厅用餐，从引领顾客入座开始，进行黄酒场景服务模拟训练，要求在规定时间内完成。

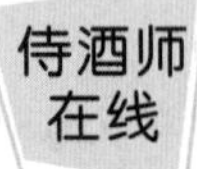

•进行黄酒酒杯选择时，若涉及侍酒温度，则需考虑酒杯材质与酒款的适用性搭配。例如：白葡萄酒杯适用于清爽的、干型或半干型冰镇饮用的黄酒，如元红酒、加饭酒等；陶质酒杯则适用于温热的黄酒，如善酿酒、香雪酒等。

（来源：成都华尔道夫酒店首席侍酒师 Colin 李伟）

项目九　日本清酒侍酒服务

项目要求

· 了解日本清酒的发展历史及酒文化。
· 了解日本清酒主要分类及代表性品牌。
· 掌握日本清酒侍酒服务流程。

项目解析

日本清酒是借鉴中国黄酒的酿造法而发展起来的，又有别于中国的黄酒。日本清酒色泽呈淡黄色或无色，清亮透明，芳香宜人，口味纯正，绵柔爽口，其酸、甜、苦、涩、辣诸味协调，酒精度在15% vol以上，含多种氨基酸和维生素等，也是一种营养丰富的酒精饮料。近年来，酒类消费市场开始出现更多细分，清酒消费渐渐被更多人接受。了解清酒知识，进行规范的清酒侍酒服务是侍酒师的必备技能。

任务一　理论认知

一、历史发展

据中国史书记载，古时候日本只有浊酒，没有清酒，后来有人在浊酒中加入石炭，使其沉淀，取其清澈的酒液饮用，于是便有了清酒之名。清酒的酿造过程及酒曲的使用均从中国引入。日本清酒的历史主要分为古时代、中世纪时代、现代早期及现代四个时期。

（一）古时代

这一时期又分为绳文时期、弥生时期、古坟时期、飞鸟时期及奈良时期。日本清酒

没有确切的出现时间,其主要用于祭祀等宗教活动。清酒历史最早可以追溯到公元前3世纪的弥生时期,随着稻米种植技术从中国传到日本,日本慢慢出现了酒的酿造,这一时期的日本清酒是浑浊的。公元7世纪中叶的奈良时期之后,朝鲜与中国常有来往,朝鲜成为中国文化传入日本的桥梁。由此,中国的"曲种"酿酒技术便由朝鲜传播到了日本,使日本的酿酒业得到了发展,日本清酒的概念逐渐形成。

(二)中世纪时代

中世纪时代主要指平安、镰仓、室町时期。这一时期佛门僧侣酒开始兴起,称为"僧坊酒",日本清酒的用途开始由祭祀专用转变为平民饮用。到了镰仓时期,日本清酒的生产更加商业化,在京都地区出现了很多清酒酿造厂,但规模不大。随着日本清酒的商业化,其消耗量逐渐增大,到了室町时期,清酒制造业蓬勃发展,政府开始向清酒征税,酒税成为政府的重要财政收入。到1425年,在京都地区共有342家清酒厂。

(三)现代早期

现代早期主要指战国时期、安土桃山时期及江户时期。这一时期,蒸馏术传入日本,现代日本清酒酿造工序基本形成,特别是到了江户时期,清酒酿造条件趋于完美。寒造、火入、三阶段酿造、杜氏酿造、澄清等工艺广泛用于清酒酿造,技术逐渐成熟。

(四)现代

这一时期主要指明治时期、大正时期、昭和时期、平成时期及现代。自19世纪后半叶的日本明治维新运动之后,日本清酒取得了多项重要的发展。在1872年的维也纳国际博览会上,日本清酒登上国际舞台,并以"日本酒"(Nihonshu)全新命名。日本清酒开始小规模出口至东南亚、欧洲等地。随着昭和时期直立式精米机的发明,吟酿酒诞生。平成时期,日本清酒已在全球九个国家都有生产,日本清酒走向国际化之路。

二、酿造过程

日本清酒是借助酵母及麹菌等微生物,采用"并行复发酵"(Multiple Parallel Fermentation),发酵而成的酒精饮料。日本清酒是酒精度较高的发酵饮品,对酿造过程要求极为严格,通常耗时3个月左右。主要酿造过程有米的处理、米麹的制作、酒母的制作、醪、压榨、过滤及装瓶等步骤。

(一)米的处理

米的处理主要指精米、洗米、浸渍、蒸米、冷却等过程。精米是把糙米变为精米的过程,收成后的米为糙米,必须把米的外壳去掉才能酿造日本清酒。日本清酒是以米粒中心的淀粉酿造而成的。淀粉米心外围包裹着的脂质、蛋白质及矿物质是清酒风味与香气的重要来源。为了避免清酒风味不佳,必须先碾磨米粒。

精米度又称精米步合,是指将米粒碾磨及精制至可供酿造的程度,是评判日本清酒等级的重要指标。确切地说,精米度是碾磨后的精米占糙米重量的百分比。例如,一种米的精米度为60%,说明在碾磨阶段,糙米外层被去除了40%。日本清酒的精米

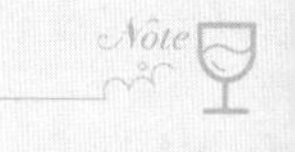

度越小，意味着酿酒成本越高；相同重量的糙米加工后剩下的精米越少，加工难度越大，口感越轻盈、纯粹。在传统日本语的说法中，常用“几割几分”来表示精米度，如“二割三分”就是23％的精米度。碾磨后的白米需要进行洗米、浸渍，浸渍水温通常为10—15 ℃。接下来是蒸米过程，将吸足水的米置于蒸锅上蒸热（约需要1 h），然后将蒸米取出，冷却至32—35 ℃。

碾除后的米重/糙米重量×100％＝精米度（精米步合）。

（二）米麹的制作

米麹的制作是酿造日本清酒的重要工序。可以分为机器制作与手工制作两种。清酒界有句形容制造麹的重要性的说法：一麹、二酛（酒母）、三发酵。米麹是指在蒸熟的白米上成功培育麹菌的菌种，它的作用是帮助白米释放淀粉糖化酵素，并将淀粉长链分子分解成短链，形成葡萄糖，这一过程称为糖化。米麹的制作一般在48小时内完成，主要包括蒸米入麹室、床揉、翻动、分装、糖化、制成几个步骤。米麹主要有两种，依据麹菌繁殖的不同，分为“总破精型”与“突破精型”，可用来酿造不同风格的日本清酒。一般来说，“总破精型”的米麹可用来酿造各种日本清酒，“突破精型”的米麹可用来酿造口感清爽、气味芬芳的日本清酒，多用于酿造吟酿酒。

（三）酒母的制作

所谓酒母，就是将蒸好的米、天然泉水，以及之前制好的米麹，再混入酵母菌及乳酸菌后所得到的物质，通常2周左右完成。酒母中加入少量乳酸菌，能很好地抑制其他有害细菌滋生。

（四）醪

将酒母置换到大桶缸内，加入蒸米、米麹及水，这一混合液被称为醪。日本清酒的醪以酒母为基础，依次增加原料使其发酵，这是日本清酒酿造的特色。原料的追加多分3个阶段进行，日本人将其称为初添、中添和末添。加入的过程通常为期4天，第5天开始，酒液进入并行复发酵阶段，也就是淀粉糖化与酒精发酵同时进行，时间为2到4周不等。

（五）压榨、过滤及装瓶

将发酵完成的醪放入水袋中，使用压榨机让液体与固体（酒粕）分开，此过程称为“上槽”。经过压榨后的液体为“新酒”，酒精度为19％ vol—20％ vol，酒体带有轻微的混浊感，经过滤器过滤后即可成为透明纯净的“生酒”。压榨的方法通常有传统法、袋吊法与自动压榨法三种。其中，传统法又分为三道工艺，分别为“荒走、中取、责”。将榨出的清酒静置在桶中约10天，沉淀物便可沉积在桶的底部，接着再将澄清的酒通过换桶的方式，进行沉淀过滤。在澄清的酒中加入活性炭，再用过滤器过滤混合液，去除清酒天然的琥珀色及拙劣的味道。一般而言，日本清酒在装瓶前还要进行杀菌，巴氏杀菌法被广泛使用于日本清酒的杀菌过程中，通常进行两次，一次在过滤前，一次在装瓶前。之后，日本清酒还会进行调和、兑水（也被称为割水，降低酒精度的一种方法，通

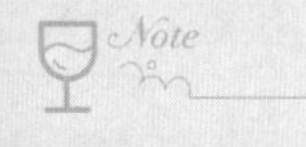

常会将酒精度调整到15% vol左右,原酒的酒精度通常在18% vol左右)等工序,最后便可装瓶了。装瓶后,部分日本清酒会进行一段时间的瓶内熟成,通常为3—20年不等。

日本清酒酿造流程如图5-1所示。

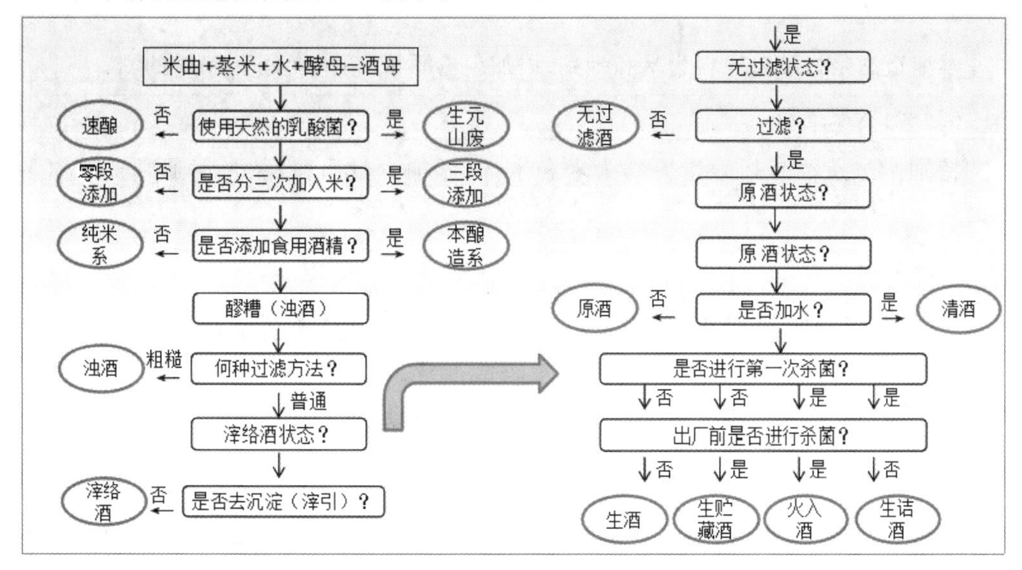

图5-1 日本清酒酿造流程

三、主要分类

根据质量,日本清酒分为普通酒与特定名称酒两大类。特定名称酒源于日本在1992年制定的《酒类事业工会法》的一项新规定,日本清酒所用的米麹重量必须高于总用米量的15%,添加酒精量不得超出总用米量的10%,且米必须经过认证与分级。以精米度及原料组合作为分类的依据,特定名称酒又分纯米酒与本酿造酒两大类。纯米酒泛指日本清酒,意即仅采用米、水和米麹为原料的日本清酒。未标示纯米酒的日本清酒,或多或少都添加了蒸馏酒精。这一类型酒又分纯米酒、特别纯米酒、纯米吟酿酒与纯米大吟酿酒四类。本酿造酒是以米、米麹及少量纯蒸馏酒精酿造而成的日本清酒的统称,这一类型的日本清酒的纯蒸馏酒精用量必须加以详细说明,且精米度必须低于70%。本酿造又分为本酿造酒、特别本酿造酒、吟酿酒与大吟酿酒四类。

(一)特定名称酒

1. 纯米酒

纯米酒是指采用米和米麹为原料,不添加酒精的酒,这类酒无精米度要求。

2. 特别纯米酒

特别纯米酒是指采用米和米麹为原料,不添加酒精,精米度通常在60%以下的酒。

3. 纯米吟酿酒

纯米吟酿酒是指采用米和米麹为原料,不添加酒精,精米度必须在60%以下的酒。

4. 纯米大吟酿酒

纯米大吟酿酒是指采用米和米麹为原料，不添加酒精，精米度必须在50%以下的酒。

5. 本酿造酒

本酿造酒是指酿造原料为米和米麹，添加少量酒精，精米度低于70%的酒。

6. 特别本酿造酒

特别本酿造酒是指酿造原料为米和米麹，添加少量酒精，精米度通常低于60%的酒。

7. 吟酿酒

吟酿酒是指酿造原料为米和米麹，添加少量酒精，精米度必须低于60%的酒。

8. 大吟酿酒

大吟酿酒是指酿造原料为米和米麹，添加少量酒精，精米度通常低于50%的酒。

（二）普通酒

这里的“普通酒”是指普通的日本清酒，也就是不符合特定名称酒的日本清酒，在市场中约占70%的份额，大部分日本清酒都属于该类型。日本清酒添加的蒸馏酒精如果超出规定，或是添加了甘味剂或酸味剂，就只能标示为普通酒，不得标示为特定名称酒。

任务二　准备工作

待顾客点酒结束后，为顾客配备合适的酒杯、温酒器、冰桶、托盘、餐布、餐碟等器具。服务前一定要将器具准备齐全，并检查器具的清洁状况，确认器具处于正常使用状态，应特别注意的是清酒与黄酒一样，有冰镇与温热两种饮用方式，服务时也应像黄酒服务一样，配备两套器具，以应对顾客的不同需求。另外，还要准备方便摆放器具的酒水车或移动工作台，并将盛放有器皿的工作台转移到主人位右侧，以备下一步服务时使用。

任务三　操作标准与程序

1. 呈递酒单

引领顾客入座，用双手为顾客呈递酒单。

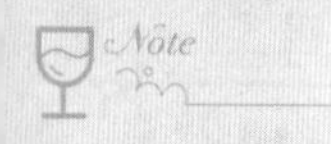

2. 递送酒杯

为顾客准备合适的清酒杯，并检查酒杯清洁情况。

3. 准备器皿

准备温酒器、冷酒器、餐巾、餐碟、托盘等器皿，并且将这些器皿放于酒水车或使用托盘移动至操作台上，将酒水车推于顾客餐桌旁进行操作。

4. 取酒示酒

从酒柜内取日本清酒，检查酒标是否有破损，酒瓶是否出现漏液等情况。擦拭瓶身，确保其良好的卫生状况。双手持酒，一手托于瓶底(瓶底放于折叠好的餐布之上)，一手轻握瓶颈，向主人展示日本清酒，并协助主人确认酒款信息。

5. 正确开瓶

征得顾客同意后，在顾客面前正确开瓶。日本清酒的瓶盖一般有两种类型。一类为普通金属螺旋盖，这种酒在开瓶时，需左手握住瓶颈，右手按照顺时针方向扭转即可打开。另一类瓶盖类似波特酒塞瓶，常用于1 L(或1800 mL)容量的日本清酒的封口。这类酒在开瓶时务必小心，开瓶时，首先双手掌握于瓶颈处，双手拇指与其他手指呈垂直状顶住瓶帽，并往上轻轻推动酒塞直至其松动倾斜，随后用手取下酒塞即可，取下的酒塞通常朝上放置于餐碟内，随后用餐布擦拭瓶口，确保瓶口卫生。开瓶后，应主动询问顾客有无特殊饮酒要求，是否需要温酒或冰镇服务。

6. 温酒服务

若顾客要求将日本清酒加热饮用，需要告知顾客温酒大概需要的时间，然后为顾客进行温酒服务。温酒用容器一般为陶器或瓷器，首先将温酒器外器加入热水(水温70—90 ℃)至7分满，再将清酒倒入内器之中，根据日本清酒的类型选择温酒的时间，通常3—5 min为宜，温热的日本清酒通常在40—50 ℃饮用最佳。日本清酒中的醇酒与熟酒一般适宜温热饮用。

7. 冰酒服务

若宾客要求冰镇饮用，可采用与白葡萄酒冰镇服务相同的方式进行冰酒。可按照每分钟降低1 ℃的时间，来计算冰镇一瓶常温下的日本清酒所需要的时间。在一些高端餐饮场合，部分日本清酒储存于专用酒柜中，可事先将日本清酒根据不同类型放置于不同温区，取酒后直接为顾客进行斟酒服务。另外，现在市场上也有专用的日本清酒冰酒器，将日本清酒倒入冰酒器内器，再将冰块放入外器之中，即可达到冰镇效果(有些冰酒壶为一体化设计，外围有可盛放冰块的凹槽，可将冰块放入其中，再将日本清酒倒入冰酒壶内器之中，即可进行冰镇)，日本清酒中的爽酒与薰酒类一般需要冰镇。

8. 斟酒服务

斟酒时左手持餐布，右手持酒瓶或酒壶(温酒壶或冷酒器)，遵循先宾后主、女士优先的原则，从顾客右侧，按顺时针方向为顾客斟酒。斟酒时，酒瓶商标须面向顾客，瓶口不能与杯口接触，以免有碍卫生或发出声响。每一次斟酒后，轻轻转动瓶口，避免酒

液滴落在台面上,并及时用餐布擦拭瓶口。传统清酒杯的斟酒量通常为2/3杯(或八分满),如果使用水晶酒杯,斟酒量通常为60—90 mL。斟酒结束后,应将酒壶重新放入温酒或冷酒容器内,需要冰镇的酒则须放回冰桶,以保持适宜的饮用温度。

9. 加酒服务

随时为顾客加酒,注意时刻使酒保持最适宜的温度。若顾客酒瓶或酒壶中的酒只剩下1杯量时,询问主人是否再加一瓶,如果主人不再加酒,可根据情形将空杯撤掉,如果主人同意再加一瓶,服务流程同上。

10. 归位器皿

斟酒结束后,通常将空瓶放于餐桌的边台上,其他相关物品也应放回边台;如果顾客需要酒瓶,也可将酒瓶放于餐桌靠近主人位的一侧,并在瓶底下方放置瓶垫。

小节提示

11. 呈递祝福语

经询问,顾客无其他服务需求后,祝顾客用餐愉快,结束服务。

任务四　训练与检测

检测表

设定一定的服务场景,模拟2位有预约的顾客进入餐厅用餐,从引领顾客入座开始,进行日本清酒场景服务模拟训练,要求在限定时间内完成。

侍酒师在线

•需要注意的是日本清酒可以用不同的侍酒温度来呈现它的风味,恰当的器皿的使用能够达到意想不到的饮用效果。例如,薰酒一般建议冰镇饮用,这样可以更好地品尝出酒的风味与香气,葡萄酒杯是比较理想选择;醇酒可以常温,也可以温热饮用,陶瓷制的猪口杯或呑口杯是更合适的器具。

(来源:成都华尔道夫酒店首席侍酒师 Colin 李伟)

项目十　服务中断场景服务

项目要求

· 了解侍酒服务中常见的酒水状态出现变化的具体原因。
· 能够正确、合理地处理导致服务中断的各类突发状况。
· 能与顾客进行有效沟通,解决实际问题。

项目解析

侍酒师在葡萄酒侍酒服务过程中会经常遇到一些突发状况，对这些突发状况的有效解决是服务质量的重要保证。一位优秀的侍酒服务人员不仅需要具备良好的葡萄酒基本知识及品鉴水平，还要有应对突发事件的能力，能够帮助顾客判断酒的状态与质量，并为顾客解决问题，展现良好的服务技巧与业务能力。

任务一　常见问题与处理方法

一、断塞

开瓶过程中酒塞断裂是侍酒服务过程中常有的事情，遇到这类问题，应第一时间向顾客致歉。拔取断裂的木塞可以使用断塞拔取器，操作时，应注意节奏，不要用力过猛或过快。如果没有断塞拔取器，也可以使用酒刀（侍者之友）再次将钻头慢慢插入断塞内，重新拔取。如果仍有难度，只能把塞子推到酒瓶内，然后通过快速换瓶达到目的，尽量减少木塞对葡萄酒口感的影响。有些餐厅会对断塞的酒有严格的处理制度，通常会为顾客更换新酒，费用由餐厅承担，断塞的葡萄酒可用作杯卖酒或在员工培训中使用。

二、软木塞污染

被软木塞污染（Corked）是葡萄酒串味的重要原因之一，出现的频率较高。服务过程中，遇到顾客反映葡萄酒有软木塞污染的问题，侍酒师首先应向顾客致歉，并将酒撤回柜台做进一步的检查。如通过品尝（可请酒水经理一起品尝），判断葡萄酒确实有软木塞污染的问题，应尽快为顾客更换新酒；如果判断没有出现污染问题，可以请店长一起向顾客解释，并建议对该瓶酒进行醒酒；如果顾客执意要更换，酒店应以顾客利益为重，为顾客更换新酒。但此时应尽量推荐其他酒品，以避免出现相同问题。

三、沉淀物

在葡萄酒储藏与侍酒服务中，常会发现有些葡萄酒的瓶底、瓶身一侧或软木塞底部有一些结晶状沉淀物。这是葡萄酒长期储藏而出现的一种正常的化学反应物，多为酒石沉淀。白葡萄酒的沉淀物看起来颇似白砂糖或者玻璃，红葡萄酒则呈现出紫色结晶体，且有不易察觉的酸度。这些沉淀通常被称为酒石酸，它的学名为“2,3-二羧基丁二酸”，是一种分子式为$C_4H_6O_6$的有机酸，是葡萄酒中的色素及酚类化合物在氧化作用下形成的，白葡萄酒中的酒石酸通常在低温下容易结晶，形成沉淀。葡萄酒结晶是葡萄酒成熟的标志，表明影响葡萄酒口味的不稳定物质已从酒中分离出来，葡萄酒变得更加纯净，酒味结构更加稳定，口感也更加醇厚润滑。如果葡萄酒出现这类结晶物质，

应该向顾客做解释说明，并在征得顾客同意的情况下，通过醒酒、换瓶的做法来去除葡萄酒中的沉淀物。如果是顾客提前预订的，则可以提前一天将葡萄酒瓶竖直放置，酒中的沉淀物就会聚集到葡萄酒瓶底的凹槽中，在倒酒时，可以通过轻缓的动作将这些沉淀物遗留在瓶底。

四、浑浊

葡萄酒浑浊是指澄清之后装瓶的葡萄酒重新变得浑浊或出现沉淀物的情况。浑浊原因有氧化性浑浊、微生物性浑浊和化学性浑浊三种类型。微生物浑浊的现象主要是因为葡萄酒受到细菌、霉菌、酵母菌和醋酸菌感染，浑浊物多呈尘状，或呈絮状沉淀，如果遇到这类情况，基本可以断定该酒已经败坏，它通常属于保存得不好(Out of Condition)的葡萄酒，一般不允许出售，侍酒师应向顾客致歉并为顾客更换。事后，针对这种有问题的葡萄酒，可以联系供应商进行退货，同时，应检查该类酒的剩余库存，确认是否还存在同样现象，做好酒的流通及在库管理工作。化学性浑浊在葡萄酒中多表现为酒石沉淀，属于正常现象(参考上文中“沉淀物”)，应及时向顾客解释说明。

五、二次发酵产生气泡

葡萄酒内出现气体，通常是因为残留酵母与糖分发生二次发酵。如果出现气泡同时伴随略微浑浊感，这类葡萄酒会产生发酵的酵母味，此时需要给顾客换酒。如果没有出现浑浊现象，只是在瓶壁有少量气泡，一般属于酿酒过程中的二氧化碳残留，通常不会对葡萄酒品质产生太大的影响，应对顾客做出解释说明，打消顾客的疑虑。如果顾客执意要求更换，则应告知上级进行适当处理。

六、氧化

葡萄酒的氧化主要是葡萄酒中含有的单宁、多酚类物质和花青素等物质与空气中的氧气发生的化学反应，从而影响葡萄酒的口感、颜色和香气。葡萄酒氧化的问题在储藏与侍酒服务过程中时有发生，通常是因为储藏不当、温度过高，或者竖直放置，空气大量进入后氧化所致。发生氧化反应后，白葡萄酒颜色会变深直至变为琥珀色，并产生木头、太妃糖等氧化味道；红葡萄酒颜色会变为棕红色，果香损失殆尽。此时需要根据葡萄酒的年份、品种等进行正确判断。如果新年份葡萄酒出现此类现象，基本可以断定已变质，这时需要给顾客更换新酒；雪莉、马德拉或传统风格 VDN 等加强型葡萄酒出现氧化味道属于正常现象。

七、品相破损

葡萄酒储存或运输不当容易造成酒标破损或酒帽残缺等现象。遇到这类情况，应尽早与顾客进行沟通，主动描述破损的状况，并传达该破损不会影响酒水品质的判断。如果顾客执意不接受破损的包装，则需要为顾客更换新酒，如果没有相同品种，可建议顾客选择其他酒款。

八、瓶口发霉

有些葡萄酒打开瓶帽后，瓶口软木塞处会出现发霉现象。通常一些老年份葡萄酒，由于长时间储存更容易出现该情况，新年份葡萄酒出现类似现象就有可能是储藏环境太过潮湿导致的。由于发霉部位靠近瓶口，对于酒液品质通常没有太大的影响，遇到这种情况，应及时跟顾客进行解释，取得顾客的谅解，侍酒师应当用干净餐巾对瓶品进行仔细擦拭，待擦拭干净后再进行开瓶服务；如果顾客不接受，侍酒师可向上级汇报实际情况，并由上级制定问题的解决方案。

九、酒杯打碎

酒杯属于易碎品，在餐厅服务中难免会遇到不慎导致酒杯破碎的情况。不管是因侍酒师的失误操作，还是因顾客疏忽，都应尽快、妥当处理。首先应第一时间询问顾客是否受伤，如顾客受伤，应即刻通知店长出面处理，如顾客无恙，应尽快清理现场。清理时，应将酒杯碎片用报纸、厨房纸或其他纸张进行包裹，放于垃圾指定处理位置，如有污渍，也需要用专业清理工具打扫干净。接下来，应尽快为顾客递送新的酒杯，并为顾客重新斟酒。如果餐厅有需要顾客为其打碎的酒杯进行赔偿的规定，通常应请店长或酒水经理出面解释。

十、酒液浸染衣物

在餐厅不慎将酒液浸染到衣物的状况时有发生。如果是服务人员不慎造成的，应第一时间向顾客致歉，并表示可以由本店代为清洗衣物，如果情况严重，则应请店长介入，并与顾客妥善沟通，切忌贸然用任何清洗工具在现场为顾客清洗污渍。如果是顾客自己导致的浸染事故，则应告知顾客清洗酒渍的办法。

十一、顾客在饮酒中不适

侍酒师在向顾客推介酒水或进行侍酒服务时，应有基本的社会责任意识。顾客过多地摄入酒精饮品会产生诸多潜在的风险，了解这些风险不管对饮酒者还是酒水行业从业者都至关重要。因此，在酒水推介服务过程中，须严格遵守相关职业规范，要根据具体情况合理、适时、适当地推介与服务。如果遇到顾客饮酒后出现头部眩晕、干呕、过敏等情况，首先应当对顾客表示关切，并劝阻顾客，让其不要再继续饮酒。同时，可以为顾客提供温热的白开水，以帮助顾客缓解不适。如果遇到顾客坚称是因为酒水质量而造成不适的情况，则应告知店长，并协同店长为顾客介绍酒水进货渠道与来源的正规性，表达对酒水质量的信心。特殊情况下，可出具相应书面材料。

十二、顾客醉酒

顾客醉酒的现象在餐饮服务中时常发生，恰当、科学地处理这些问题，能体现出餐厅的人文关怀与服务水平。遇到顾客醉酒时，首先应劝阻顾客不要再继续饮酒，再根

据具体情况，提供矿泉水、温热白开水，以及面条、粥、清淡汤食等帮助顾客缓解醉酒带来的不适感。通常应尽量避免为醉酒顾客提供咖啡，因为咖啡因会减缓血液中酒精的代谢速度。另外，不要诱导顾客使用呕吐的方式醒酒，呕吐会导致脱水。如果顾客出现条件反射的呕吐，那么最好有专人陪同或搀扶，以防止其摔倒或弄伤自己。如果顾客醉酒严重，在特殊情况下，需要查看其是否有酒精中毒的征兆。如果顾客产生肤色苍白、体温下降、冒冷汗或呼吸困难甚至失去知觉等情况，那么应向其他同席顾客说明情况或提供立刻呼叫救护或紧急送医的合理建议。

任务二　训练与检测

检测表

准备一定场景，进行服务中断场景服务技能训练，建议所配练习用具的数量要保证每5名学生不少于一套，可分组、分项目进行对话模拟训练与检测。

侍酒师在线

•侍酒师一定要随时保持“Read the Table”的意识，才能捕捉到顾客用酒过程中发生的细节问题。

•侍酒师应及时用话术去弥补容易发生的酒杯打碎、软木塞污染等棘手问题，并采取补救措施。

•玻璃器皿(酒杯、醒酒器等)破碎，一定要先关心顾客，避免顾客受伤，然后再去做善后处理。

(来源：成都华尔道夫酒店首席侍酒师Colin李伟)

训练与检测

章节小测

•知识训练

1. 简述酒水推荐的基本顺序与规则。
2. 介绍起泡酒与白葡萄酒场景服务的基本流程与注意事项。
3. 介绍新老年份红葡萄酒场景服务的基本流程与注意事项。
4. 简述挑选杯卖酒的基本方法，并列举一些常见的杯卖酒类型。
5. 归纳白酒的12种香型及其代表品牌。
6. 简述黄酒的发展历史与主要分类。
7. 简述日本清酒的酿酒步骤与主要分类。

8. 简述中国黄酒的两种以上饮酒方法与注意事项。

9. 归纳服务过程中的几种常见问题与处理方法。

• 能力训练

根据所学知识，分组完成每小节项目的训练任务，并进行相关技能检测。

模块六
东方饮食酒餐搭配与推介服务

模块导读

酒餐结合是用餐中最美妙的体验，也是侍酒师为餐厅创造利润的最直接和最重要的环节。本章重点分析了葡萄酒主要成分与食物主要风味两者之间的相互影响的关系，从两者结构关系着手，提炼与总结出酒餐搭配的基本原理与方法。中餐搭配葡萄酒是一个有趣的话题，两者的碰撞也成为近些年一些高端餐厅的利润的重要贡献点。在我国以本土化饮食为主的消费圈里，酒餐搭配也正成为一种趋势。本章系统讲解了我国八大地方菜系的主要风味，提出了葡萄酒与这些菜品搭配的一些方案，供学习者根据实际工作需求参考使用。同时，本章节还涵盖了韩餐、日餐与葡萄酒的搭配理论与推介技巧，较为全面地解析了葡萄酒与东方饮食搭配的基本方法。本模块内容模块如下。

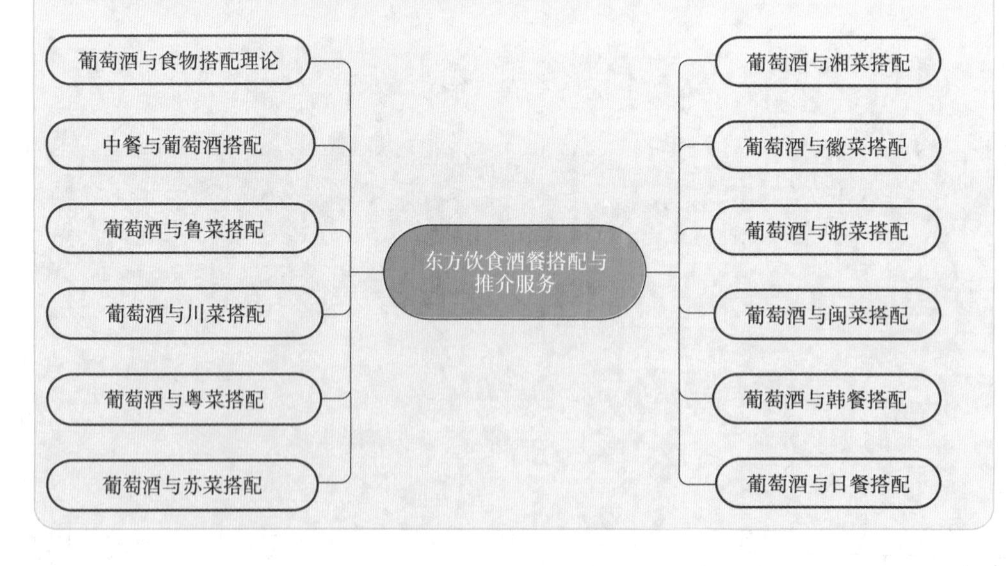

学习目标

知识目标：掌握葡萄酒与食物搭配的基本原理与方法，掌握并理解葡萄酒主要成分与食物主要风味之间的相互影响关系；了解中餐的基本分类及风味特征，掌握葡萄酒与各类中餐的基本搭配原理与营销推介方法。

技能目标：运用本章理论，学生能够科学分析葡萄酒主要成分与食物主要风味的相互影响作用；能够向顾客提出酒餐搭配的合理化建议，进行科学的酒餐搭配推介服务。同时，深化自身文化底蕴，从交叉领域的运用创新方面着手，能从满足顾客需求升级到创造需求，具备为餐厅创造更多利润的推介能力。

思政目标：通过本章学习，学生能够理解东方饮食文化，尤其是中华饮食文化中蕴含的历史传统与人文精神，形成良好的文化素养与健康的审美情趣；同时深刻体会中国饮食文化的多样魅力与博大精深，增强对葡萄酒与中国饮食搭配的认同；突破墨守成规的职业惯性，活学活用，形成中餐配酒的创新思维；遵循基本的食品安全与营养搭配理念，增强食品安全意识，形成良好的职业道德与职业规范。

项目一　葡萄酒与食物搭配理论

项目要求

· 理解葡萄酒主要成分与食物风味的相互影响关系。
· 掌握酒餐搭配基本原则与方法。
· 能够通过分析食物风味提出酒餐搭配的合理化建议。

项目解析

酒与食物是天造地设的一对，两者的结合源于人类天然地摄取食物与能量的探索过程。从科学角度分析，在酒餐搭配的过程中，葡萄酒中的基本成分对食物的风味有直接的影响，有些是积极的影响，有些则是消极的影响，搭配的最终目的是寻求两者的完美结合，因此了解两者之间的相互影响的关系是实现酒餐搭配的重要前提。酒餐搭配是侍酒师每天都必须面对的工作，从狭义上讲，酒餐搭配是指葡萄酒与菜品之间在口味上的搭配；从广义上讲，酒餐搭配还包括酒水与餐厅其他就餐元素之间的搭配，包括就餐的顾客类型、就餐目的、就餐预算、就餐季节等诸多因素，侍酒师的职责是寻找最佳的搭配方案，并将其推荐给顾客。

Note

任务一　理论认知

一、认识葡萄酒中主要成分对食物的影响

葡萄酒的成分较复杂，主要为水分、酒精、酸、糖分、酚类、矿物质元素、维生素与芳香物质等。葡萄酒中能对食物风味产生重要影响的是甜度、酸度、单宁与橡木、酒精与酒体、成熟度等，理解这些基本成分与食物的相互作用是理解配餐的前提，结构永远是配餐的基础，认识葡萄酒中的主要成分及其对食物的影响，有利于推断适宜与其搭配的食物类型。

（一）甜度（Sweetness）

甜味是葡萄酒中一种普遍存在的风味特征，是一种较强烈的风味类型。葡萄酒与食物搭配时需要注意甜味的强度，通常要确保葡萄酒的甜度大于或等于食物的甜度。甜味可有效地反衬咸味，如酒餐搭配的经典——法国苏玳甜白与蓝纹奶酪。甜味的酒可以与风味浓郁的菜肴完美搭配，中等甜度的葡萄酒可以与咸或辛辣食物搭配。葡萄酒与甜食搭配时应注意两者甜度的一致性。

（二）酸度（Acidity）

酸味是一种在酒餐搭配中具有高灵活性的风味。由于酸味具有清新的特质，能有效中和高糖、高脂、高蛋白和高盐食物带来的不适感，同时减轻辛辣和高温食物带来的刺激感。同时，酒的酸味也会对本身酸爽的菜肴起到很好的平衡作用，当然它还能帮助口腔恢复味蕾活力、增进食欲。高酸的葡萄酒适宜搭配西餐中各类甜味食物，在中餐中适宜与各类凉拌菜、时蔬类、油炸类、辛辣菜肴及甜食搭配。

（三）单宁与橡木（Tannin & Oak）

单宁作为一种天然酚类物质，不仅存在于葡萄酒中，在茶叶及其他树叶中也广泛存在。葡萄酒中的单宁主要来自葡萄皮、葡萄籽以及发酵或陈酿时用到的橡木桶。这种物质常表现出苦涩的风味，当葡萄酒未经乳酸发酵时，其苦涩味尤为突出；使用成熟度欠佳的葡萄酿造的葡萄酒，其口感也往往表现出较强的苦涩味。但单宁不是一成不变的，优质葡萄酒的单宁会随着陈年的进行慢慢变得柔顺，甚至丝滑。高单宁的葡萄酒适合搭配纤维较粗、富含脂肪的牛羊肉等食物，它可以很好地分解肉的纤维与蛋白质，消除肉的油腻感。单宁与咸味食物也可以完美结合，食物中的咸味会降低葡萄酒

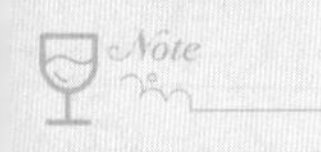

的苦味与涩味。但是单宁与很多风味极易产生冲突，如与甜味相搭配会使甜味变得苦涩；与鲜味海鲜相搭配时会突出海鲜的腥味；与鲜嫩的肉质相搭配会使肉质变得粗糙；与辛辣味相结合时又会更加凸显辛辣味，加重口腔灼热感。高单宁的葡萄酒适宜搭配烧烤类、高蛋白类及高纤维肉类菜品。

（四）酒精与酒体（Alcohol & Body）

酒精是葡萄酒作为酒精饮料的关键成分，它在口腔中表现出灼热与饱和的质感。由于酒精与辛辣食物都有使口腔燥热的特质，它们在一起食用时可能会相互增强这种效果，因此食用辛辣食物时应避免选择酒精度较高的葡萄酒。

酒体是描述葡萄酒的重量、质感与浓郁度的术语。有的葡萄酒较为轻盈舒适，有的则表现为浓郁厚重。酒体通常与酒精度直接挂钩，酒精度高的葡萄酒通常酒体馥郁饱满，酒精度低的葡萄酒，其酒体则相对淡薄轻盈。当然，香气的复杂性、糖分残留及陈年也会影响酒体浓郁度。在与食物搭配时，要注意酒体对食物的影响。酒体浓郁的葡萄酒应避开清淡的食物，因为重口感的葡萄酒很容易掩盖食物的鲜美；酒体轻盈的葡萄酒也不应与重口味的食物相搭，酒体轻盈的葡萄酒在重口味的食物面前，其风味很容易被掩盖。

（五）成熟度（Maturation）

新年份的葡萄酒通常果香较明显，单宁较为直接、生硬；陈年葡萄酒的口感会转变得醇厚，单宁更加柔顺，二级或三级香气更加突出。新年份的葡萄酒可以搭配一些清新的料理，陈年的葡萄酒则可与浓郁的蘑菇、香辛料、奶油类食物相搭配。搭配时应注意食物口感、风味和葡萄酒成熟度的一致性。

（六）品质与复杂性（Quality & Complexity）

优质的葡萄酒能够提升高品质食物的风味，酒餐搭配时应确保食物品质与葡萄酒的品质相匹配。另外，一些复杂且高品质的葡萄酒与菜品搭配时，还应注意避开与菜品的冲突点。酒餐搭配的主角只有一个，要么是葡萄酒，要么是食物，即以餐配酒或以酒辅餐。一款复杂的、成熟度高的葡萄酒最好搭配一道简单的菜肴，避开葡萄酒与菜肴的相互“竞技”。同理，一道复杂且高品质的食物，应选择风味简单、精致的葡萄酒搭配。复杂的酒与简单的食物搭配，或者简单的酒与复杂的食物搭配，都是不错的选择。

葡萄酒的主要成分对食物的影响如图6-1所示。

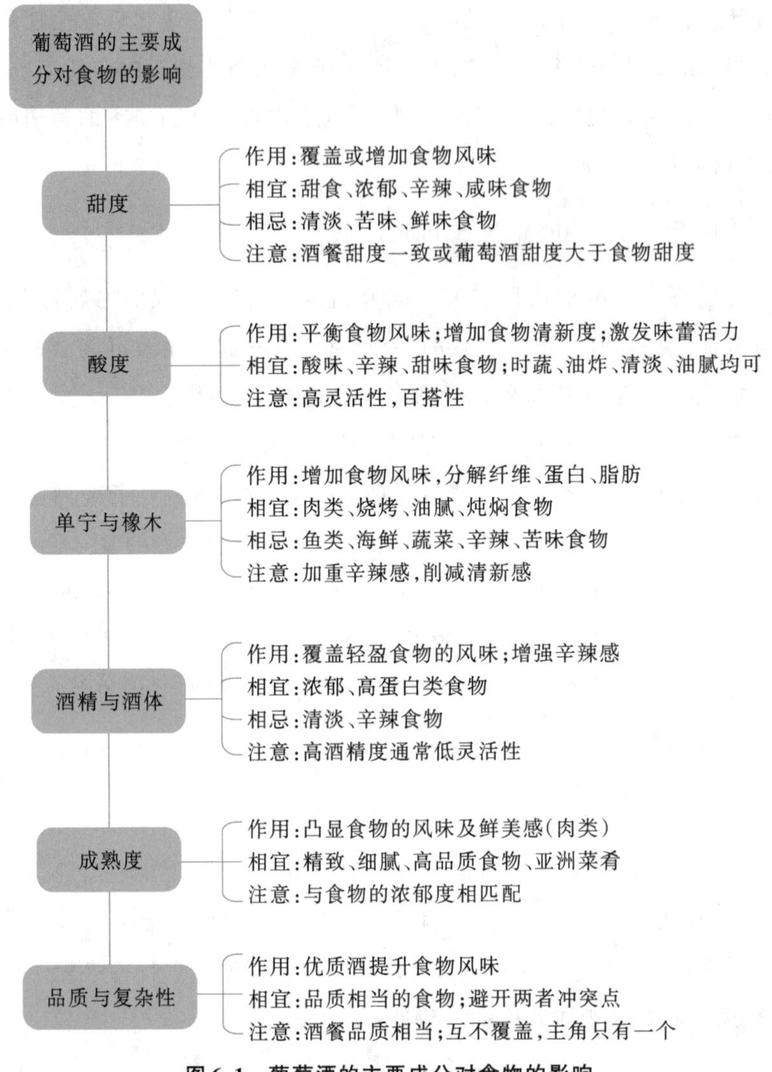

图6-1 葡萄酒的主要成分对食物的影响

二、认识食物的风味对葡萄酒的影响

餐与酒到底如何搭配,主要是由两者的香气、风味来决定的,它们之间的相互作用,受两者之间的风味浓度的增加和减少的影响。食物对葡萄酒的影响,几乎全部是由食物的主要味道如甜、酸、咸、苦所决定的。与口感相比,香气的搭配则通常没有那么引人注目。如果餐与酒在口感上不能匹配,那香气方面再怎么合适也无济于事。正如前文所述,葡萄酒的主要成分对食物风味有很强的影响,同理,食物反过来也会影响葡萄酒的风味。要想创造出更好的酒餐搭配方案,就必须深入理解酒与餐二者之间的关系。

（一）甜味食物

食物中的甜味可以增强葡萄酒的苦味、酸味、涩味和酒精的灼热感，降低葡萄酒的饱满度、果味及甜度，因此甜味食物与单宁突出的干型红葡萄酒搭配并不理想，最好是与甜型酒搭配。甜味往往是破坏酒餐搭配协调度的罪魁祸首，在西式菜肴中，我们很少能看到佐餐类食物中会带有甜味，除非是甜点。在中餐中，甜味存在于较多食物之中，这给葡萄酒的搭配带来了难度，甜味食物可以搭配一款酸度及单宁较低、果味更浓、甜度更高的葡萄酒。

（二）酸味食物

酸味的食物都具有一定的腐蚀性，如果酸味过强，可能会覆盖或抵消葡萄酒的风味。因此，在酒餐搭配时，应选择一款与食物酸度相匹配或酸度更高的葡萄酒，否则葡萄酒风味很容易显得单薄。实际上，食物中的酸味往往有助于与葡萄酒的搭配，因为它可以平衡和抵消葡萄酒的酸味，同时增强果味与清爽感。果味浓郁、高酸的白葡萄酒或高酸、轻盈酒体的红葡萄酒适合与这类食物搭配。

（三）咸味食物

咸味是一种很容易辨认的风味，通常这种风味会持续存在。咸味会带出葡萄酒的甜味，但会凸显单宁的苦涩。足够的果味能够与咸味抗衡，因此咸味食物与单宁适中的红葡萄酒搭配能够避免苦味。高酸、果味浓郁的红、白葡萄酒是咸味食物的理想搭档，酒的酸味可以冲淡食物的咸味。

（四）苦味食物

苦味食物包括菊苣、橄榄、芝麻菜、苦瓜等蔬菜。苦味比其他风味都更持久。苦味能够掩盖葡萄酒中的酸味，加重单宁，并带出甜味。苦味食物可以与新年份的、稍带苦味、单宁紧致的红葡萄酒或经过橡木桶陈酿的白葡萄酒搭配。

（五）鲜味食物

鲜味多存在于汤类食物中。鲜味可以去除单宁的涩感，带出甜味，鲜味食物比较适合与芳香馥郁的红、白葡萄酒或成熟的葡萄酒搭配。

（六）辛辣食物

食物中的辛辣感是一种痛觉而不是味觉，对辛辣的敏感程度因人而异。辛辣食物能增强葡萄酒的苦味、酸味、涩味和酒精的灼热感，降低酒体的浓郁度、甜度及果味。葡萄酒中的酒精度与食物带给人的辛辣感成正比，酒精度越高，辛辣感越强。辛辣感强的食物应避开与高酒精度、高单宁葡萄酒搭配，除非是特定的个人喜好。

食物主要风味对葡萄酒的影响如图6-2所示。

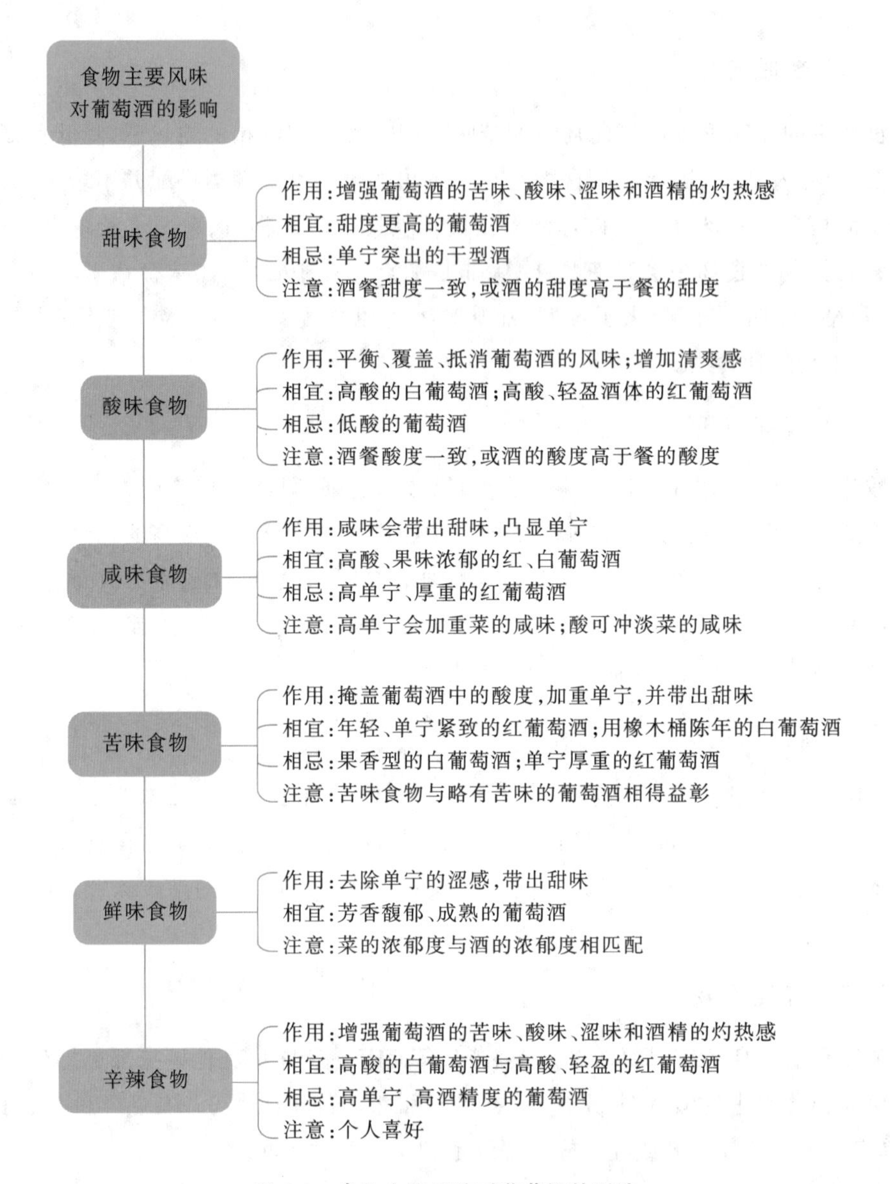

图 6-2 食物主要风味对葡萄酒的影响

三、认识酒餐搭配的原理与方法

葡萄酒与食物搭配时,二者会相互产生影响。最佳的酒餐搭配是充分分析二者之间的影响因素,使食物与葡萄酒的搭配能够相得益彰、和谐共处。当然,我们需要明白,没有哪一种酒可以绝对地搭配某种固定的菜肴,只能说某种搭配更理想一些。尤其是对中餐来说,由于丰富的食材、多样的烹饪方式以及多元的文化背景,很难找到一款酒同时适合搭配所有的菜品。食物与葡萄酒的搭配讲究一定的规则与方法,了解这些酒餐搭配的基本规律可以帮助我们避开那些不愉快的搭配体验。

（一）风味结构匹配

酒餐搭配的核心原则是确保食物和葡萄酒的结构与质地相匹配。成功的搭配首先应关注食物的结构成分（如甜味、酸味、咸味、油脂等）与酒的结构成分（甜度、酸度、单宁、酒精、酒体等）之间的相互作用。一般来说，葡萄酒的构成都比较均衡，但是这种均衡很容易被食物的结构成分所影响。例如，前文提到，食物中的一些风味会提高或者降低葡萄酒中的酸度和甜度，食物中的咸味会凸显单宁的苦涩等。因此，寻找两者之间的合理搭配，避开两者之间的冲突点，可以最大限度地提升酒餐搭配带来的愉悦感。

（二）风味浓郁度一致

正确匹配酒餐的结构成分之后，接下来要关注的是两者风味和浓郁度的一致性。食物与酒的风味和浓郁度相匹配是酒餐搭配时最容易理解与应用的一种方法。例如，一道有烟熏、香料、野味或者奶油风味的菜品与一款有烟熏、香料、野味或者奶油风味的葡萄酒搭配，可能带来非常和谐的口感体验。

（三）颜色对应协调

红葡萄酒搭配红肉、白葡萄酒搭配鱼肉是西餐中常见的一种搭配形式。这是因为红葡萄酒中的单宁可以与红肉中的纤维与蛋白质结合，单宁可以分解肉中的纤维，肉中的蛋白质又可以弱化红葡萄酒中单宁带来的涩味，两者搭配合理；鱼肉中，鲜味通常很突出，单宁会使鲜味变苦，所以鱼肉与酸度突出的白葡萄酒搭配更为合理，这样可以更好地激发鲜味并降低鱼自身的鱼腥味。

（四）风味对比制约

在遵循以上搭配规则的同时，还应考虑到食物风味与葡萄酒风味之间的对比，利用这种对比，可以实现风味之间的相互抵消和平衡，从而创造出令人满意的酒餐搭配。例如，我们在品尝辛辣食物时，口腔会有明显灼热感，一些拥有新鲜酸味、口感清爽的果味型葡萄酒可以有效抵消这种辛辣感，如雷司令与川菜的搭配；而甜味或油腻的食物搭配具有一定酸味的葡萄酒，则能够平衡食物的味道，带来清新的口感。酒与餐的风味对比关系如图6-3所示。

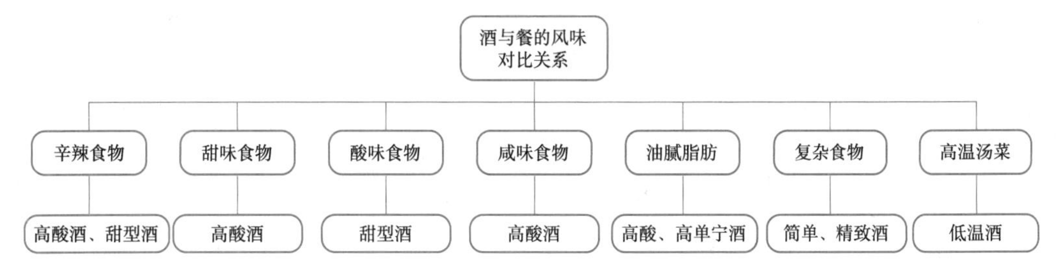

图6-3 酒与餐的风味对比关系

（五）酒餐地域同源

对一个拥有悠久酿造历史的产区来说，它的酒餐搭配必然是同步演化的，这体现了二者之间紧密、协调的关系，简言之，即当地菜配当地酒。这样的例子数不胜数，如波尔多左岸红葡萄酒与羔羊肉搭配、西班牙伊比利亚火腿与里奥哈陈酿红葡萄酒或干型雪莉的搭配等。在我国，大部分的酒餐搭配中白酒仍是主流，北京涮羊肉经常搭配当地的二锅头，而在绍兴，黄酒与当地凉性食材阳澄湖大闸蟹完美搭配。

（六）氛围环境相衬

前面几项酒餐搭配原则更多的是从食物与酒本身的成分出发，用餐的氛围、环境也是酒餐搭配时需考量的重要因素。结合用餐氛围与环境的搭配方法似乎更符合现实生活的需要。例如，在户外休闲的环境中，日常的酒餐搭配最为适宜；而在正式的用餐场合，则应精心选择与氛围及环境相匹配的葡萄酒。

酒餐搭配方法如图6-4所示。

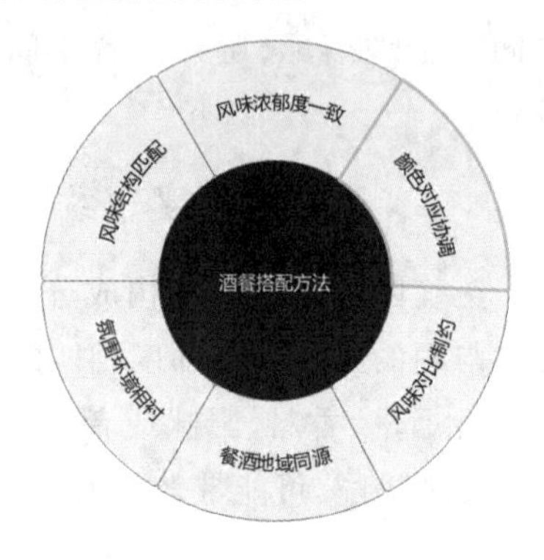

图6-4　酒餐搭配方法

任务二　训练与检测

准备红葡萄酒一款、白葡萄酒一款及各类食材若干，食物风味需要包括酸、甜、苦、辣、咸、鲜等，可准备柠檬、醋、蜜饯、辣椒、苦瓜等食材及调味品，或者风味相似的其他食物。准备适合的训练场地，让学生进行葡萄酒风味与食物风味的品尝搭配实验，建议所配练习用具的数量要保证每5名学生不少于一套，可分组进行训练与检测。

检测方法：首先对两款葡萄酒进行品鉴认知，并填写品酒记录表。接下来分别对葡萄酒与不同风味的食物进行对比性的搭配品鉴，鉴别葡萄酒与食物之间的影响，并根据前文的理论知识，把品尝体会写于表6-1和表6-2中。

表6-1　葡萄酒品尝记录表

测试时间：5分钟　　　　品尝日期：

序号	区分	操作内容
1	品尝要求	仪容仪表良好，精神状态良好，口腔清洁；光照及温度等条件良好
2	前期准备	红、白葡萄酒各1款（按照先白后红的顺序品尝），ISO酒杯，矿泉水，吐酒桶，记录本等

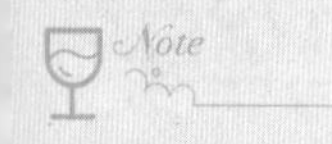

续表

<table>
<tr><th>序号</th><th>区分</th><th colspan="2">操作内容</th></tr>
<tr><td>3</td><td>基本情况</td><td colspan="2">酒名：
年份：
品种：
产地：
酒精度：</td></tr>
<tr><td rowspan="4">4</td><td rowspan="4">葡萄酒评价</td><td>外观</td><td>澄清度：
明亮度：
色泽：
浓郁度：</td></tr>
<tr><td>香气</td><td>浓郁度：
香气特征：</td></tr>
<tr><td>口感</td><td>甜度：
酸度：
单宁：
酒精：
酒体：</td></tr>
<tr><td>总结</td><td>平衡性：
复杂度：
余韵：
风格质量：</td></tr>
</table>

表 6-2　食物与酒风味品尝对比表

测试时间：20分钟　　　　品尝日期：

<table>
<tr><th>序号</th><th>区分</th><th colspan="2">操作内容</th></tr>
<tr><td>1</td><td>品尝要求</td><td colspan="2">良好的仪容仪表、良好的精神状态、清洁的口腔；良好的光照及温度等条件</td></tr>
<tr><td>2</td><td>物品准备</td><td colspan="2">红、白葡萄酒各1款，相关风味食材若干、餐碟、酒杯、矿泉水、吐酒桶、记录本</td></tr>
<tr><td>3</td><td>酒的类型</td><td>食物风味对酒的影响</td><td>酒中风味对食物的影响</td></tr>
<tr><td>4</td><td>红葡萄酒</td><td>食物中的酸味：
食物中的甜味：
食物中的辣味：
食物中的咸味：
食物中的鲜味：
食物中的苦味：</td><td>单宁：
酸度：
酒精：
酒体：
香气：
浓郁度：</td></tr>
</table>

续表

序号	区分	操作内容	
5	白葡萄酒	食物中的酸味： 食物中的甜味： 食物中的辣味： 食物中的咸味： 食物中的鲜味： 食物中的苦味：	单宁： 酸度： 酒精： 酒体： 香气： 浓郁度：
6	总结评价		

• 注意食材的本味、烹饪方法与调味方法，这些会直接影响酒餐搭配的定位选择。

• 酒餐搭配时应分清酒与餐的主次关系，餐是主角时，酒为餐增香润色；酒是主角时，餐则为酒提升品尝体验。

• 在进行酒餐搭配的推介服务时，应注意酒餐搭配描述语的逻辑性。

（来源：成都华尔道夫酒店首席侍酒师 Colin 李伟）

项目二　中餐与葡萄酒搭配

项目要求

· 了解中国饮食文化发展简史及风味特点。

· 掌握中餐与葡萄酒搭配的方法。

· 能够分析中餐食物风味，并提出与葡萄酒搭配的合理化建议。

项目解析

中国饮食文化源远流长。距今50多万年的北京猿人已经发明火，并能够管理火以及自由地用火烹制熟食。相传，神农氏“耕而陶”，发明耒耜，指导农民稼穑，是中国农业的开创者。他还发明了陶具，陶具的出现让人们第一次拥有了炊具和容器，为制作发酵性食品提供了可能。夏商时期，产生了青铜制的炊具和餐具，烹饪的方式也发展出炸、烤、烧、煮、蒸等。游牧民族以肉食为主，农耕人群以米、粮、蔬菜为主。先秦时期

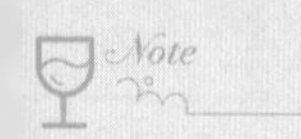

是我国烹饪技术的初步形成时期，食材以谷物蔬菜为主，主食为稷（小米）、黍（黄米）、大麦与豆类等。汉代，丝绸之路开通之后，西瓜、芝麻、苜蓿、葡萄、核桃、胡瓜、大蒜等自西域传入。南方地区从越南、马来西亚、印度引进了芋头、甘蔗等。除了原料的扩展，中餐宴席规格也逐渐形成，烹饪技法也更加精细。魏晋南北朝时期，开始有了“炒”的烹饪方法。唐宋时期，长安成为亚洲经济文化交流中心，我国饮食文化发展到高峰，烹、烧、烤、炒、爆、溜、煮、炖、卤、蒸、腊、蜜、葱拔等烹饪技术在宋代逐渐成熟，中国饮食文化格局大致形成。元明之际，中餐接受了蒙古族的烧烤文化，并从西亚传入了蒸馏酒技术。明清时期，唐宋食俗继续发展，我国饮食结构有了很大变化，北方黄河流域小麦的栽种比例大幅度增加，面食成为北方的主食。15世纪之后，玉米、辣椒、番薯随着新航线的开通而流入，成为中餐的主要食材，人工畜养的畜禽也成为主要肉食来源。清代康熙、乾隆时期，我国饮食文化迅猛发展，宫廷菜和官府菜大盛，以“满汉全席”为标志的超级大宴活跃在大江南北，中国饮食文化结出硕大的花蕾，达到了古代社会的最高水平，因此获得了“烹饪王国”的美誉。在几千年的历史发展中，中华民族逐步形成了独具特色的饮食文化。

任务一 理论认知

一、中国饮食文化特点

（一）风味多样

我国幅员辽阔，地大物博，食材极具多样性。各地气候、物产、风俗习惯都存在着差异，长期以来，在饮食上也就形成了许多风味，较典型的是我国八大地方菜系。另外，依地理位置来分，又可分为华东、华南、华中、华北、东北、西南、西北七大区域。这些区域，地理及人文环境各异，导致饮食文化与风味特点也是千差万别（见表6-3）。

表6-3 我国主要地域食物风味特征

区域划分	风味特征
西北	古朴，粗犷，少数民族居多，多牛羊肉，风味厚重鲜咸
西南	山地文化，食材丰富，普遍嗜辣，善用香料，复合型味道
东北	粮仓之地，家畜、蔬菜、谷物居多，受鲁菜影响，重咸，味浓
华北	面食为主，食材丰富，烹调以鲁菜为主，重咸，味浓
华东	有浙菜、苏菜、沪菜、徽菜等菜系，清雅甘甜，刀工精妙，精致典雅
华中	精于烹制淡水鱼鲜，擅长蒸、煨、腊，普遍嗜辣，风味复合
华南	粤菜为主，食材广泛，花样繁多，追求本味，善于煲汤与制作茶点

（二）技法各异

烹调技法，是我国厨师的又一门绝技。常用的技法有炒、爆、炸、烹、溜、煎、贴、烩、扒、烧、炖、焖、氽、煮、酱、卤、蒸、烤、拌、炝、熏，以及甜菜的拔丝、蜜汁、挂霜等。运用不同的技法制作的菜肴具有不同的风味特色。

（三）五味调和

调味也是烹调的一种重要技艺，所谓"五味调和百味香"。调味的主要作用表现在去除原料异味、为无味者赋味、确定菜肴口味、增加食品香味、赋予菜肴色泽及杀菌消毒等。调味的方法也变化多样，主要有基本调味、定型调味和辅助调味三种。

（四）注重情调

中国饮食文化情调优雅，艺术氛围浓厚，不仅对菜点的色、香、味有严格的要求，而且对它们的命名、品味的方式、进餐时的节奏、娱乐的穿插等都有一定的要求。我国烹饪历来有讲究菜肴美感的传统，力求食物的色、香、味、形、器的协调一致，达到色、香、味、形、美的和谐统一，给人以精神和物质高度统一的特殊享受。

（五）食医结合

我国的烹饪技术与医疗保健有密切的联系，在几千年前就有"医食同源"和"药膳同功"的说法，即利用食物原料的药用价值做成各种美味佳肴，达到防治疾病的目的。

二、中餐与葡萄酒的搭配方法

（一）风味结构

中国饮食文化博大精深，食材丰富多样，烹饪技法变化多端，调味料更是五花八门，再加上形形色色地域文化的影响，这些都为中餐的风味结构增加了多样性。与葡萄酒搭配首先应考虑两者风味结构的匹配性，避开风味的冲突点。另外，中餐多复合型风味，如酸辣、甜辣、咸辣、鲜咸等，这给葡萄酒搭配带来更多难度，寻找菜肴主导风味或者确定宴会主导风格或许是解决难点的突破口。

（二）高灵活性

在中式饮食场景中，菜系与风味多混搭出现，一款高灵活性的葡萄酒会成为与一系列特色菜肴和风味相配的"安全牌"。高灵活性的葡萄酒通常来自凉爽产区，如法国勃艮第地区和卢瓦尔河谷、德国大部分地区、美国俄勒冈州、澳大利亚塔斯马尼亚岛、新西兰南岛、意大利北部地区等；干型风格比风味突出的半甜或甜型风格更具备百搭性；无橡木风格比有橡木风格有更高灵活性；高酸、单宁较少的葡萄酒具备高灵活性等（见表6-4）。

表 6-4 葡萄酒配餐灵活性划分表

区分项目	高灵活性	中低灵活性
产区	冷凉或温暖产区	炎热产区
类型	白葡萄酒	红葡萄酒
糖分	干型或半干型风格	半甜及甜型风格
酸度	高酸风格	中低酸风格
酒精度	中低酒精度风格	高酒精度风格
酒体	轻盈中等风格	浓郁饱满风格
单宁	低单宁	中高单宁
香气	一级、二级香气	三级香气
酿造方式	无橡木风格	有橡木风格
是否成熟	成熟、柔顺型风格	重单宁、苦涩型风格
橡木气味	轻	重
是否强化	发酵型风格	加强型风格
是否富含 CO_2	起泡酒	静态葡萄酒

（三）高成熟度

中餐里有众多鲜、咸及复合型风味，与这类菜肴搭配，葡萄酒的成熟度显得非常重要，成熟的红、白葡萄酒能提升和补充中餐里浓郁的鲜味（多存在于海带、菌类、酱油等肉类菜肴与汤类食物中）。

（四）注意品质

葡萄酒的品质是搭配中餐时应重点考虑的因素，优质的葡萄酒会提升高品质食物的风味。相反，高品种的食材一定要多选择精致、细腻且平衡感强的优质的葡萄酒来搭配。

（五）口感浓郁度

口感浓郁度是指风味的开放程度。中餐的风味强度各异，酒的风味应与之匹配，寻找相近风味或相似强度酒餐进行搭配，是中餐搭配葡萄酒应遵循的基本配餐原则。

（六）餐酒温度

中餐中有众多热汤、热菜以及辛辣味突出的食物，在葡萄酒与这类菜品搭配时，适宜将葡萄酒稍微冰镇，这样更能增加用餐时的清爽口感，还可以降低辛辣菜肴带来的灼热感。

（七）上餐程序

中餐宴会通常有科学的上餐程序，其基本规则是先冷后热、先菜后点、先咸后甜、

先炒后烧、先干后汤、先菜后汤等。从具体流程来看，一般第一道菜是凉菜或冷盘，第二道菜是开胃汤，第三道菜是头菜，第四道菜为主菜，第五道菜是一般热菜（还可细分为先熘、爆、炒菜，后烧、烤菜，再素菜），第六道菜是鱼，最后为主食与果盘。这种规律性上餐程序对酒餐搭配是有利的，如果按照先白后红、先清淡再浓郁、先干型后甜型的葡萄酒饮用顺序，中餐的上菜顺序可以根据具体情况加以优化，以实现完美搭配。另外，一些高品质的中餐还创新出中餐西食的用餐形式，采取分餐而食，按顺序一一搭配，这种方法也降低了中餐配葡萄酒的难度。

以上为中餐的七条酒餐搭配建议。在实际应用中，这七条建议不能单独而论，还须视实际情况综合考虑。更符合实际、更能打动消费者的酒餐搭配建议，往往源于侍酒师对餐与酒直接品尝体验，因此在平时工作中要善于训练味蕾，积累直接经验，另外学会用文字或口头表述也至关重要。

任务二　训练与检测

检测表

按照检测表要求，对中餐与葡萄酒搭配理论进行讲解训练，锻炼学生语言组织、表达及综合运用能力，可以单人也可分组进行训练与检测。

项目三　葡萄酒与鲁菜搭配

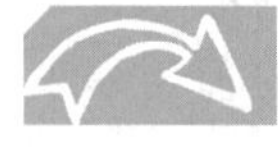

项目要求

· 了解鲁菜的历史起源与发展。
· 了解鲁菜的主要烹饪原料及烹饪方式。
· 理解鲁菜的主要风味类型及与葡萄酒搭配时应考量的因素。
· 掌握鲁菜的主要风味类型及与葡萄酒搭配的方法。
· 能够通过分析食物风味提出与葡萄酒搭配的建议。

项目解析

我国是一个统一的多民族国家，各民族之间交流频繁，融合性强，这就形成了一个多元的餐饮文化圈。我国的饮食文化显著地表现出地域性特征，同时又具有融合特性，一些地域性风味流派早在秦汉时期就已经萌芽。宋朝之后，随着更多金属器皿的出现，烹饪方式也更加多样，到了明清时期，辣椒、番茄等外域烹饪原料大量进入中原，

原材料的丰富、烹饪技艺的提高促使我国餐饮文化走向成熟，并形成了非常有地域文化特色的风味流派，人们习惯把它们称为地方菜系。早在春秋战国时期，南北菜肴风味就表现出差异性。到唐宋时期，南食、北食已各自形成体系。到了宋代，北咸南甜的格局大致形成。发展到清代初期，川菜、鲁菜、粤菜、苏菜成为当时较有影响的地方菜，被称作“四大菜系”。到清末时，浙菜、闽菜、湘菜、徽菜四大新地方菜系分化形成，共同构成中华民族饮食的“八大菜系”。

任务一 理论认知

鲁菜是中国传统四大菜系中的自发型菜系，是历史最悠久、技法最丰富、最见功力的菜系，也是我国黄河流域烹饪文化的典型代表。鲁菜发源于齐鲁大地，早在春秋战国时期，齐鲁肴馔便崭露头角，在秦汉时期形成独特的风格，在明清时期更是被引入宫廷，成为当时的皇家菜，对京、津及东北地区菜系的形成产生了深远影响，堪称八大菜系之首。

一、鲁菜风味特点

山东地处黄河中下游，地貌类型多样，物产种类丰富，蔬菜、瓜果、家禽以及海鲜类食材多不胜数。鲁菜起源于商代，历史源远流长，在宋代就已经成为“北方菜系”的代表。鲁菜是所有菜系中烹调技法最繁多、难度最大、最见功力的，菜品丰富，技艺精湛，注重菜品入味，讲究刀功火候。食材多与药膳结合，有很强的养生功效，对我国宫廷菜肴也有很大影响。鲁菜烹饪技法多变，主要有油爆、芫爆、酱爆、清炒、锅烧、红烧、拔丝、蜜汁、清汤、奶汤、水焯、水划、油氽、油炸等。鲁菜的主要特点为重咸鲜，火候精湛，精于制汤，善烹海味。

二、鲁菜的主要风味类型及与葡萄酒的搭配

除药膳菜肴外，鲁菜通常分为济南、胶东、孔府菜三种风味。三种风味类型虽各有特色，但整体风味重咸、少甜，酸味与辣味不突出，菜品多具有中高苦、鲜味与中高浓郁度。根据酒餐搭配原理，在选择与葡萄酒搭配时，需要综合考虑食材类型、烹饪方法、酱料的使用等因素给菜品带来的风味变化，可多选择干型或微甜型、中高浓郁度的红、白葡萄酒。

（一）济南菜

济南的鲁菜多用葱姜蒜做基础调味料，甜面酱、老抽、生抽以及各类香辛料使用较多，菜品多咸鲜味，口味较重。烹饪方式主要为炒、熘、烧、爆等，并善于使用明火爆炒、拔丝等烹饪形式，技艺精湛，注重菜品入味，香气浓郁。经典名菜有九转大肠、糖醋黄河鲤鱼、拔丝香蕉、奶汤蒲菜、木须肉等。选用白葡萄酒搭配时应避开简单款，以清爽酸度、清淡到中等浓郁度的干白葡萄酒为优。法国等旧世界的酸度较高的红葡萄酒、

罗讷河谷优质红葡萄酒、新世界单宁成熟的红葡萄酒也可作为理想搭配。

（二）胶东菜

胶东地区的海鲜菜肴也是鲁菜一大特色，烹饪技法主要有清蒸、炒、爆、煎、烤等，海鲜风味风格多样，从清淡到浓郁型的干白葡萄酒都可以与其搭配。经典名菜有葱烧海参、油焖大虾、大虾烧白菜、烟台焖子、糟溜鱼片等。其中，红烧、酱焖、爆炒等做法的菜品可选择与橡木风格的霞多丽、长相思、优质波尔多白葡萄酒、新世界传统起泡酒等搭配；蒸煮、清炒类海鲜可与酸度突出的清爽型长相思、霞多丽、雷司令等搭配；单宁少、果味成熟的红葡萄酒也可搭配煎、炸、烤等做法的海鲜产品，如葱烧海参等。

（三）孔府菜

孔府菜是鲁菜的经典类型，也是我国官府菜的典型代表，其深受孔子思想影响，烹制与选材都有严格要求。孔子提出的“食不厌精，脍不厌细”“八不食”等观点与理论对菜品烹制有着深远影响，尤其是孔府菜中的宴席菜品更加庄重，有较强的礼仪与规格。主要菜品有诗礼银杏、一品豆腐、寿字鸭羹、孔府烤鸭等。根据孔府菜食材的特点，高酸、轻盈到中等酒体白葡萄酒是搭配首选，肉类食物可多搭配单宁高的红葡萄酒，注意避开单宁低的葡萄酒，另外注意葡萄酒品质与菜肴品质的匹配。

除此之外，鲁菜还善于烹制药膳类及浓汤类菜品。根据食材风格及香料的多少，这类菜肴可以选择搭配单宁顺滑、酸度较高、有一定陈年的红葡萄酒或轻微橡木风格的白葡萄酒。鲁菜基本风味特征及葡萄酒搭配建议如图6-5所示。

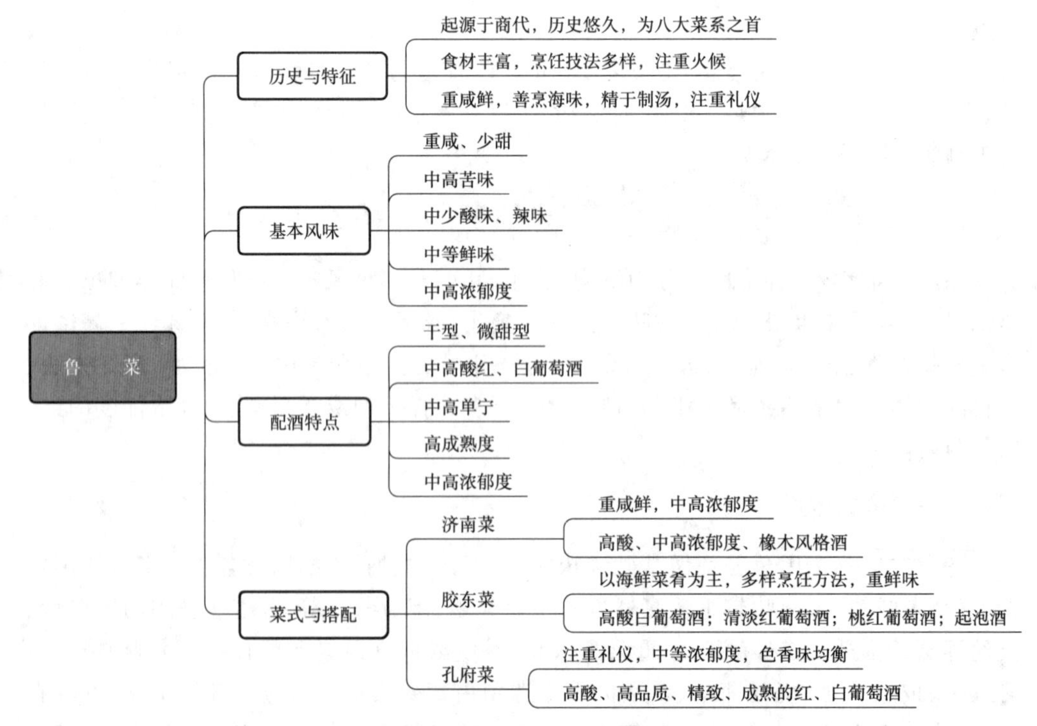

图6-5　鲁菜基本风味特征及葡萄酒搭配建议

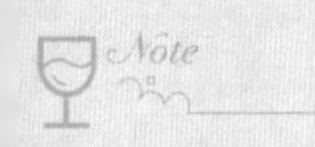

检测表

推介训练

检测表

场景服务

任务二 训练与检测

训练一 葡萄酒与鲁菜搭配的理论讲解训练

按照检测表要求，对鲁菜与葡萄酒搭配的理论进行讲解训练，锻炼学生语言组织、表达及综合运用能力，可以单人也可分组进行训练与检测。

训练二 葡萄酒与鲁菜搭配场景服务训练

准备适合的场地，按照检测表要求，设定一定场景，在已选定菜品或酒品的基础上，对鲁菜与葡萄酒搭配进行场景式推介服务训练（可参照"侍酒师推荐"），可分组进行训练与检测。

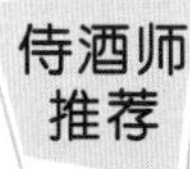

侍酒师推荐

拓展阅读

经典菜品：葱烧海参

菜品风格：葱烧海参的特点是海参味道不重，但浓稠的汤汁会使菜品整体带有一点甜味。

推荐搭配：佩高酒庄教皇新堡珍藏（Domaine du Pegau Chateauneuf-du-Pape Cuvee Reservee 2021）。

推荐理由：该酒由13种法定葡萄品种混合酿造而成，具有成熟的红色水果如红樱桃和黑李子等的香气。经过橡木桶陈酿，葡萄酒有一丝辛香料的香气，酒款的整体香气更加复杂迷人。酒体果香成熟、酸度柔和，跟质感软糯、有弹性的海参完美契合，且酱汁的甜味也不会遮盖高成熟度的果味。

（来源：绍兴慢宋酒庄侍酒师 Jeff 田金雨）

项目四 葡萄酒与川菜搭配

项目要求

- 了解川菜的历史起源与发展。
- 了解川菜的主要烹饪原料及烹饪方式。
- 理解川菜的主要风味类型及与葡萄酒搭配应考量的因素。
- 掌握川菜的主要风味类型及与葡萄酒搭配的方法。
- 能够通过分析食物风味提出与葡萄酒搭配的建议。

项目解析

川菜作为我国四大菜系之一，拥有非常悠久的历史，其发源地是古代的巴国和蜀国。川菜系的形成，大致在东周时期到三国时期之间。当时，四川的政治、经济、文化中心逐渐移向成都，随着历史上的几次移民潮，川菜的烹饪菜品及风格渐渐成型。到宋代，川菜已经渐渐形成流派，其影响已达中原。元、明、清建都北京后，随着入川官吏增多，大批北京厨师前往成都经营饮食业，川菜又得到了进一步发展，逐渐成为我国主要的地方菜系。明末清初，川菜用辣椒调味，使巴蜀时期就形成的“尚滋味”“好香辛”的调味传统得到进一步发展。

任务一　理论认知

一、川菜风味特点

川菜即我国四川地区的菜肴，也是我国较有特色、民间较大的菜系之一，同时被冠以“百姓菜”。从整体特点上看，川菜取材广泛，多为日常百味，多辛辣、咸香，口味醇厚，调味汁料非常多样，因此菜品风格异常多变。川菜善用小炒、干煸、干烧和泡、烩等烹调法，以“味”闻名，味型较多，富于变化，主要风味有鱼香、麻辣、酸辣、陈皮及怪味等，也有很多菜品为这些基本口味的复合味型，如红油、蒜泥、麻酱、五香、糖醋等味型。这些味型无不厚实醇浓，其菜品具有“一菜一格”“百菜百味”的特殊风味，历来有“七味”（甜、酸、麻、辣、苦、香、咸）、“八滋”（干烧、酸、辣、鱼香、干煸、怪味、椒麻、红油）之说。总之，川菜主要依靠各种调味品体现其层次变化，讲究入味，口感复杂多变。其经典菜肴有鱼香肉丝、泡椒凤爪、水煮肉片、麻婆豆腐等。

二、川菜的主要风味类型及与葡萄酒的搭配

针对川菜的独特风味，干型起泡酒、香槟、桃红葡萄酒等百搭型葡萄酒是搭配首选。葡萄酒的酸味能有效中和川菜的辛辣、咸香及油腻感，搭配酒体由清淡渐趋浓郁的高酸型白葡萄酒是最好选择，如雷司令、绿维特利纳、阿尔巴利诺等高酸果味型葡萄酒；甜型、半甜型葡萄酒可以有效分解食物中的辛辣，也是不错的搭配选择；果香突出、单宁柔顺的美乐、歌海娜等中性风格红葡萄酒也非常适宜；应避开酒精浓度高、酒体饱满、单宁厚重的红葡萄酒，它们会凸显食物中的辛辣、麻香等风味，也会加重苦味。

（一）麻辣味型

辣味与传统的麻味相结合，便形成了川菜麻辣、咸鲜的独特味型。麻辣味型以辣椒、花椒、川盐、味精、豆瓣酱、豆豉、酱油、料酒等调制而成，适用于烹饪鸡、鸭、鹅、兔、猪、牛、羊等家禽家畜的肉及内脏为原料的菜肴。代表菜品有水煮肉片、麻婆豆腐、麻辣火锅、麻辣田螺、麻辣小龙虾等。

（二）酸辣味型

酸辣味型是川菜中仅次于麻辣味型的主要味型之一，酸辣味型的菜肴绝不是以辣椒为“主角”，而是先在辣椒的辣、生姜的辣之间寻找一种平衡，再用醋、胡椒粉、香油、味精这些解辣的佐料去调和。主要风味特征为酸醇微辣，咸鲜味浓。酸辣味型主要适用于烹饪以海参、鱿鱼、蹄筋、鸡肉、鸡蛋、蔬菜等为原料的菜肴。代表热菜有酸辣海参、酸辣鱿鱼、酸辣虾羹汤、酸辣蛋花汤等，代表凉菜有酸辣莴笋、酸辣蕨根粉等。

（三）泡椒味型

泡椒是川菜中特有的调味料。泡椒具有色泽红亮、辣而不燥、辣中微酸的特点，有酸辣鲜爽的口感。泡椒在新派川菜中有大量运用，新派川菜将泡辣椒鲜香微辣、略带回甜的特点发挥到了极致，算是烹饪中四两拨千斤的典范。泡椒味型在冷热菜中应用广泛，常见的冷菜有什锦泡菜坛、泡椒凤爪等，常见的热菜有泡椒牛蛙、泡椒鸭血、泡椒墨鱼仔、泡椒双脆、泡椒仔兔等。

（四）红油味型

红油是川菜的灵魂调料，好的红油是成就美味凉拌菜和蘸水的第一步。红油味型以特制的红油与酱油、白糖、味精调制而成，部分地区加醋、蒜泥或香油，红油味型的辣味比麻辣味型的辣味要轻。红油味型辣而不燥、香气醇厚，用于烹饪以鸡、鸭、猪、牛等肉类和肚、舌、心等家畜内脏为原料的菜肴，也适用于烹饪以块茎类鲜蔬为原料的菜肴。这类味型主要用于冷菜，如夫妻肺片、烧椒皮蛋、口水鸡等菜肴。

（五）烟熏味型

烟熏味型主要出现于以肉类为原料的熏制菜肴。烟熏以稻草、柏枝、茶叶、樟叶、花生壳、糠壳、锯木屑为熏制材料，利用其不完全燃烧时产生的浓烟，使腌渍入味的原料再吸收或黏附一种特殊香味，形成咸鲜醇浓、香味独特的风味特征。代表菜肴有用樟树叶与茶叶熏烤的樟茶鸭子、用糠壳或谷草熏烤的腊肉、用柏树枝熏烤的香肠等。

（六）鱼香味型

鱼香味菜肴具有咸甜酸辣兼备、姜葱蒜味浓郁、色泽红亮的特点，是川菜中独有的一种特殊味型。烹制鱼香味的菜肴，要用蒜片或者蒜粒与泡辣椒、葱节、姜片在油中炒出香味，然后加入主料炒熟，再以酱油、醋、白糖、料酒、鸡精、精盐、水豆粉调制的汁入锅收芡，具有咸、甜、酸、辣等风味。代表菜品有鱼香肉丝、鱼香茄子等。

（七）甜香味型

甜香味型的特点是纯甜而香，以白糖或冰糖为主要调味品，因不同菜肴的风味需要，可佐以适量的食用香精，并辅以蜜玫瑰等各种蜜饯、樱桃等水果（汁）、桃仁等果仁。甜香味型适用于制作以各种鲜果品及银耳、鱼脆、桃脯、蚕豆、红薯等为原料的菜肴，如鱼脆羹、冰糖银耳、冰汁桃脯、糖粘羊尾、蜜汁小番茄等。

（八）糖醋味型

糖醋味型甜酸味浓，回味咸鲜，广泛用于冷、热菜式。以糖、醋为主要调料，佐以川盐、酱油、味精、姜、葱、蒜调制而成。调制时，需以适量的咸味为基础，重糖、重醋，以突出甜酸味。代表菜品有糖醋鱼、糖醋里脊、糖醋排骨、糖醋白菜等。

（九）蒜香味型

蒜香味型是川菜的重要味型之一，常用于川菜凉菜的制作。以蒜泥、复制红酱油、香油、味精、红油（也有不用红油的）调制而成。调制时须用现制的蒜泥，以突出蒜香味。其成菜的特点是蒜香味浓，咸鲜微辣，味带回甜，独具风味。蒜香味型适用于烹饪以猪肉、兔肉、猪肚及蔬菜为原料的菜肴，代表菜品有蒜泥白肉、蒜泥肚片等。

（十）五香味型

五香味型的特点是浓香咸鲜。所谓“五香”，是指在烧煮食物时加入的数种香料。其所用香料通常有山柰、八角、丁香、小茴香、甘草、沙头、老蔻、肉桂、草果、花椒等。五香味型广泛用于冷、热菜式，适用于烹饪以动物肉类及家禽、家畜内脏为原料的菜肴，和以豆类及其制品为原料的菜肴。以上述香料加盐、料酒、老姜、葱等，可用于腌渍食物、烹制或卤制各种冷、热菜肴。代表菜品有五香猪手、香酥鸡、五香牛肉、五香排骨等。

川菜基本风味特征及葡萄酒搭配建议如图6-6所示。

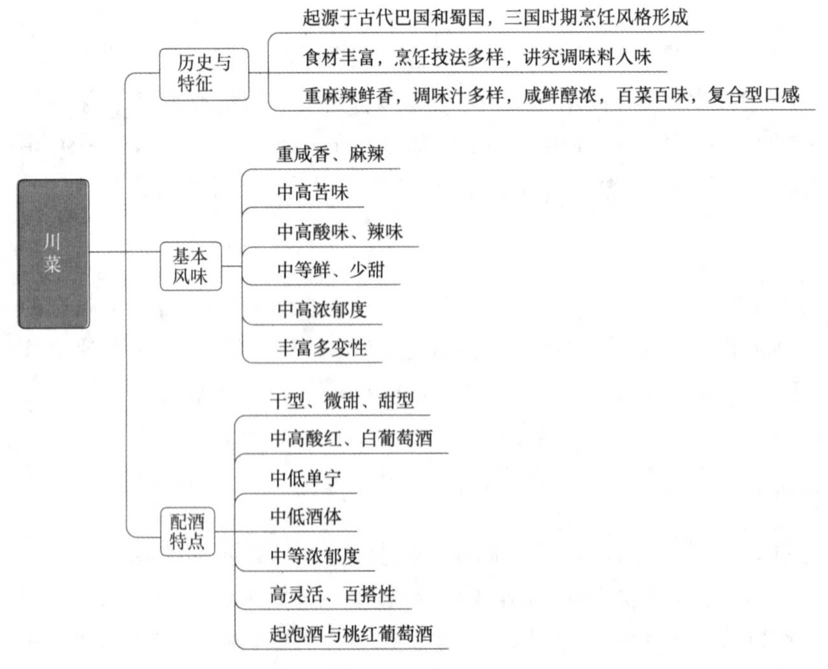

图6-6　川菜基本风味特征及葡萄酒搭配建议

检测表

推介训练

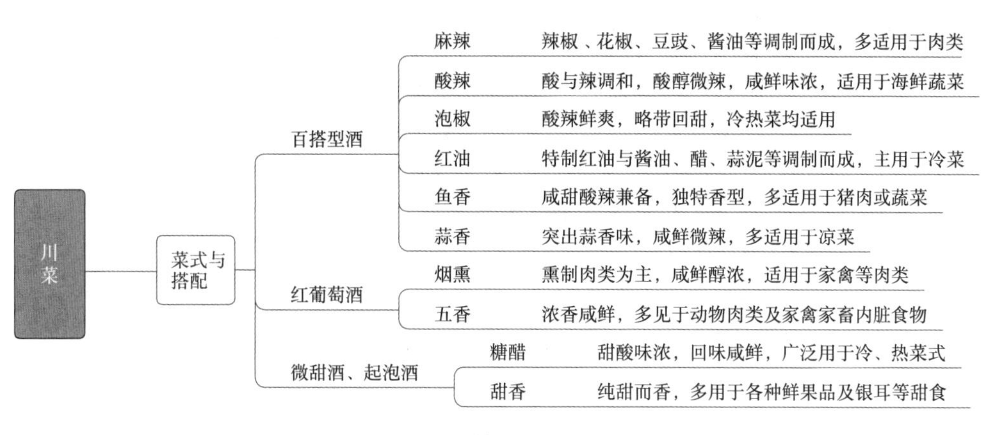

续图 6-6

检测表

场景服务

任务二 训练与检测

训练一 葡萄酒与川菜搭配的理论讲解训练

按照检测表要求，对川菜与葡萄酒搭配的理论进行讲解训练，锻炼学生语言组织、表达及综合运用能力，可以单人也可分组进行训练与检测。

训练二 葡萄酒与川菜搭配场景服务训练

准备适合的场地，按照检测表要求，设定一定场景，在已选定菜品或酒品的基础上，对川菜与葡萄酒搭配进行场景式推介服务训练（可参照“侍酒师推荐”），可分组进行训练与检测。

拓展阅读

经典菜品：四川火锅

推荐搭配：罗兰百悦和谐半干型香槟（Champagne Laurent-Perrier Harmony Demi-Sec, France）。

推荐理由：名酒庄罗兰百悦出品的半干型香槟，轻微的残糖可以很好地平衡和消解四川火锅的辣度，同时保留了很好的酸度，能够中和重油的四川火锅带来的油腻感。火锅作为常见的聚餐选择，搭配香槟十分合适。

经典菜品：鱼香肉丝

推荐搭配：澳大利亚吉朗百发酒庄黑皮诺（By Farr Farrside Pinot Noir 2016, Geelong, Australia）。

推荐理由：澳大利亚维多利亚州的明星酒庄出品的黑皮诺，优雅中略带一丝圆润的甘美。这道川菜的特色是采用当地的鱼辣子,使得菜品呈现鲜甜的口感和一丝鱼的味道。用这款黑皮诺来搭配,会让酒中的红色莓果沁人心脾的甘美与菜品的味道充分融合,在降低辣度的同时,口感和香气展现出多样化,会感到味蕾瞬间被打开了!

(来源:成都华尔道夫酒店首席侍酒师 Colin 李伟)

项目五　葡萄酒与粤菜搭配

项目要求

· 了解粤菜的历史起源与发展。
· 了解粤菜的主要烹任原料及烹任方式。
· 理解粤菜的主要风味类型及与葡萄酒搭配时应考量的因素。
· 掌握粤菜的主要风味类型及与葡萄酒搭配的方法。
· 能够通过分析食物风味提出与葡萄酒搭配的建议。

项目解析

粤菜发源于岭南地区,该地处于我国南部,濒临南海,是明显的亚热带气候,地理位置得天独厚,物产富饶,多热带水果。广东的饮食文化与中原各地一脉相通,历代移民带来了中原饮食文化,尤其是宋代,中原移民大批南下珠三角,南宋以后,粤菜的技艺和特点日趋成熟。宋、元之后,广州成为内外贸易集中的通商口岸和港口城市,商业日益兴旺,饮食服务作为一个行业蓬勃发展起来。明清两代,是粤点、粤式饮食真正成熟和发展时期,这时的广州已经成为一座商业化大城市,粤菜、粤点和粤式饮食文化真正成为一个体系。纵观粤菜发展,不难看出粤菜是在大量吸收中原文化的基础上形成的,之后其烹任技艺与方法开始融合变通,在创新与模仿中不断改进和提高,烹制技艺多样善变,成为我国非常具有代表性的地方菜系,也是世界上影响较为深远的中国地方菜系之一。

任务一　理论认知

一、粤菜风味特点

粤菜主要由广州菜、潮州菜、东江菜组成,菜品与北方菜肴及川菜有截然不同的风

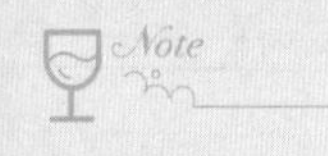

格。粤菜用料十分广泛，据粗略估计，粤菜的用料达数千种，举凡各地菜系所用的家养禽畜、水泽鱼虾，粤菜无不用之。粤菜不仅主料丰富，而且配料和调料亦十分丰富。为了突显主料的风味，粤菜选择配料和调料十分讲究，配料不会杂，调料是为调出主料的原味，两者均以清新为本。粤菜在口味上偏清淡，可用“清、鲜、嫩、滑、爽、香”六字概括其风味特色，粤菜调味品种类繁多，遍及酸、甜、苦、辣、咸、鲜，但一般只用少量姜葱、蒜头做“料头”，而少用辣椒等辛辣性佐料，也不会大咸大甜。粤菜追求原料的本味、清鲜味，如活蹦乱跳的海鲜、野味，要即宰即烹，原汁原味。粤菜非常注重原料品质及菜品色彩搭配，精致美味，鲜香甜美，口感总体圆润香醇。

二、粤菜的主要风味类型及与葡萄酒的搭配

粤菜在基本风味特点上表现出明显的重鲜味、少辣少酸及微甜特性，且非常注重食物的新鲜度与品质。所以，在选择与其搭配的葡萄酒时，首先应侧重于高品质、精致的葡萄酒。其次，粤菜尤其适合各类高酸型、起泡或桃红等高灵活性的葡萄酒，广式甜点适合各类微甜或甜型葡萄酒，如雷司令、琼瑶浆白葡萄酒等。红葡萄酒应多偏向选择陈年、高品质的旧世界或酒体中等、单宁成熟、口感柔顺的新世界葡萄酒等，避免单宁突出、生涩收敛的干型红葡萄酒。部分盐焗肉、熏烤肉(肠)、卤制腊肉及熬制高汤类菜品等，也可选择旧世界果香复杂、较为柔顺的陈年干型红葡萄酒或轻微橡木风格的白葡萄酒，避开单宁生涩的品种。优质村庄级勃艮第葡萄酒、南法优质红或白葡萄酒、新年份的桃红葡萄酒以及新世界的黑皮诺对粤菜来讲都是非常好的选择。

(一) 广式茶点

广式茶点是汉族饮食文化的重要组成部分，以岭南小吃为基础，广泛吸取北方各地，包括六大古都的宫廷面点和西式糕饼技艺发展而成。广式茶点品种有1000多款，为全国点心之冠，广州素有“一盅两件饮早茶，三包五点食点心”的习惯。广式茶点取材丰富，食物组合从海鲜、油炸食品到叉烧包，注重鲜味，高温烹制，避免生食，并使用蘸料，如红醋、酱油、XO酱和辣椒酱等。代表菜品有蒸虾饺、豆豉蒸排骨、煎炸芋头角、煎萝卜糕等。可搭配的葡萄酒有轻微橡木风格的陈年霞多丽、普伊-富美白葡萄酒、阿尔萨斯白葡萄酒、年轻的波尔多白葡萄酒、年份香槟、年轻的果味瓦坡里切拉、南法桃红葡萄酒、传统法起泡酒等品种(见表6-5)。广式茶点在酒餐搭配的时候，需考虑食用时使用蘸料这一因素。

表6-5　广式茶点与葡萄酒搭配举例

区分	清淡	中高浓郁
白葡萄酒	普伊-富美、年轻的波尔多、阿尔萨斯白皮诺和灰皮诺等	阿尔萨斯雷司令、轻微橡木风格霞多丽、南法桃红葡萄酒、现代里奥哈、年份香槟、传统法起泡酒等
红葡萄酒	年轻的果味瓦坡里切拉、勃艮第村庄级等	罗讷河谷红葡萄酒、新西兰黑皮诺等

（二）粤式煲汤

粤菜高汤、炖汤是粤菜中常见且典型的一类菜式，一般分为滚汤、煲汤、炖汤、煨汤、清汤等，主要使用砂锅、瓦罐、铁锅等熬制而成。讲究原汁原味，熬制时间较长，汤味鲜美可口。煲汤取材较为广泛，通常不使用香料，只使用姜片，有时会放少量药材，煲出的汤以味道醇厚为主，杂味少，口感圆润，重鲜味，回味长。代表菜式有炖鸡汤、鱼翅羹、炖鱼汤、高汤鱼翅等。可搭配的葡萄酒有奥地利绿维特利纳、普里尼-蒙哈榭、阿尔萨斯灰皮诺、成熟的特级勃艮第白葡萄酒、特级夏布利、成熟的波尔多白葡萄酒、成熟的白中白年份香槟、勃艮第村庄红葡萄酒、成熟的勃艮第红葡萄酒、成熟的格拉夫或玛歌红葡萄酒等品种。

（三）广式烧味

烧味是中国粤菜中的一种烧烤食品，包括豉油鸡、叉烧、烧肉、乳猪、烧鸭、烧鹅、扎蹄等。其中，叉烧是烧味中颇受欢迎的一种，肉质软嫩多汁、色泽鲜明、香味四溢。烧鸭、烧鹅也是港式烧味中的经典，成菜油润光亮，皮香脆，肉质滑嫩鲜甜，配以酱汁食用，味道更佳。烧味源于广东顺德，流行于广东、香港和澳门地区，甚至流传至台湾地区。这类菜式多大荤，脂肪含量高，甜味中等，重鲜味，带咸香，肉鲜多汁。代表菜品有蜜汁叉烧、烤鸭、烤乳猪、烤鹅等。可搭配的葡萄酒有澳大利亚克莱尔谷雷司令、阿尔萨斯琼瑶浆、优质贵腐甜酒、成熟的罗蒂丘或赫米塔吉、成熟的新世界凉爽产区西拉、现代派托斯卡纳、现代派巴罗洛、巴巴莱斯科、年轻勃艮第红葡萄酒、新世界黑皮诺、现代派基安蒂、阿曼罗尼、瓦坡里切拉、多赛托、阿里亚尼考或普里米蒂沃红葡萄酒、南法GSM等品种。

（四）清蒸海鲜

粤菜讲究原汁原味，海鲜类食物的烹制多清蒸和白灼，使用少量酱油、生姜与葱，很少使用其他佐料，注重食材的原汁原味，口感清淡、精致，肉质甜美。主要菜式有清蒸石斑、芙蓉蟹肉、清蒸鲜虾等。可搭配的葡萄酒有意大利北部白葡萄酒、两海之间白葡萄酒、桑赛尔、卢埃达、奥地利蜥蜴级（Smaragd）雷司令、成熟的夏布利、传统法起泡酒、白中白香槟、成熟的猎人谷赛美蓉、特级园薄若莱、成熟的勃艮第红葡萄酒等，红葡萄酒应以低单宁、果香丰富型的品种为主。

（五）豉香菜肴

豉香味型是中式调味中广泛使用的一种味型，在中国南北方皆有应用，其广泛用于各种冷、热菜式。广东阳江是中国重要的豉香发源地之一，阳江豆豉广泛应用于粤菜的各类菜肴烹制中，在当地主要应用于烹饪以家禽、水产及蔬菜等为原料的菜肴。其口味特点为豉香浓厚，重咸味，高鲜度，有轻微烟熏炭烤味，常加入生姜提味，用少油或中油烹制而成。豉香味型代表菜式有豉汁蒸凤爪、豉椒蒸排骨、咸鱼茄瓜煲、豆豉炒蟹等。可搭配的葡萄酒有年轻的新世界黑皮诺、年轻的勃艮第村庄红葡萄酒、果味型南法红葡萄酒、简单的罗讷河谷红葡萄酒、年轻的果味型多赛托、瓦坡里切拉、年轻的

波尔多长相思、澳大利亚长相思赛美蓉混酿、南非白诗南、南法桃红葡萄酒、无年份香槟等品种。

粤菜基本风味特征及葡萄酒搭配如图6-7所示。

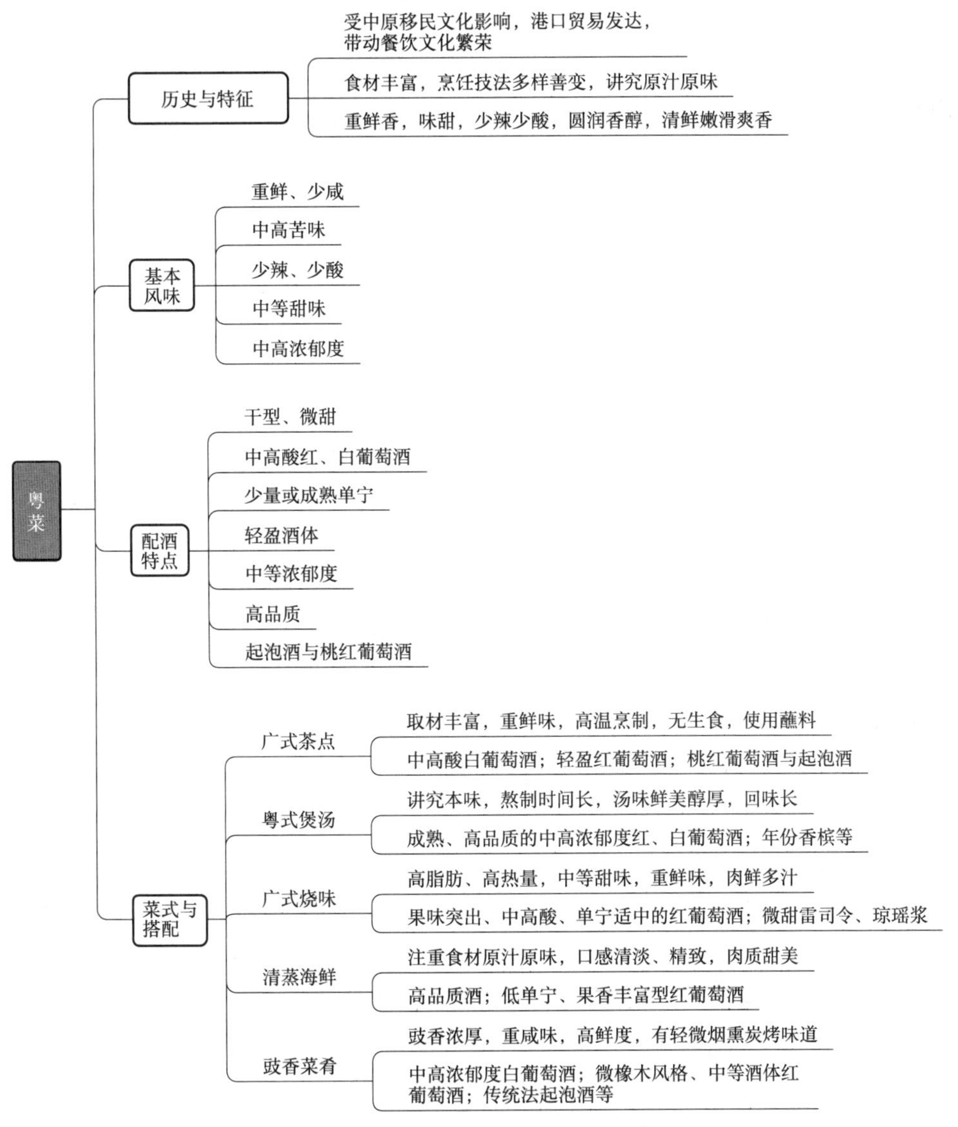

图6-7 粤菜基本风味特征及葡萄酒搭配

任务二 训练与检测

训练一 葡萄酒与粤菜搭配的理论讲解训练

按照检测表要求，对粤菜与葡萄酒搭配的理论进行讲解训练，锻炼学生语言组织、

检测表

推介训练

检测表

场景服务

拓展阅读

表达及综合运用能力，可以单人也可分组进行训练与检测。

训练二　葡萄酒与粤菜搭配的场景服务训练

准备适合的场地，按照检测表要求，设定一定场景，在已选定菜品或酒品的基础上，对粤菜与葡萄酒搭配进行场景式推介服务训练（可参照“侍酒师推荐”），可分组进行训练与检测。

经典菜品：烤乳猪

推荐搭配：干露酒庄魔爵赤霞珠红葡萄酒（Concha y Toro Don Melchor Cabernet Sauvignon 2021，Puente Alto, Chile）。

菜品风格：色泽红润，皮酥肉嫩，肥而不腻，又鲜又嫩。

推荐理由：这款酒整体风格强劲，单宁高且入口丝滑，酸度中高；酒带有浓郁的黑李子、黑加仑、红樱桃等香气，同时还带有一丝草本植物的香气；高单宁可以很好地分解肉的纤维与蛋白质，消除烤乳猪的油腻，让肉质细嫩。

经典菜品：咕咾肉

推荐搭配：费瑞庄园普伊-富塞霞多丽白葡萄酒（Domaine J.A. Ferret Pouilly-Fuisse Cuvee Hors Classe Tournant De Pouilly 2021, Maconnais, France）。

菜品风格：口味酸甜，香甜的菠萝搭配着青红甜椒再融入滑嫩的里脊肉，口感外酥里嫩。

推荐理由：这款酒拥有浓郁和高级感的香气，成熟度较高，酸度中等，富有核果和一些热带水果香气，如菠萝、芒果等香气，有丝丝的香草和橡木风味，伴随标志性的强烈矿物质感，搭配这道菠萝味香气主导的咕咾肉，更加凸显菠萝奔放的香气，中等的酸度也可适当辅助降低菜品的油腻感。

经典菜品：蒸虾饺

推荐搭配：皮埃尔-莫雷酒庄默尔索一级园霞多丽白葡萄酒（Domaine Pierre Morey Perrieres Meursault Premier Cru 2021, Burgundy, France）。

菜品风格：水晶虾饺以淀粉面团作皮，采用鲜虾肉、猪肉等拌匀作馅，蒸制而成，口感鲜美。

推荐理由：该酒款采用100%霞多丽，酒体圆润饱满。杏仁、苹果、柑橘等香气与虾饺碰撞，令人回味无穷，酒的酸度与虾仁的搭配也合适；虾饺中的虾仁，反过来又使得葡萄酒的酸度更为令人愉悦。

（来源：绍兴慢宋酒庄侍酒师 Jeff 田金雨）

项目六 葡萄酒与苏菜搭配

项目要求

· 了解苏菜的历史起源与发展。
· 了解苏菜的主要烹饪原料及烹饪方式。
· 理解苏菜的主要风味类型及与葡萄酒搭配时应考量的因素。
· 掌握苏菜的主要风味类型及与葡萄酒搭配的方法。
· 能够通过分析食物风味提出与葡萄酒搭配的建议。

项目解析

苏菜源起于我国长江中下游地区，那里是著名的鱼米之乡，物产丰富，水产品及家禽类菜品尤其突出。由于其优越的地理位置，苏菜很快成为我国重要菜系之一。苏菜起始于南北朝时期，唐宋时期经济繁荣，推动了饮食业的繁荣，苏菜成为“南食”两大台柱之一。明清时期，苏菜南北沿运河、东西沿长江的发展更为迅速，沿海的地理优势扩大了苏菜在海内外的影响。清代，苏菜流行于全国，与鲁菜、川菜、粤菜的地位相当。

任务一 理论认知

一、苏菜风味特点

苏菜由金陵菜、淮扬菜、苏锡菜、徐海菜组成。其味清鲜，咸中稍甜，习尚五辛，追求本味，清鲜平和，风格雅丽，在国内外享有盛誉。江苏为鱼米之乡，覆盖地域广泛，物产丰饶，饮食资源十分丰富，其用料广泛，以江河湖海水鲜为主，著名的水产品有长江三鲜（鲥鱼、刀鱼、河豚）、太湖银鱼、阳澄湖清水大闸蟹、南京龙池鲫鱼以及其他众多的海产品。优良佳蔬有太湖莼菜、淮安蒲菜、宝应藕、板栗、鸡头米、茭白、冬笋、荸荠等。苏菜烹饪擅长炖、焖、蒸、炒，重视调汤，保持原汁，清新雅致，善于用糖，口感偏向醇和甜润。

二、苏菜的主要风味类型及与葡萄酒的搭配

整体来看，苏菜与酒体清淡、浓郁的白葡萄酒或酒体轻盈的红葡萄酒甚为相搭。

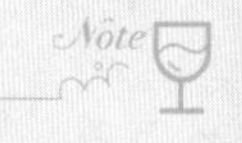

用料丰富的猪肉等主食菜肴可以佐搭新世界单宁柔顺、口感中高浓郁度的红葡萄酒，由于菜式风味多清香，咸中带甜，所以应避免高单宁或橡木风味突出的红葡萄酒。部分高品质的单宁成熟丝滑的陈年干红葡萄酒可以搭配苏菜中较为精致的菜肴。另外，苏菜中各类桂花粉、江米糕、梅花糕、红豆糕、元宵等甜品可搭配清爽酸度的甜型白葡萄酒。

（一）淮扬菜

淮扬菜在苏菜中占主导地位，流行于淮安、扬州、镇江、盐城、泰州、南通等江苏大部分地区。淮扬菜有“东南第一佳味”之称，曾为宫廷菜，时至今日，仍与鲁菜系的孔府菜并称为“国菜”。淮扬菜产生于南北交汇处，既有南方菜的鲜、脆、嫩的特色，又融合了北方菜的咸、色、浓的特点，形成了自己甜咸适中、咸中带甜的风味。淮扬菜选料非常严谨，讲究鲜活，擅长炖、焖、烧、烤，重视调汤，讲究原汁原味。淮扬菜刀工最精细，冷菜制作、拼摆手法要求极高，使得淮扬菜如精雕细凿的工艺品。代表名菜有蟹粉狮子头、文思豆腐等。

（二）金陵菜

金陵菜起源于先秦，自隋唐负盛名，至明清成流派，主要分布在南京和镇江。金陵菜注重鲜活，原料以水产为主，善用烤、炖、煨、焖等烹调方法，鲜香酥嫩，口味平和，精致细腻，格调高雅。金陵菜擅长火候、讲究刀工，以富于变化的技法和南北皆宜的口味从众多菜系中脱颖而出。盐水鸭是金陵菜的经典名菜，口感鲜香，皮薄肉嫩。

（三）苏锡菜

苏锡菜主要分布在苏州、无锡、常州一带。以苏州和无锡为代表的苏锡菜以鲜咸清淡、口味偏甜的风味为主。苏锡菜的虾蟹莼鲈和糕团船点味冠全省，其茶食小吃在所有苏菜中也独树一帜。苏锡菜讲究美观，色调绚丽，尤重造型，口味偏甜，其中无锡菜尤甚。白汁清炖独具一格，食有其香，浓而不腻，淡而不薄，酥烂脱骨，形神兼备，爽脆滑嫩，色味俱全。苏州美食中具有代表性的有松鼠鳜鱼、叫花鸡、太湖银鱼等，无锡菜中具有代表性的有小笼蒸包、三凤桥酱排骨及清水油面筋等。

（四）徐海菜

徐海菜主要分布在徐州和连云港，近似齐鲁风味，肉食五畜俱用，水产以海味取胜。菜系色调浓重，口味偏咸，习尚五辛，五味兼崇。烹调手法以炸、煮、煎居多。其菜无论取料于何物，均注重“食疗、食补”作用。近些年，其风味也有发展和变化，目前有向淮扬菜看齐的趋势。羊方藏鱼、彭城鱼丸等为徐海风味的经典菜式。

苏菜基本风味特征及葡萄酒搭配如图6-8所示。

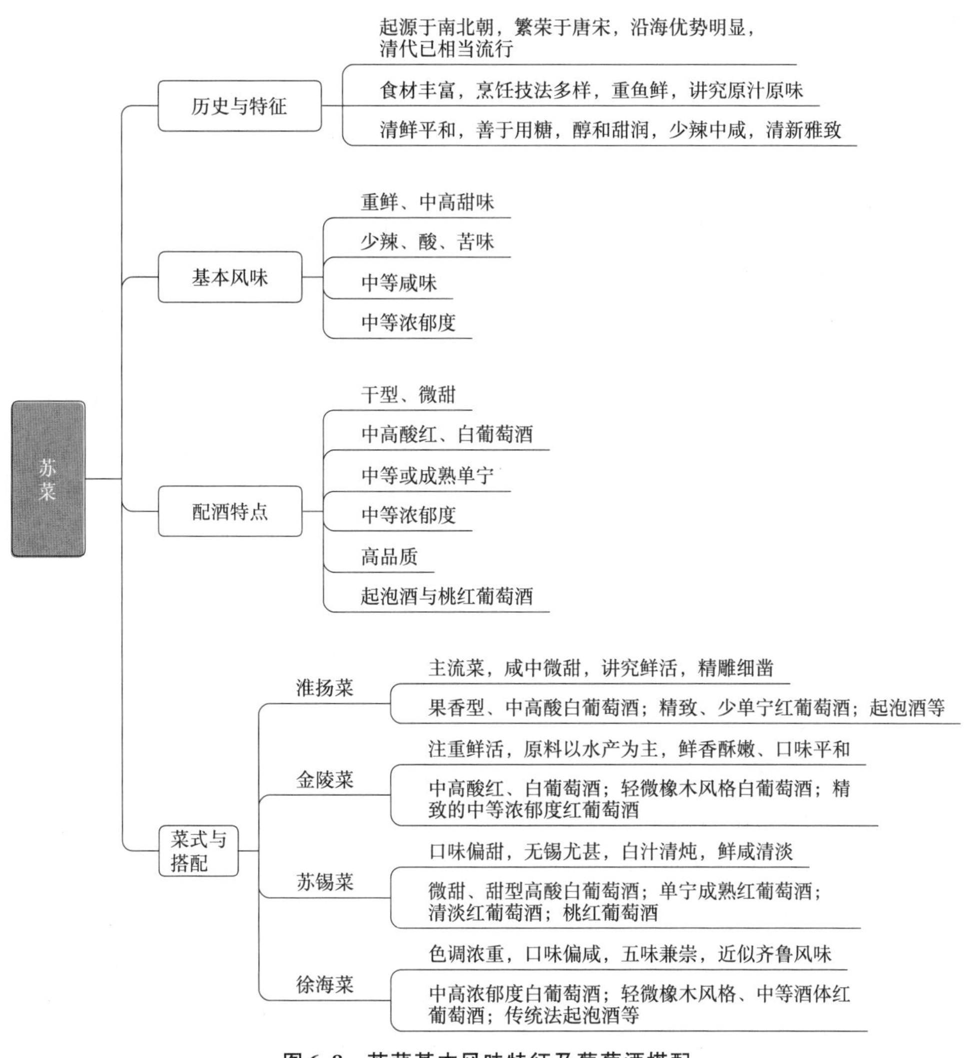

图 6-8 苏菜基本风味特征及葡萄酒搭配

任务二 训练与检测

训练一 葡萄酒与苏菜搭配的理论讲解训练

按照检测表要求，对苏菜与葡萄酒搭配的理论进行讲解训练，锻炼学生语言组织、表达及综合运用能力，可以单人也可分组进行训练与检测。

训练二 葡萄酒与苏菜搭配场景服务训练

准备适合的场地，按照检测表要求，设定一定场景，在已选定的菜品或酒品的基础上，对苏菜与葡萄酒搭配进行场景式推介服务训练（可参照下文“侍酒师推荐”），可分组进行训练与检测。

拓展阅读

侍酒师推荐

经典菜品:松鼠鳜鱼

推荐搭配:多吉帕特酒庄长相思白葡萄酒(Dog Point Vineyard Sauvignon Blanc 2021, Marlborough, New Zealand)。

菜品风味:松鼠鳜鱼是中国苏帮菜的典型代表,以料酒和盐腌制鳜鱼,后将其裹上面衣入锅炸至金黄色,最后淋上酸甜酱汁而成。松鼠鳜鱼的外层酥脆鲜香,内部肉质鲜嫩,酸甜可口。菜品的主要特点是咸中带甜、香而不腻。

推荐理由:这是一款典型的新西兰长相思。风格清新简单,以奔放的百香果、接骨木花、青草、柑橘、青柠等花香果香为主,酸度偏高,酒体轻盈。偏高的酸度可以有效地中和松鼠鳜鱼这道菜整体的油脂感,凸显鱼本身的鲜美;同时,奔放的花果香与菜品整体的酸甜香也相辅相成。

经典菜品:清炖蟹粉狮子头

推荐搭配:予厄山峰园半干型白葡萄酒(Domaine Huet Vouvray' Le Mont' Demi-Sec 2021, Loire, France)。

菜品风味:清炖狮子头作为淮扬名菜,以三分白七分瘦的小五花肉为主要原料,加入蟹肉、菜心、料酒、蟹黄、葱粒、生粉、姜汁等调拌成肉丸后入砂锅清炖3小时而成。菜品口感松软,肥而不腻,蟹肉鲜香。

推荐理由:予厄酒庄是法国武弗雷产区非常优秀的酒庄之一。白诗南这一葡萄酒品种使得以这款酒拥有明显的柑橘、柠檬、苹果和小白花的香气,同时带有一丝矿物质感和打火石香气,酒体浓厚,中等酸度,搭配清炖狮子头可以凸显菜品整体的鲜美感,清新适口,余味绵长。

经典菜品:文思豆腐

推荐搭配:泰索罗酒庄索罗索勒维蒙蒂诺白葡萄酒(Poggio Al Tesoro' Solosole' Vermentino Bolgheri 2022, Tuscany, Italy)。

菜品风味:文思豆腐是经典的淮扬菜代表之一,极其考验大厨的刀工;看汤清似水,但鲜味醇厚绵长。口感软嫩清醇,入口即化。

推荐理由:这款酒整体偏清爽风格。芳香浓郁,酸度较高,酒体轻盈,入口比较柔和。同时带有柑橘、青苹果、柠檬、甜瓜,以及杏仁和矿物质的香。搭配口感清爽的文思豆腐,能提升菜品整体的细腻感和鲜美感。

(来源:绍兴慢宋酒庄侍酒师 Jeff 田金雨)

Note

项目七 葡萄酒与湘菜搭配

项目要求

- 了解湘菜的历史起源与发展。
- 了解湘菜的主要烹饪原料及烹饪方式。
- 理解湘菜的主要风味类型及与葡萄酒搭配时应考量的因素。
- 掌握湘菜的主要风味类型及与葡萄酒搭配的方法。
- 能够通过分析食物风味提出与葡萄酒搭配的意见。

项目解析

湘菜，又叫湖南菜，早在汉朝就已经形成菜系。春秋战国时期，湖南主要是楚人和越人生息的地方，多民族杂居为当时多元的饮食文化打下了基础。那时的湖南先民饮食生活已相当丰富多彩，烹调技艺也已成熟，形成了酸、咸、甜、苦等为主的南方风味。秦汉两代，湖南的饮食文化逐步形成了一个从用料、烹调方法到风味风格都比较完整的体系，其使用原料之丰盛，烹调方法之多彩，风味之鲜美，都是比较突出的。从出土的西汉遗策中可以看出，汉代湖南饮食生活中的烹调方法与战国时代相比已有进一步的发展。由于湖南物产丰富，素有“鱼米之乡”的美称，所以自唐、宋以来，尤其在明、清之际，湖南饮食文化的发展更趋完善，逐步形成了全国八大地方菜系中一支具有鲜明特色的湘菜系。

任务一 理论认知

一、湘菜风味特点

湘菜主要是指湖南菜系，以湘江流域、洞庭湖区和湘西山区三种地方风味为主。由于湖南位于西南面的云贵高原与东北面的长江中下游地区的过渡地带，加上其正处于孟加拉湾暖湿气流与太平洋暖湿气流相抗衡之地，年降水量达1300 mm之多，河流湖泊密布，水网连绵纵横，气候温和湿润。由于地理位置的因素，人们多喜食辣椒，用以提神去湿。湘江流域多山地，山菜、香料及野味多，另外得益于湖泊河流，淡水产品

及家禽类食材丰富。湘菜历来重视原料互相搭配，滋味互相渗透，湘菜调味尤重香辣。烹饪方式油重色浓，讲究入味，烧、炒、蒸、熏等技法多样，菜品口味与北方的咸、南方的甜润不同，本地特色突出辣与酸，加上辣椒、花椒、茴香、桂皮等香辛料，其调味多变，风味以酸辣著称，香料入菜多，调味品黏稠浓郁。纵观湖南菜系，其共同风味是辣味和腊味，以辣味强烈著称的朝天椒是制作辣味菜的主要原料；腊肉的制作历史悠久，在中国相传已有两千多年历史。

二、湘菜的主要风味类型及与葡萄酒的搭配

酒餐搭配方面，首先，对于剁椒鱼头、辣子炒肉等辛辣杂蔬及酸辣水产品类菜肴，可搭配百搭型的起泡酒、桃红葡萄酒或清爽、酒体中等的干白；酸辣汤汁浓郁的家禽与牛羊肉类菜肴选择与菜品酸度一致的高酸、单宁少或柔顺成熟的红葡萄酒搭配；腊味合蒸、走油豆豉扣肉等鸡鸭腊味食材则可与酒体浓郁、橡木风味的旧世界干红搭配。

（一）湘江流域

湘江菜以长沙、衡阳、湘潭为中心，是湘菜的主要代表。它制作精细，用料广泛，口味多变，品种繁多。其特点是油重色浓，讲求实惠，在味道上注重酸辣、香鲜、软嫩。在制法上以煨、炖、腊、蒸、炒等为主。腊味制法包括烟熏、卤制、叉烧等，著名的湖南腊肉系烟熏制品，既作冷盘，又可热炒，或用优质原汤蒸；炒则突出鲜、嫩、香、辣，市井皆宜；煨、炖讲究微火烹调，煨则味透汁浓，炖则汤清如镜。代表菜有海参盆蒸、腊味合蒸、走油豆豉扣肉、麻辣仔鸡等。

（二）洞庭湖区

洞庭湖区以常德、益阳、岳阳为中心，以烹制湖鲜、河鲜、家禽、家畜见长，多用炖、烧、蒸、腊的制法，其特点是芡大油厚、咸辣香软。该区域炖菜更是一绝，炖菜常用火锅上桌，民间则用蒸钵置泥炉上炖煮，俗称“蒸钵炉子”，往往是边煮边吃边下料，讲究滚烫、鲜嫩。代表菜有洞庭金龟、网油叉烧洞庭鳜鱼、蝴蝶飘海、冰糖湘莲等。

（三）湘西山区

湘西菜擅长制作山珍野味、烟熏腊肉和各种腌肉，口味侧重咸香酸辣，常以柴炭作燃料，有浓厚的山乡风味。腊肉是湘西地区鼎鼎有名的菜式，湘西有句俗语“一家煮肉满寨香”是对腊肉的形象描述。腊肉的做法比较简单，把新鲜的猪肉拌适量的花椒粉和盐即可腌制，随后挂在火塘上，任其烟熏火烤而成，在当地主要可做蒸食、炒菜及炖菜。湘西菜代表性的菜品有红烧寒菌、板栗烧菜心、湘西酸肉、炒血鸭等。

湘菜基本风味特征及葡萄酒搭配如图 6-9 所示。

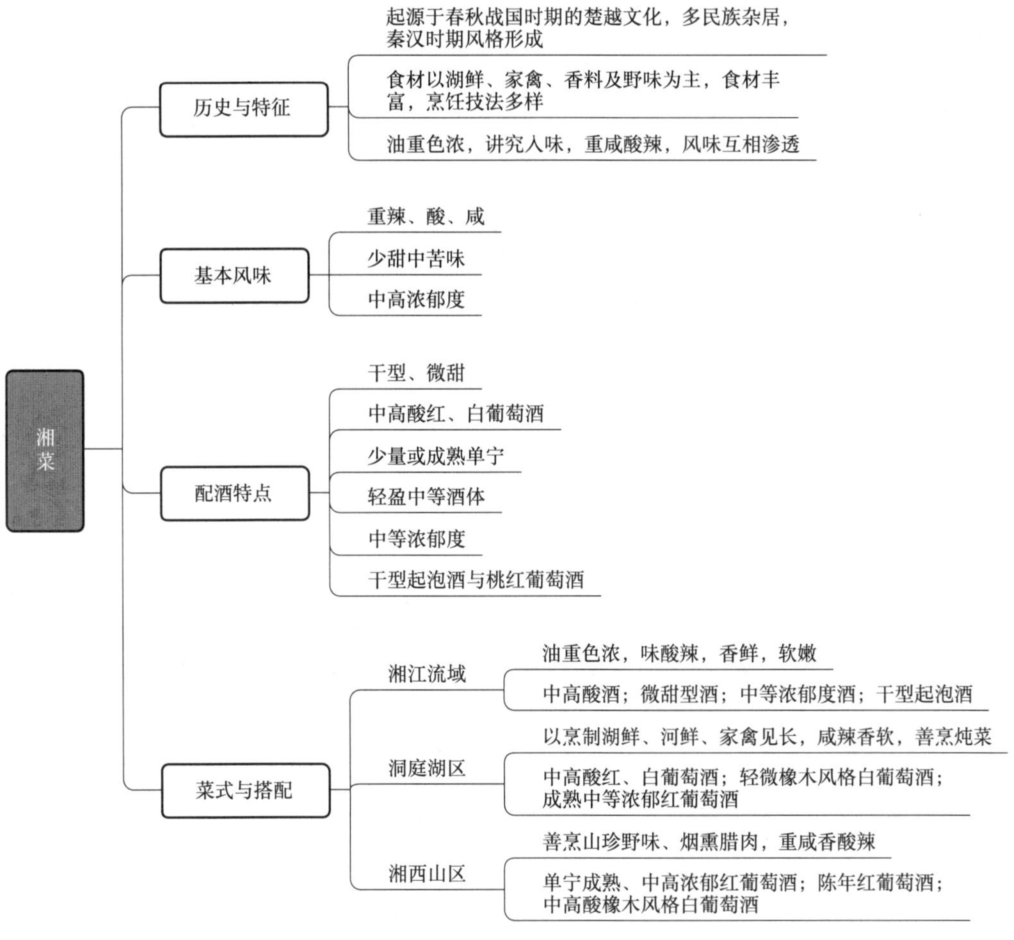

图 6-9 湘菜基本风味特征及葡萄酒搭配

任务二 训练与检测

训练一 葡萄酒与湘菜搭配的理论讲解训练

按照检测表要求，对湘菜与葡萄酒搭配的理论进行讲解训练，锻炼学生语言组织、表达及综合运用能力，可以单人也可分组进行训练与检测。

训练二 葡萄酒与湘菜搭配场景服务训练

准备适合的场地，按照检测表要求，设定一定场景，在已选定的菜品或酒品的基础上，对湘菜与葡萄酒搭配进行场景式推介服务训练（参照下文“侍酒师推荐”），可分组进行训练与检测。

检测表

推介训练

检测表

场景服务

经典菜品:剁椒鱼头

推荐搭配:法国夏布利产区霞多丽干白或怀来产区雷司令干白葡萄酒。

推荐理由:霞多丽单宁饱满,酒体较轻,有丰富的缎花和青苹果以及橡木桶的香气,既与鲜鱼头丰富的胶质和汁水相得益彰,又能突出剁椒的鲜辣。怀来产区的雷司令提供的酸度也能很好地搭配鱼头的肥美口感,雷司令的矿物质香气也能和鱼头独特的鲜产生不一样的感觉。

拓展阅读

经典菜品:辣椒炒肉

推荐搭配:法国香槟产区干型霞多丽起泡酒或中国河北怀来产区小芒森甜白葡萄酒。

推荐理由:湘菜中的辣椒不仅仅提供了香辣的味型,同时辣椒本身具有独特的香气和鲜味,搭配与之媲美的香槟中滋滋向上的泡沫,不仅能带来更多唇齿间的刺激,也有效地突出了辣椒的辣,提升了肉类本身的鲜味;而搭配小芒森是更喜甜的选择,无花果和桃子的香气和恰到好处的甜度将和这道辣味菜完美融合,不仅能中和辣味,也能通过对比搭配凸显酒餐各自的风味。

(来源:长沙顺天凯宾斯基酒店首席侍酒师 Michael Tan)

项目八　葡萄酒与徽菜搭配

项目要求

· 了解徽菜的历史起源与发展。
· 了解徽菜的主要烹饪原料及烹饪方式。
· 理解徽菜的主要风味类型及与葡萄酒搭配时应考量的因素。
· 掌握徽菜的主要风味类型及与葡萄酒搭配的方法。
· 能够通过分析食物风味提出与葡萄酒搭配的建议。

项目解析

徽菜发祥于南宋时期,起源于古徽州(今绩溪、歙县一带),距今已有1000多年的历史,是徽州传统的民间菜肴。徽菜的兴盛与明清徽商的活动有着非常密切的联系,蕴

涵着丰富的安徽传统文化，历史上曾经有过数百年的辉煌，被列为中华八大地方菜系之一。绩溪、歙县乃徽商故里，自明朝和清朝以来，随着徽商势力的崛起和向外拓展，徽菜日渐名声远扬，徽菜随着徽商的脚步发展到全国各大都市。

任务一 理论认知

一、徽菜风味特点

徽菜起源于江南古徽州，地理位置优越，历史上因徽州商人的崛起而闻名天下，也因此形成了人文气息浓郁、重商重礼节的地域性特点。徽菜是我国八大地方菜系之一，是以徽州菜为代表的皖南菜、皖江菜、合肥菜、淮南菜、皖北菜的总称。徽菜娴于烧炖，浓淡相宜，烹饪方式多为红烧、蒸炖、爆炒、熏制等，非常注重火候，重油，口味浓郁。徽菜的红烧是一大类，而红烧的"红"，表现在糖色的使用上，即是对火候要求苛刻。徽菜炒菜用油多为自种自榨的菜籽油，并使用大量木材作燃料。另外，徽菜常用腊味佐味、冰糖提鲜、烹醋增香、料酒去异，调汤施肴，确保菜肴的原汁原味。制成的菜肴以养生、健体为目的，菜式较质朴。徽地盛产山珍野味、河鲜家禽，原料丰富，菜肴的地方特色突出，食材鲜活。另外，徽菜注重天然，以食养身，有着医食同源的传统，讲究食补，这是徽菜的一大特色。徽菜的总体风味为咸鲜为主，突出本味，讲究火候，注重食补。

二、徽菜的主要风味类型及与葡萄酒的搭配

徽菜的主要包含皖南、沿江、沿淮三种地方菜肴。选择葡萄酒搭配时，需重点考虑食物风味结构与葡萄酒风味的匹配。徽菜基本风味总体呈现出少甜少酸、重油重色、重鲜咸的特征，可多从干型及中高浓郁度红、白葡萄酒中选择搭配，注意单宁的成熟度对食物的影响。中高酸葡萄酒是中餐配酒最常见的选择，它可以有效抑制食物油腻感。

（一）皖南菜

皖南风味是徽菜的主流，它起源于黄山麓下的歙县。后来，由于新安江畔的屯溪古镇成为"祁红""屯绿"等名茶和徽墨、歙砚等土特产品的集散中心，商业兴起，饮食业发达，徽菜也随之转移到了屯溪，并得到了进一步发展。皖南菜即为今皖南地区的菜系，以烹制山珍野味而著称，擅长炖、烧，讲究火候，芡大油重，朴素实惠。主要名菜有火腿炖甲鱼、腌鲜鳜鱼等。

（二）沿江菜

沿江风味盛行于铜陵、芜湖、安庆及巢湖地区，尤以长江两岸的芜湖、安庆地区为代表。沿江地区水路交通方便，商业兴起较早，十九世纪中叶以后，芜湖被辟为商埠，粮商四集，成为我国"四大米市"之一。这一地区河流纵横，湖塘沟汊密布，水产丰富，

素有"鱼米之乡"之称。此地季节性蔬菜丰富,品种亦多。沿江菜以烹调河鲜、家禽见长,讲究刀功,注重形色,善于以糖调味,擅长烧、炖、蒸和烟熏技艺,其菜肴具有清爽、酥嫩、鲜醇的特色。代表菜有清香砂焐鸡、生熏仔鸡、八大锤、毛峰熏鲥鱼、火烘鱼、蟹黄虾盅等。

(三)沿淮菜

沿淮菜主要指淮河以北菜系,由淮北菜、宿州菜、蚌埠菜、阜阳菜等地方风味构成。菜品讲究咸中带辣,汤汁味重色浓,擅长烧、炸、熘等烹调技法,常以香菜、辣椒调味配色,其风味特点是咸、鲜、酥脆、微辣、爽口,极少以糖调味。代表菜肴有红烧臭鳜鱼、奶汁肥王鱼、鱼咬羊、香炸琵琶虾等。

徽州民间名目繁多的风俗礼仪、时节活动,也有力地促进了徽菜的形成和发展,如岭北的吃四盘、一品锅,岭南的九碗六、十碗八等。

徽菜基本风味特征及葡萄酒搭配如图6-10所示。

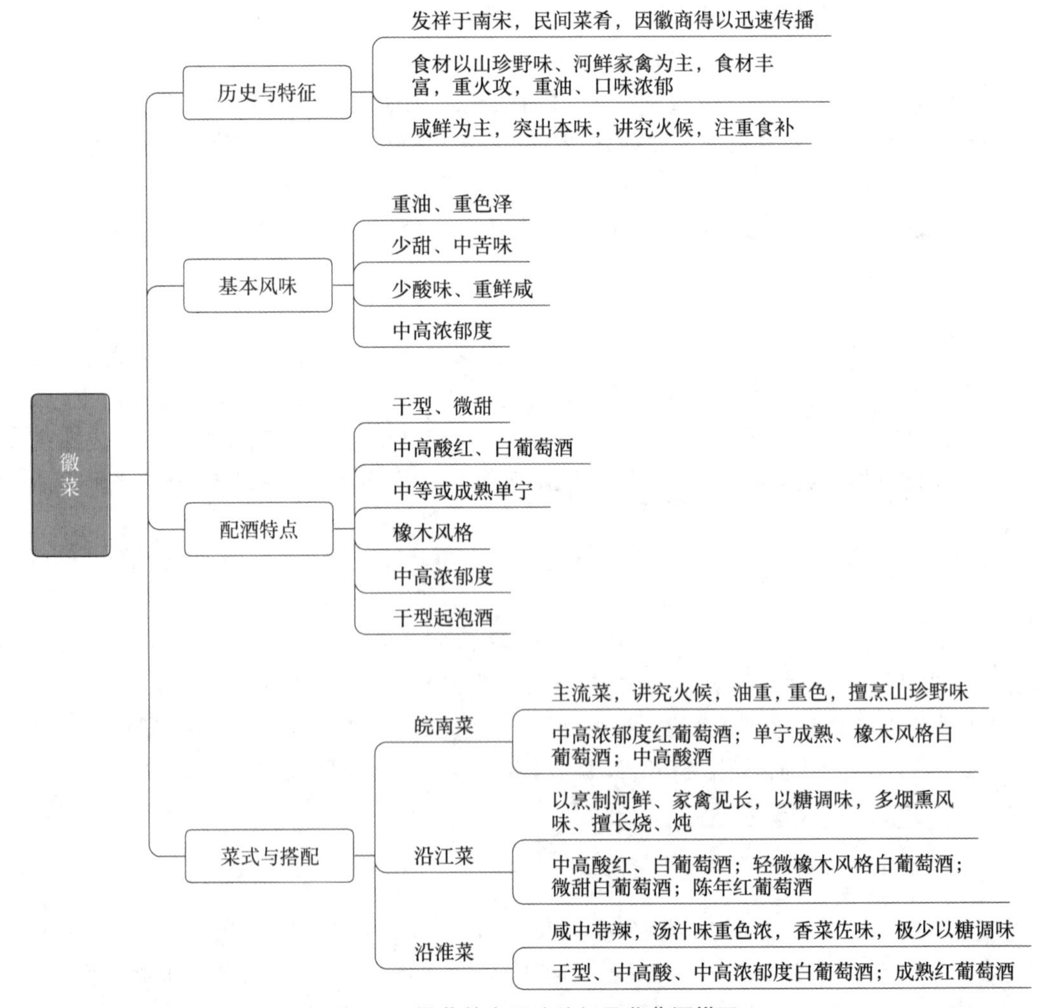

图6-10 徽菜基本风味特征及葡萄酒搭配

任务二 训练与检测

训练一 葡萄酒与徽菜搭配的理论讲解训练

按照检测表要求，对徽菜与葡萄酒搭配的理论进行讲解训练，锻炼学生语言组织、表达及综合运用能力，可以单人也可分组进行训练与检测。

训练二 葡萄酒与徽菜搭配场景服务训练

准备适合的场地，按照检测表要求，设定一定场景，在已选定的菜品或酒品的基础上，对徽菜与葡萄酒搭配进行场景式推介服务训练，可分组进行训练与检测。

检测表

推介训练

检测表

场景服务

项目九 葡萄酒与浙菜搭配

项目要求

- 了解浙菜的历史起源与发展。
- 了解浙菜的主要烹饪原料及烹饪方式。
- 理解浙菜的主要风味类型及与葡萄酒搭配时应考量的因素。
- 掌握浙菜的主要风味类型及与葡萄酒搭配的方法。
- 能够通过分析食物风味提出与葡萄酒搭配的建议。

项目解析

浙菜具有悠久的历史。春秋末年，越国定都会稽(今绍兴市)，利用其优越的地理环境和资源，在中原各国的经济、文化和技术的影响下，经过“十年生聚，十年教训”，钱塘江流域的农业、商业、手工业生产得到了迅速的发展，奠定了坚实的物质基础。南北朝以后，江南几百年免于战争，随着隋唐京杭大运河的开通，宁波、温州两地海运业不断发展，对外经济贸易交往日益频繁。经济的发展为烹饪事业的发展和崛起提供了巨大的推动力，当时的宫廷菜肴和民间饮食等的烹饪技艺得到了长足的发展。南宋迁都杭州，浙菜在“南食”中占主要地位，被称为中华民族第二次迁移的宋室南渡，对进一步推动以杭州为中心的南方菜肴的创新与发展起到了很大作用。

拓展阅读

任务一　理论认知

一、浙菜风味特点

浙江菜，简称浙菜，是中国八大地方菜系之一。浙江省位于我国东海之滨，其北部水道成网，素有“鱼米之乡”之称；西南丘陵起伏，盛产山珍野味；东部沿海渔场密布，水产资源丰富，有经济鱼类和贝壳水产品500余种。有谚曰“上有天堂，下有苏杭”，是对该地的形象描述。浙菜菜品原料多以鲜活的鱼、虾、家禽类以及各类时令蔬菜为主，原料讲究季节时令，注重食材鲜活，用料讲究部位。浙菜以烹调技法丰富多彩闻名于国内外，其中以炒、炸、烩、熘、蒸、烧6类为擅长。大部分浙菜注重本味，保持原料的本色与真味，因料施技，注重主配料味的配合，口味富有变化。菜品鲜美滑嫩、脆软清爽，其特点是清、香、脆、嫩、爽、鲜，在中国众多的地方风味中占有重要地位。另外，浙菜的菜品形态讲究，精巧细腻，清秀雅丽。这种风格特色始于南宋，与宋室南渡有密切关系。南宋迁都临安（今杭州）之后，帝王将相、才子佳人等游览杭州风景者日益增多，饮食业兴盛。浙菜制作精细，变化多样，且多以风景名胜来命名菜肴。浙菜主要由杭州菜、宁波菜、绍兴菜、温州菜四个流派所组成，各自带有浓厚的地方特色。

二、浙菜的主要风味类型及与葡萄酒的搭配

（一）杭州菜

杭州菜的历史源远流长，是浙江菜的重要流派。自南宋迁都临安（今杭州）后，商市繁荣，各地食店相继进入临安，一时间，临安菜馆、食店众多，且多效仿京师。明清年间，杭州又成为全国著名的风景区，游览杭州的帝王将相和文人骚客日益增多，饮食业更为兴盛，名菜名点大批涌现，杭州成为既有美丽的西湖又有美味的名菜名点的著名城市。杭州菜制作精细、品种多样、清鲜爽脆，是浙菜的主流。代表名菜有西湖醋鱼、东坡肉、龙井虾仁、油焖春笋、西湖莼菜汤等。搭配的葡萄酒建议以干型、微甜果味型白葡萄酒和微甜起泡酒为主，应回避浓郁厚重型葡萄酒。红葡萄酒以单宁少、高酸的黑皮诺、佳美、意大利北部红葡萄酒为最佳选择，部分甜型红葡萄酒也可与杭州菜尝试搭配。

（二）宁波菜

宁波菜又叫“甬帮菜”。宁波自古以来就有着天独厚的地理位置，是“鱼米之乡”，也是文化之邦，美食文化源远流长，自成一派。宁波菜擅长烹制海鲜，鲜咸合一，以蒸、烤、炖等技法为主，讲究鲜嫩软滑、原汁原味，色泽较浓。宁波有着漫长的海岸线，分布大小岛屿300多个，濒临舟山渔场，海产资源十分丰富。宁波菜将“咸”和“鲜”完美融合，淡淡的咸和清新的鲜将海鲜的美味充分发掘。另外，“臭”是宁波菜中较出奇的一

种特色，宁波菜里面臭的菜多用以苋菜梗变质后做成的臭卤浸泡发酵而成，做成的食物具有咸鲜的特点。代表菜肴有雪菜大汤黄鱼、苔菜拖黄鱼、锅烧鳗、溜黄青蟹、宁波烧鹅等。宁波菜搭配的葡萄酒建议以白葡萄酒为主，主要为中高浓郁度的轻微橡木风格白葡萄酒、传统法起泡酒、百搭型桃红葡萄酒或高成熟度红葡萄酒等。

（三）绍兴菜

绍兴菜是体现江南地区水乡文化的风味名菜，是中国饮食文化的重要组成部分。绍兴菜以淡水鱼虾、河鲜及家禽、豆类为烹调主料，注重香酥绵糯、原汤原汁，轻油忌辣，汁味浓重，且常用鲜料配以腌腊食品同蒸同炖，配上绍兴黄酒，醇香甘甜，回味无穷。绍兴菜的代表有绍三鲜、梅干菜焖肉、绍兴臭豆腐、绍兴醉鸡、绍兴卤鸭等。建议多选择一些风味成熟、有一定陈年的旧世界葡萄酒搭配绍兴菜，如西班牙雪莉与里奥哈等。而风格简单的酒，因为缺少与菜肴风味结构的呼应，应予以避开。

（四）温州菜

温州古名东瓯，因此温州菜也称为“瓯菜”，温州的鱼类食俗源远流长、传统深厚，见于史载已有两千多年历史。温州依山靠海，食材以海鲜鱼类为主，轻油轻芡、口味清鲜，烹调讲究雅致细巧、现杀活烧，擅长鲜炒、清汤、凉拌、卤味等烹调手法。代表菜式有三丝敲鱼、双味蝤蛑、蒜子鱼皮、爆墨鱼花等。

浙菜基本风味特征及葡萄酒搭配如图6-11所示。

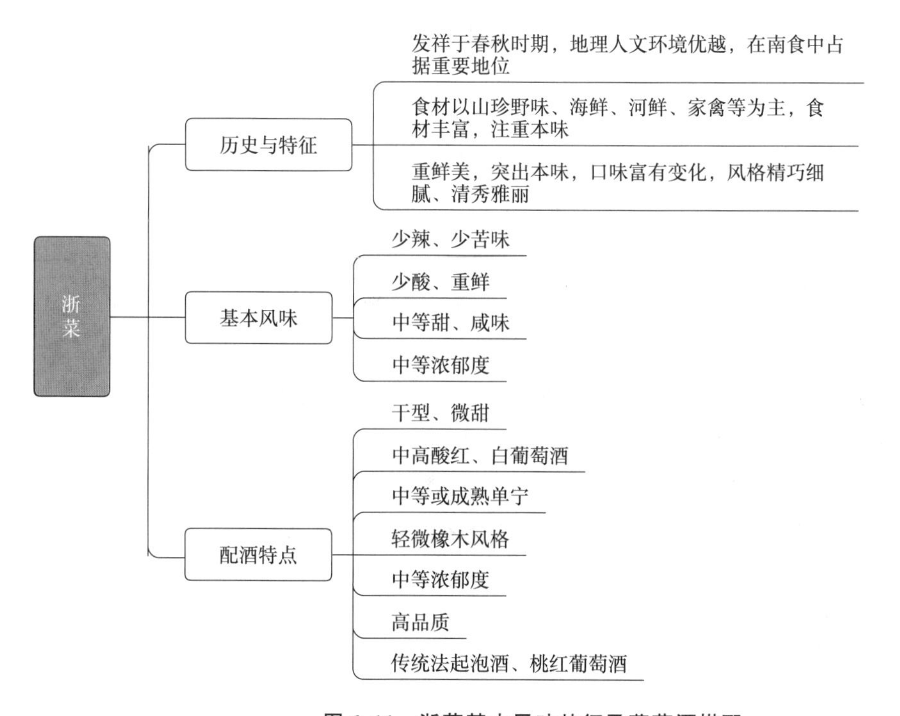

图6-11　浙菜基本风味特征及葡萄酒搭配

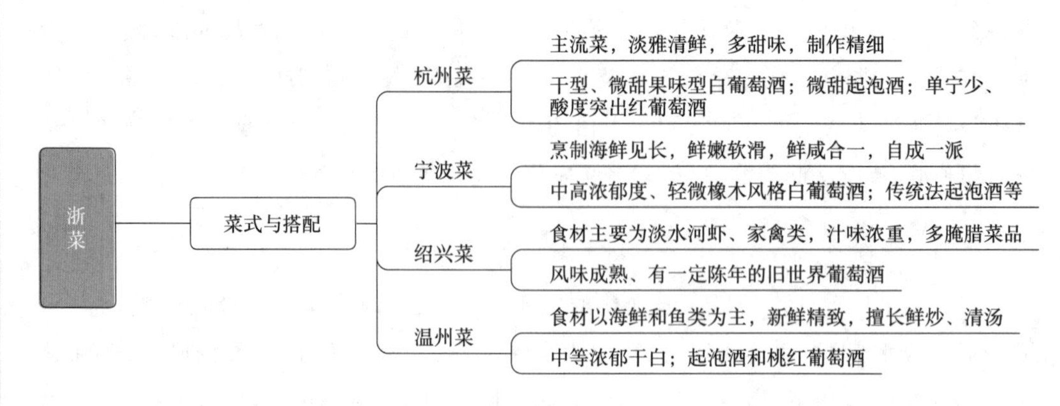

续图 6-11

任务二　训练与检测

检测表

推介训练

训练一　葡萄酒与浙菜搭配的理论讲解训练

按照检测表要求,对浙菜与葡萄酒搭配的理论进行讲解训练,锻炼学生语言组织、表达及综合运用能力,可以单人也可分组进行训练与检测。

训练二　葡萄酒与浙菜搭配场景服务训练

准备适合的场地,按照检测表要求,设定一定场景,在已选定的菜品或酒品的基础上,对浙菜与葡萄酒搭配进行场景式推介服务训练(可参照"侍酒师推荐"),可分组进行训练与检测。

检测表

场景服务

经典菜品:绍兴醉鸡

推荐搭配:洛佩兹雷迪亚酒庄托多尼亚园特别珍藏干白(R. Lopez de Heredia Vina Tondonia Reserva Blanco 2011,Rioja Doca, Spain)。

菜品风味:绍兴醉鸡是一道清爽鲜美的冷盘,鸡煮熟后冷却,用绍兴黄酒腌制入味后再切片食用。黄酒香气浓厚,肉质弹牙爽滑。

搭配理由:洛佩兹雷迪亚酒庄是西班牙里奥哈传统派名家。这款酒是陈年的干型里奥哈白葡萄酒,香气迷人,散发着烤菠萝、焦糖蜂蜜等的香气。绍兴醉鸡的黄酒香气与该款酒带有的香气相互映衬,且酒的酸度可以突出鸡肉本身的鲜美感。

(来源:绍兴慢宋酒庄侍酒师 Jeff 田金雨)

项目十　葡萄酒与闽菜搭配

项目要求

- 了解闽菜的历史起源与发展。
- 了解闽菜的主要烹饪原料及烹饪方式。
- 理解闽菜的主要风味类型及与葡萄酒搭配时应考量的因素。
- 掌握闽菜的主要风味类型及与葡萄酒搭配的方法。
- 能够通过分析食物风味提出与葡萄酒搭配的建议。

项目解析

闽菜是中国八大地方菜系之一，由中原汉族文化和闽越族文化融合发展而成，历史悠久，有着深厚的文化底蕴与地方民俗特色。在西晋的“永嘉之乱”以后，大批中原衣冠士族入闽，带来了中原先进的科技文化，与闽地古越文化的混合和交流，促进了当地的发展。五代时期，河南光州固始的王审知兄弟带兵入闽建立“闽国”，使福建饮食文化得到进一步的发展，产生了积极的促进作用。红曲自唐代由中原移民带入福建后，得到广泛使用，红色也就成为闽菜烹饪美学中的主要色调，有特殊香味的红色酒糟也成了烹饪时常用的佐料。总之，闽菜是多元文化结合的结晶，源于闽越文化，受中原文化和“海上丝绸之路”的影响而形成。

任务一　理论认知

一、闽菜风味特点

闽菜兴起于福建，涵盖了闽东、闽西、闽南、闽北以及莆仙五个地方的风味菜肴。福建气候湿润，多山地丘陵，紧邻大海，可谓山珍海味汇集之处。闽菜的主要烹饪方式有蒸、煎、炒、熘、焖、炖等，善于烹制海鲜菜肴，运用各类原料调制酸、甜口味调味汁，风味多样，总体口感清淡鲜美，酸甜口味多，去腥提鲜效果好。闽菜对刀工有严格要求，福建海鲜珍品有柔软、坚韧的特性，这就决定了闽菜的刀工必须具有严格的章法。闽菜刀工有“剞花如荔、切丝如发、片薄如纸”的美誉。汤菜在闽菜中占据绝对重要的地位，它是区别于其他菜系的明显标志之一。闽菜汤菜居多，滋味清鲜，这种烹饪特征与福建丰富的海产资源有密切的关系，闽人始终把烹调和确保质鲜、味纯、滋补紧密联系在一起。这类汤菜注重原味,多鲜美润口,如鸡汤氽海蚌等。善于调味也是闽菜特色之一,闽菜的调味偏于甜、酸、淡,这一特征的形成与烹调原料多取自山珍海味有关。闽菜的特点还包括:善用糖,以甜味去腥膻;巧用醋,使菜肴爽口;味清淡,保存原料的本味。

二、闽菜的主要风味类型及与葡萄酒的搭配

(一)福州菜

福州菜是闽菜风味的代表,同时也是闽菜的主体,不仅在我国闽台地区流行,更是在国外唐人街随处可见。其特点为味道清淡、鲜香、偏于酸甜,选料精细,刀工严谨,讲究火候,尤其重视汤的烹制,有"一汤十变"之说。常用的特色调味料有鱼露、红曲等。传统福州菜常以鱼露取代食盐和酱油等作为咸味调料进行烹饪,而传统福州菜注重清淡、鲜香的特点也决定了其极少使用辣椒一类的辛辣调料。代表菜品有佛跳墙、鸡汤氽海蚌、淡糟香螺片、荔枝肉、醉糟鸡等。

(二)闽南菜

闽南菜是主要分布于福建泉州、厦门、漳州等地的地方风味菜肴,这一地区的闽南菜与我国港澳台地区及东南亚地区的美食有着千丝万缕的渊源。闽南菜注重食材烹制的鲜香,口味清淡,如闽南菜里常有鱼丸、虾丸等海鲜制品。闽南菜具备清鲜淡爽的特色,与潮州菜较为相似,但主要菜品以海鲜及海鲜制品为主;佐料方面长于使用花生酱、沙茶酱等作料。闽南菜的代表有海鲜、海鲜制品(虾皮,鱼丸,虾丸等)、药膳和南普陀素菜等。闽南菜讲究根据本地特殊的天然资源、结合时令的变化,制作菜品,讲究"应季",按季节物产烹制色、香、味、形俱全的好菜,四时不同,海鲜与不同季节的蔬菜搭配,食材新鲜,原汁原味,鲜甜味美。代表名菜有崇武鱼卷、漳州面煎粿、厦门沙茶面等。

(三)闽西菜

闽西位于粤、闽、赣三省接壤处,以客家菜为主体,多以多山地区独有的奇味异品作原料,带有山区风味,有浓郁的山乡特色,以多汤、清淡、滋补为其独特之处。闽西菜主要分布于长汀与宁化一带,流行于闽西地区。口味偏重,以咸辣为主。菜品以客家菜为主,烹饪原料多为山珍类。龙岩长汀的白斩河田鸡、簸箕板、酿豆腐等是闽西菜的代表。

(四)莆仙菜

莆仙菜以莆田菜为代表,主要风行于莆仙地区。莆田市的风味名菜有悠久的历史,具有独特的文化底蕴,且品种繁多,以乡野风味为特色。主要的代表菜品有久负盛名的炒米粉、焖豆腐、跳鱼穿豆腐、干咩(焖)羊肉、蛋白扁食等。

闽菜基本风味特征及葡萄酒搭配如图6-12所示。

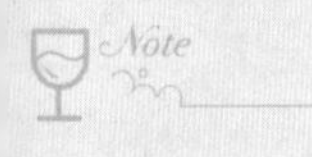

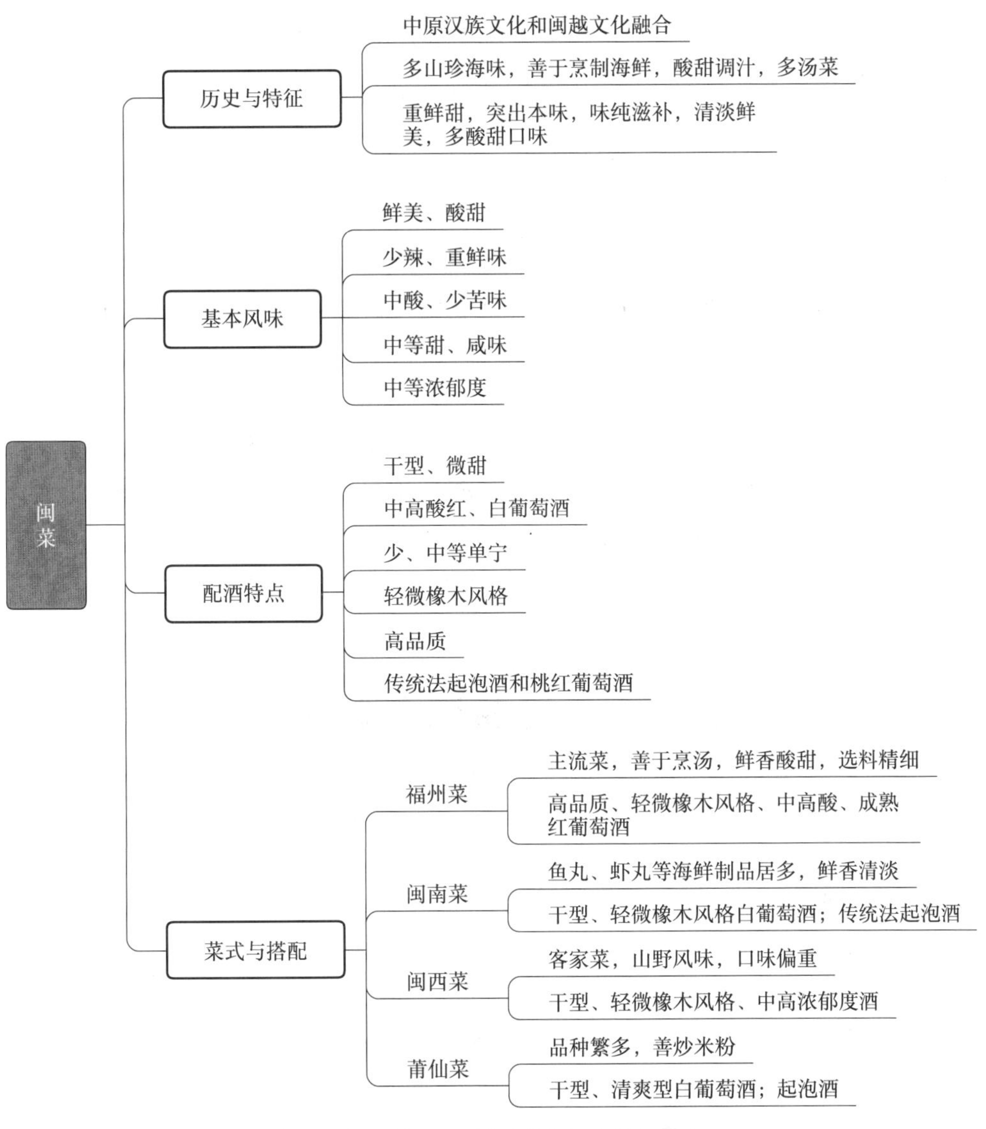

图 6-12　闽菜基本风味特征及葡萄酒搭配

任务二　训练与检测

训练一　葡萄酒与闽菜搭配的理论讲解训练

按照检测表要求，对闽菜与葡萄酒搭配的理论进行讲解训练，锻炼学生语言组织、表达及综合运用能力，可以单人也可分组进行训练与检测。

训练二　葡萄酒与闽菜搭配场景服务训练

准备适合的场地，按照检测表要求，设定一定场景，在已选定的菜品或酒品的基础

检测表

推介训练

检测表

场景服务

上，对闽菜与葡萄酒搭配进行场景式推介服务训练(可参照“侍酒师推荐”)，可分组进行训练与检测。

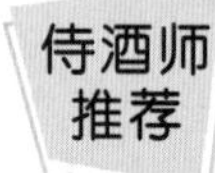

拓展阅读

经典菜品：白斩河田鸡

推荐搭配：加莲浓酒庄普里尼-蒙哈榭白葡萄酒(Francois Carillon Puligny-Montrachet 2020，Burgundy，France)。

菜品风味：皮爽肉滑，清淡鲜美。

搭配理由：该酒款具有柠檬、柑橘、杏子等水果香气，并带有一丝丝坚果和香草的气味，酒体饱满，酸度适中，与皮爽肉滑的白斩河田鸡搭配，既能映衬鸡肉的鲜美，又能凸显葡萄酒的果味。

(来源：绍兴慢宋酒庄侍酒师 Jeff田金雨)

项目十一　葡萄酒与韩餐搭配

项目要求

- 了解韩餐的历史起源与发展。
- 了解韩餐的主要烹饪原料及烹饪方式。
- 理解韩餐的主要风味类型及与葡萄酒搭配时应考量的因素。
- 掌握韩餐的主要风味类型及与葡萄酒搭配的方法。
- 能够通过分析食物风味提出与葡萄酒搭配的建议。

项目解析

韩国位于东北亚朝鲜半岛南部。朝鲜半岛在中华文明的影响下进入农耕社会，较早开始有以米为主食的饮食习惯。韩国人从百济、新罗建国时开始，逐渐形成了自己独特的饮食结构和饮食生活习惯。这与农业特别是种植业和家庭饲养业的发展有密切的关系。高丽时期，朝鲜半岛的主食也是以各类米饭为主，其中小米饭和大米饭占主要地位。作为副食的蔬菜有白菜、萝卜、黄瓜、茄子、大葱等，其中以萝卜、白菜为主，它们也较多被做成泡菜在冬季食用。17世纪至19世纪前期，朝鲜半岛各地开始种植辣椒、土豆、南瓜、玉米、白菜等。这些蔬菜和粮食作物的种植，丰富了人们的饮食品种，韩国人喜食辣椒的习惯也是从这个时期开始的。

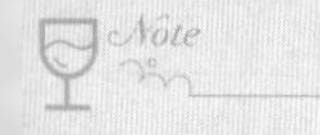

任务一 理论认知

一、韩国饮食文化特点

韩国菜在韩国本土被叫作“韩国料理”,在中文圈也被称作“韩式料理”。韩国三面海洋环绕,陆地多峡谷、丘陵和山脉,平原仅占国土面积的20%,自然资源相对匮乏。特殊的地理环境和人文历史孕育了韩国独特的传统口味,其饮食有着十分鲜明的特点。韩国菜选材天然、素荤搭配,追求营养均衡与合理膳食,主要分为蔬菜料理、汤菜料理、肉类料理、海鲜料理、火锅料理等。韩国菜一般分为家常菜式和筵席菜式,二者各有风味,均味辣色鲜、食材多样。韩国菜以制作少油、无味精、营养丰富的健康料理见长。韩国人认为,人体每天需要摄入5种颜色以上的食物,故韩国菜有“五色五味”之称,五色为红、绿、黄、白、黑,五味为咸、辣、甜、酸、苦。

由于山地与丘陵地带较多,韩国盛产各类野生药材和蔬菜,这些食材经过简单腌制便可食用。这正是韩国普通餐食中多小菜的其中一个原因。另外,韩国气候较为寒冷与潮湿,冬天时农作物不兴,必须仰赖泡菜、酱瓜等传统腌制菜,因此韩国季节性腌制泡菜作为副食品的传统由来已久。小菜涵盖蔬菜、鱼类(生食)、贝类、肉类等,口味通常偏辛辣、微酸、咸淡适中。韩国的餐饮文化汲取了邻国诸多元素,用餐时一般共享,不分食,聚餐是韩国人建立社交和商业关系的重要方式。韩餐菜品上形式多样,每餐至少搭配几种小菜或泡菜(泡菜会随时灵活补充),米饭为标配主食,搭配汤、火锅或面食类。韩国饮食多辛辣,但与我国四川的麻辣不同,韩餐的风味多呈甜辣,多无强烈刺激的口感,甜味在酸味、辣味及咸味中起到中和作用。

二、主要调味料

韩餐基本的调味料是海盐、黄豆酱、辣椒酱及米醋等,多用芝麻油、酱油、盐、蒜、姜、葱等进行混合调味,尤其大蒜的食用非常普遍,同时黄豆酱为主导调味料。在韩国,酱料风味尤其多样,有些口感柔和、细腻,有些则辛辣、刺激,它们被大量使用在各类小菜、汤菜、炖品之中,是韩餐中常见的风味形式。

三、主要烹饪方法

韩国菜大多为手工制造,无论是烤肉、打糕、辣白菜,还是冷面、拌饭等,均原料简单,烹饪也不复杂。韩餐常见的烹饪方式有生食、腌制、炖、煮、烤、煎、炸等。

(1) 生食:主要是指直接食用各类可生食蔬菜,如新鲜生菜、紫苏、青辣椒、洋葱蒜等。

(2) 腌制:主要是指用葱、姜、蒜、糖、辣椒等腌制各类泡菜。

(3) 炖:指炖汤类,如大酱汤、泡菜汤、豆芽汤、牛肉汤、参鸡汤等。

(4) 煮:指用明火蒸煮,如人参粥、鸡肉粥和蔬菜粥等各类粥。

Note

(5) 烤：指明火烧烤，如各类韩式烤肉、烤海鲜等。

(6) 煎：指用少量油煎制，如各类煎海鲜饼、土豆饼、煎泡菜饼等。

(7) 炸：指用多油炸制，如油炸蔬菜、海鲜及各类蔬菜饼等。

四、韩餐的主要菜品类型及与葡萄酒搭的搭配

韩国食物多辛辣，食材多样，这为与葡萄酒搭配带来了不小的难度。首先，辣味菜肴应多选择有一定酸度、中等浓郁度的葡萄酒搭配，如喜好冷凉气候的长相思、黑皮诺等，百搭型的桃红葡萄酒与起泡酒也是韩餐的首选，肉类烧烤与醇厚、浓郁、奔放的多单宁葡萄酒可以完美搭配。由于韩餐中腌菜、发酵类菜肴居多，一些芬芳型的葡萄酒若与之搭配会尽失优雅感，应尽量避免选择。总之，在为韩餐搭配葡萄酒时，应多注意不协调风味，避开不利因素。

（一）烧烤类

烧烤类是韩餐中的重要形式，多出现在主食阶段，食物类型多为猪肉、牛羊肉、海鲜等。这一类食物，多加入蒜、姜、柠檬、芝麻油、酱油、辣椒等调味料腌制，然后烧烤烹制而成，鲜味中等，中高脂肪含量，中高浓郁度，其风味浓郁度主要取决于腌料及蘸料汁。常见蘸料有生洋葱、蒜片、辣椒、辣椒酱等，食用时常用生菜叶、紫苏叶等包裹食用。可多选择果味浓郁、酒体中等饱满的红葡萄酒来搭配。酒餐搭配时要注意葡萄酒的成熟度，应多选择单宁柔顺的葡萄酒，避开高单宁与菜品中咸辣风味的冲突点。轻微橡木风格的陈年干白可以搭配部分烧烤和海鲜类菜品。

经典菜式：烤牛里脊肉、烤牛肋排、烤五花肉、烤鸡胸等。

搭配举例：罗讷河谷的罗蒂丘、赫米塔吉、教皇新堡葡萄酒；波尔多圣埃美隆等右岸葡萄酒；成熟的托斯卡纳；意大利北部瓦坡里切拉；新世界凉爽产区西拉；澳大利亚GSM混酿；南法歌海娜等品种。

（二）炖汤类

汤是韩国非常重要的一类饮食形式，类型多样。有用浓稠的黄豆酱熬制的炖品和辣味海鲜汤，也有用淡的肉汁调味的干鳀鱼汤，还有用药材熬制的滋补汤品。这些汤食原材料丰富（如蔬菜、苦参、肉及海鲜等），风味与浓郁度各有千秋，从清淡到中味，再到浓郁、厚重、辛辣感十足的汤菜应有尽有。汤的浓郁度多取决于大酱、辣椒酱、胡椒等调味料的类型与多少，蒜、葱等属于通用调味味。这类汤菜多少油、少油脂，高温烹调，用餐中也一直保持高温饮用。搭配的葡萄酒可根据汤品浓郁度选择中等至饱满型干白或果味突出的陈年型、具有馥郁醇香的红葡萄酒，干型桃红葡萄酒与起泡酒也是汤菜的百搭之选。注意多采用高酸葡萄酒搭配这类菜品，另外饮酒温度宜低温，冰镇后搭配高温菜肴用餐效果更好。

经典菜式：韩式泡菜汤、大酱汤、辣牛肉汤、土豆排骨汤、牛尾汤、参鸡汤、鳕鱼汤等。

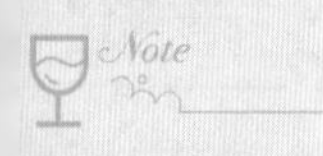

搭配举例：新世界成熟的橡木风格霞多丽、长相思；新世界浓郁的黑皮诺、美乐；成

熟的勃艮第红葡萄酒及普罗旺斯的桃红葡萄酒等品种。

（三）韩国辣炒

韩国炒菜多辛辣风格，往往会混合红辣椒、大蒜、泡菜等与肉或海鲜等爆炒。韩国辣炒的味道偏辛辣，重咸香，会加入少量糖浆进行中和；浓郁度中等，少油或中油，多热菜。这类菜品与葡萄酒搭配时，应多考虑菜的浓郁度与酒的浓郁度的匹配，另外由于菜肴多辛辣风格，与汤菜相似，可多考虑选用高酸风味葡萄酒，可以有效中和辛辣味，如冰镇后配餐饮用，可以为口腔带来清爽感。注意避开高单宁、陈年红葡萄酒，由于菜肴辛辣味会破坏酒的优雅风味，也不推荐搭配一些精致、细腻的优质红葡萄酒。

经典菜式：辣白菜爆炒五花肉、辣炒章鱼、辣凉面、爆椒猪肉等。

搭配举例：勃艮第产区或村庄级黑皮诺；意大利北部产区果味型红葡萄酒（如巴贝拉）；单宁适中、口感柔顺的美乐；成熟且果味丰富的歌海娜；非橡木风格霞多丽、长相思等；传统法起泡酒等品种。

（四）煎炸类

韩式煎炸类食物，通常有蔬菜煎炸、海鲜类煎炸、豆制品煎炸及肉类煎炸等，使用新鲜辣椒、葱等调味料，并混合以辣椒酱、面粉、胡椒粉等调制煎炸而成，口味咸辣为主，中高等油量，中高浓郁度，食用时会附以酱油等蘸料食用。由于浓郁度较高，这类食物可多选择与单宁成熟、果味浓郁的红葡萄酒搭配；选择干白时，多偏向中高浓郁度、酸度突出的葡萄酒，可选择轻微橡木风格的白葡萄酒，亦可搭配酸度较高的起泡酒，避免单宁味重、橡木风格重的陈年红葡萄酒。

经典菜式：海鲜饼、香煎茭瓜、香煎泡菜饼、土豆饼等。

搭配举例：陈年里奥哈；圆润、果香型罗讷河谷红葡萄酒；意大利北部果味红葡萄酒；成熟的勃艮第村庄级或一级园葡萄酒；波尔多橡木风格白葡萄酒；有一定酸度的桃红葡萄酒等品种。

（五）甜品类

韩国糕点花式复杂、种类繁多，是从古到今、逢年过节韩国人餐桌上必不可少的一道美食，主要在过年、过节、婚礼、祭祖等场合享用。制作糕点的食材主要包括谷物、大豆、花生、红枣、艾蒿、南瓜、芝麻等，成品甜点主要分为米糕、韩果、茶食等。其中，米糕主要使用蒸熟的糯米团制成，其味多表现为糯米本身的清香，口感软糯香甜，是韩国各个年龄层的人都非常喜爱的美食。韩果也是韩国的传统糕点，主要使用各种谷物和干果（糯米、栗子、花生、大豆等）磨成的粉，以及花粉、水果（木瓜、柚子等）、一些可食用植物的根茎叶（桔梗、人参等），加上蜂蜜、糖等做成，口味甜美。与葡萄酒的搭配时，根据甜点的浓郁度进行选择即可。酒餐搭配时应多注意葡萄酒的甜味需比食物甜味大或基本相当，这样搭配效果会更加理想。另外，甜型酒最好在冰镇后饮用。

经典菜式：糯米糕、茶食、韩果等。

搭配举例：晚收酒、精选酒、贵腐甜白葡萄酒、冰酒、德国奥地利BA及TBA等品种。

韩餐基本风味特征及葡萄酒搭配如图6-13所示。

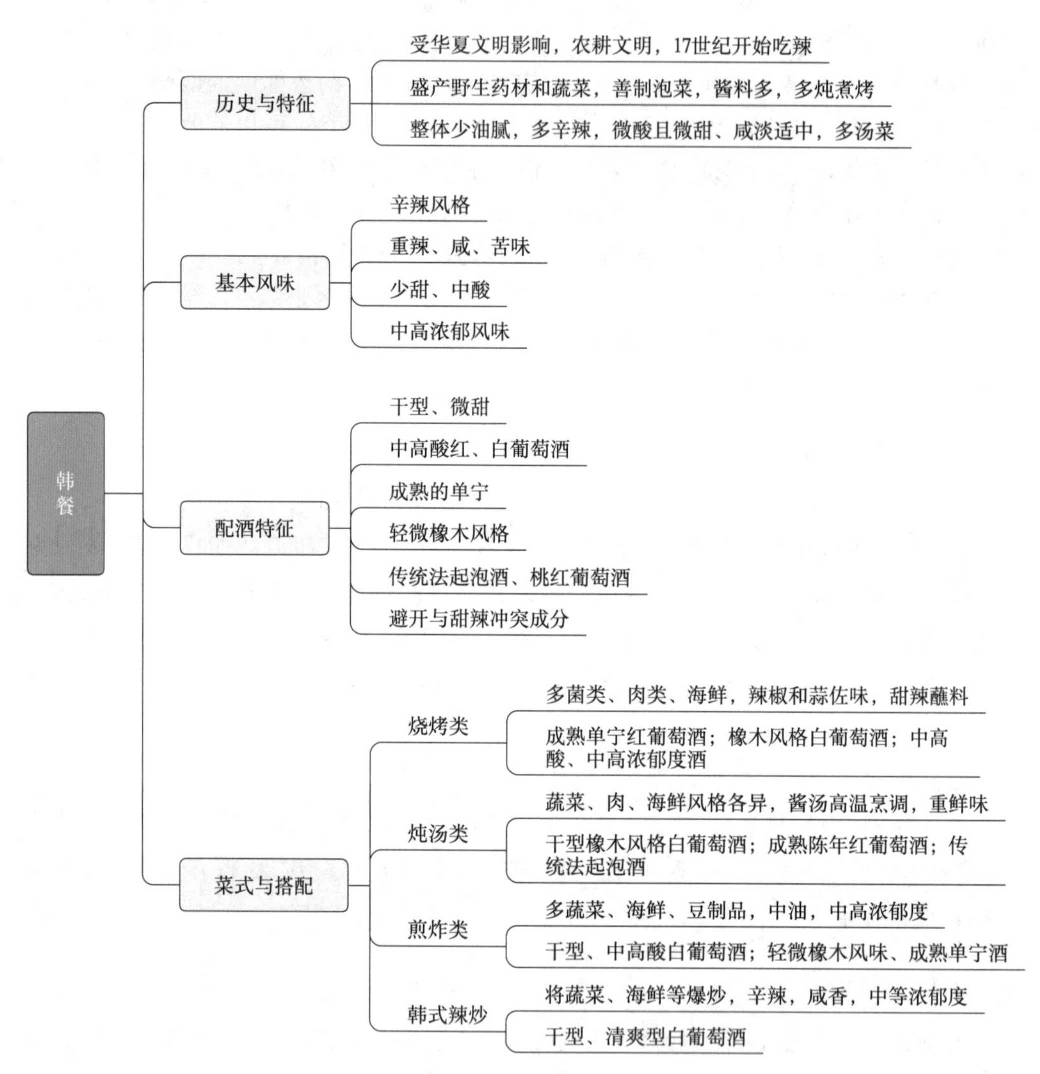

图6-13 韩餐基本风味特征及葡萄酒搭配

任务二 训练与检测

训练一 葡萄酒与韩餐搭配的理论讲解训练

按照检测表要求，对韩餐与葡萄酒搭配的理论进行讲解训练，锻炼学生语言组织、表达及综合运用能力，可以单人也可分组进行训练与检测表。

训练二 韩餐与葡萄酒搭配场景服务训练

准备适合的场地，按照检测表要求，设定一定场景，在已选定的菜品或酒品的基础上，对韩餐与葡萄酒搭配进行场景式推介服务训练，可分组进行训练与检测表。

项目十二 葡萄酒与日餐搭配

项目要求

· 了解日料的历史起源与发展。

· 了解日料的主要烹饪原料及烹饪方式。

· 理解日料的主要风味类型及与葡萄酒搭配时应考量的因素。

· 掌握日料的主要风味类型及与葡萄酒搭配的方法。

· 能够通过分析食物风味提出与葡萄酒搭配的建议。

项目解析

日本料理起源于日本列岛，从绳文时代到公元前后，日本民族基本上以采集野生食物和狩猎为生。公元5世纪左右，水稻经过朝鲜半岛传入日本，日本民族开启了以“水稻”为中心的米食习俗。奈良时代，日本上层人物开始与中国交往，带回了中国的饮食文化和宴席文化，日本饮食文化开始趋向丰富。室町时代，禅宗和茶叶从中国大陆传入日本，从而诞生了日本菜的主流——怀石料理，中国围八仙桌吃饭的用餐形式也逐渐在日本流行。江户时代是日本菜去粗取精的集大成时代。这一时期，日本菜广吸中国饮食文化精华，出现了宴席菜，促进了日本饮食文化的发展。明治维新使日本饮食文化得到进一步发展，日本人吸收西方饮食文化，将其融入日本菜之中，饮食文化更加丰富多彩。

任务一 理论认知

一、日本饮食文化

日本位于亚欧大陆东部、太平洋西北部，西隔东海、黄海、朝鲜海峡、日本海，与中国、朝鲜、韩国相望，受四周海洋包围，是一个太平洋西岸的岛国，属于典型的温带海洋

性季风气候，终年温和湿润。日本陆地面积约38万平方千米，其中山地与丘陵占总面积的71%，平原面积狭小，耕地十分有限，自然及农业资源匮乏，农产品多依赖进口。

日本鱼类资源丰富，拥有世界著名的北海道渔场，盛产种类繁多的鱼类资源。日本饮食重视鲜味，注重享用的顺序以及菜肴的视觉感受，精致、有质感是日本美食的突出特点。四面环海的自然优势，为日本提供了大量鲜美的海鲜产品，使其成为世界上少有的把海鲜料理做到极致的国家。从鱼类、贝类到海里的蔬菜，海产品几乎充斥每一家日本餐厅。海鲜的食用方法主要有生食、熬汤、风干、煎炸等。其中最为独特而又常见的方式为生食，如生鱼片等。海产品鲜美可口，构成了高汤的基本风味，也是日式汤品和各种调味料制作的重要原材料，如干熏鲣鱼和巨藻等。米饭是被应用最广的主食，另外还有各类面食，如荞麦面、乌冬面、拉面等。

（一）尊崇食物本味，追求匠心精神

讲究匠心是日本饮食文化一个典型的缩影。在日本，最好的厨师痴迷于保留食物的原始风味，不使用添加剂，但会去除影响风味发挥的因素，使食材完美地展现其原汁原味。日本饮食推崇食物与自然和季节相对应，最好的食材是应季、纯净和天然的，厨师也需要按照时令从高山和大海中挑选食材。除对食材进行精细的选择外，日本人在食物的分割、制作的工艺、成品器皿的选择上也将精细发挥到了极致。例如，对一件看似简单的鱼类食物，他们会对鱼的来源、新鲜度、大小、鱼龄、分割部位、切片的精准度、刀工手艺、食用温度、佐餐味料品质、盛放器皿、色彩搭配等都有精准把握。另外，日本丰富的饮食文化及演变也折射出日本人的佛教文化、神道精神和社会风俗，他们把食物的制作与享用上升到了讲究礼仪、尊崇自然、精神洗礼的高度，从这一角度来看，我们不难理解日本饮食所追求的“术”与“道”的文化。

（二）注重色彩搭配，重视视觉享受

这种特点我们可以从多道怀石料理中一探究竟。从开胃菜到生鱼片，从红烧鱼、烤鱼，到装满各种调味料的碗筷器皿，全套礼仪及相关服务用品如同料理本身一样重要，视觉上也要协调自然、和谐美观，如对黄、黑、白、绿、红五大主色调的运用等。整体来说，日本正式用餐场合，十分讲究食物本身与氛围、自然、色彩及器皿的搭配，并且将用餐过程推崇至较高的艺术境界。

二、主要调味料

日本调味以甜、鲜、咸为主，讲究菜肴的色泽鲜艳、清淡而少油腻，保持原料固有的味道及特性，因此调味料并不复杂。日本基本的调味料中，黄豆是最主要成分。豆制品在日本食物中非常普遍，可以新鲜煮食，也可以制成多种豆干。当然，豆类经发酵后制作成各类豆酱是日本豆类食物最广泛的食用方式，如味增（鲜味，包括白色、淡色、红色味增三类）的使用。豆制调味料为日本人提供了每天最基本的蛋白质。其他普通的调味料还包括酱油、糖、盐、清酒、料酒、米酒、米醋等。

三、主要烹饪方法

日本料理自古有“五味五色五法之菜”之说，其五味是指甜、酸、辣、苦、咸；五色是指白、黄、红、青、黑；五法则为生食、煮、烤、炸、蒸。其他烹饪技法还有醋腌、色拉调制等。

（一）生食

生食主要分为刺身与寿司。刺身即为生鱼片，将新鲜的鱼或贝类依照适当的刀法切片、切块、切丝后，佐以酱油与山葵泥（Wasabi）调和酱汁食用，风味鲜美，口感清爽开胃。寿司即为醋饭，是将醋搅进煮好的白米饭中制成的饭团，糖醋的配合、原料的使用可随顾客口味而定，寿司里通常包裹腌菜、肉松、鱼、贝、鱼子酱等佐料，口味千变万化，形式多种多样。

（二）煮

煮是指烩煮料理，多用于海鲜、汤类、主食的一种烹调方式。主食包括各种饭和面条等，面条以菜面条和荞麦面最常见。米饭除白米饭外，还有赤豆饭、栗子米饭、盖浇饭（鳗鱼饭、天妇罗饭）等。汤类主要指各式酱汤（包括饭前清汤）等。酱汤用大豆酱加蔬菜、豆腐、香菇及海味等煮制而成。米饭搭配酱汤是日本传统早餐形式，较为普遍，为日本人每餐必备之物。其他煮制菜肴中，火锅也是日本人非常钟爱的一类煮制菜肴，火锅名目繁多，如北海道石狩锅、茨城县安可锅、广岛土手锅、东京的柳川锅，以及寿喜烧、涮涮锅、纸火锅等。

（三）烤

“烧物”是日本料理中的主要菜式之一，一般以鱼、牛肉、猪肉、鸡肉、虾、羊小排、贝类等为原料烧烤而成，多趁热食用。常见的烧烤方式有素烧、照烧、串烧、铁板烧、岩烧、支烧、盐烧等。素烧是指将色拉油抹在原料上，放入烤箱烘烤；照烧是指一边烤一边往原料上涂抹酱料，直到食物烤熟；串烧是将食物串在竹签上，置于明火上反复烧烤；铁板烧是利用烧热的厚铁板的温度使原料烤熟；岩烧是先将石头或岩石烧烫，再用石头将原料烫熟；支烧是指用竹签将鱼或虾固定成形，再烧烤至熟；盐烧则是先在原料表面抹上食盐，再进行烧烤。用不同烧烤方式烹制的食物在口感、风味上也不尽相同。

（四）炸

炸物也称“扬物”，这类食物中以天妇罗最为著名，是用面糊包裹菜肴炸制食物的统称。海鲜天妇罗多以炸虾为主，蔬菜的根、茎、果实、叶及菌类等也是做天妇罗的常用原料。天妇罗挂糊越薄越好、越热越香，通常高温食用，并搭配天妇罗专用酱汁、萝卜泥、柠檬等。

（五）蒸

蒸物有时与煮物归为一类，常见菜品有蒸鸡蛋羹、冷鸡蛋豆腐等。

（六）醋腌

醋腌物又称“酢物”，即为醋酸菜，多用以开胃和解油腻。以海味为原料的醋酸菜往往加入姜汁或辣根粉，以去除腥味。蔬菜类腌制菜肴包括胡萝卜、咸菜和酱瓜等，日本人每餐必备，是一种非常受欢迎且被普遍使用的烹饪形式。

四、日料主要菜式及与葡萄酒的搭配

日本饮食注重食物的天然味道，这就意味着日料与葡萄酒的搭配需要注重酒与餐各自的风味。日料中很少有浓郁与强劲风味，葡萄酒的选择可多从清淡、中等浓郁度酒类中寻找。另外，日料强调精致、高品质，这就要求葡萄酒风味不能太过开放，需要有一定的优雅度。同时，由于日料形式多样、菜品多样，还需要考虑具有百搭性的葡萄酒的选择。

（一）寿司与刺身类

寿司与刺身类属于以高品质的新鲜鱼肉或贝类为主料的菜肴，质感细腻，风味天然，寿司与刺身的不同源于食物本身的不同，或食物所取部位不同形成的质感浓郁度的不同。寿司与刺身类多使用酱油和紫菜包裹食物，重鲜味，鲜姜汁、酱油（加入芥末增添香气）是主要的佐料，口味收敛，只有咸味突出。这类菜肴与葡萄酒的搭配，需多考虑葡萄酒的质感与品质，风味精致、优雅细腻的葡萄酒是首选，如未经过橡木桶熟化的白葡萄酒；需避开浓郁、高单宁、高酒精度的红葡萄酒或白葡萄酒。

经典菜式：鲷鱼、海鲤等生白鱼、三文鱼、金枪鱼、寿司拼盘、寿司卷等。

搭配举例：白中白年份香槟、优质夏布利白葡萄酒、干型雷司令、一级园成熟的勃艮第白葡萄酒、优质勃艮第红葡萄酒等。

（二）怀石料理

怀石料理搭配葡萄酒较为困难，因为菜肴种类繁多、质感各异，从生鱼片、海鲜清蒸到油炸、汤菜，样样皆有。怀石料理的风味也五花八门，但统一的特征是重鲜味。同时，怀石料理注重上菜程序、摆盘艺术及用餐氛围。选择与之搭配的葡萄酒时应多考虑酒的品质和协调性，那些有一定酸度、酒体中等、细腻、优质的葡萄酒是首选，可略带橡木风格。

经典菜式：寿司、刺身、清汤、炖煮菜、烧烤、米饭、火锅等。

搭配举例：顶级勃艮第红葡萄酒和白葡萄酒、年份香槟、优质新世界黑皮诺、橡木风格霞多丽、长相思、优质阿尔萨斯芳香型白葡萄酒、优质波尔多白葡萄酒、南法桃红葡萄酒、新世界传统起泡酒等。

（三）油炸菜肴

油炸菜肴由于烹制中重油量的使用，食物相比其他日料来说相对油腻，需要考虑有足够酸度的葡萄酒与之协调，高酸可以有效消除菜肴的油腻感。这类菜肴鲜味中等

偏重,高温烹调,调味品多,通常以酱油为主要蘸料。黄豆酱这一发酵食物在这类菜肴中被普遍使用,为葡萄酒的搭配增加了选择余地。中等至饱满酒体的马岗或普伊-富塞白是理想选择;酸度足够紧致、果味突出的阿尔萨斯白也是不错搭配,其他的选择再如醇厚酒体、单宁成熟的勃艮第红、桃红香槟、年份香槟等。应避开高酒精、高单宁红品种。

经典菜式:御好烧、炸虾炸蔬菜等天妇罗、炒饭、日式炒面等。

推荐搭配:村庄级和一级园勃艮第红葡萄酒和白葡萄酒、新世界黑皮诺、年轻波尔多白葡萄酒、年轻维欧尼、冷凉产区霞多丽、长相思、香槟、村庄级薄若莱、高酸桃红葡萄酒等品种。

(四)烧烤菜肴

烧烤菜肴如前文所介绍,是日料中相当普遍的一类食物类型。烤制方式多样,原材料丰富,食物风味也质感各异,根据原料不同,脂肪含量从低到高均有,酱油是主要调味料,口感整体偏浓郁。搭配的葡萄酒需中高浓郁度,酒体紧实有力,突出果味与酸度。避开酒体轻盈或中性的葡萄酒,否则酒味会被浓郁的菜肴风味覆盖。

经典菜式:烤鱼、烤贝类、烤菌菇、烤鸡肉、烤牛肉、牛肉饭铁板烧等。

搭配举例:成熟罗蒂丘或赫米塔吉、现代派巴巴罗斯科、成熟的波尔多红葡萄酒、里奥哈珍藏、橡木风格霞多丽、长相思赛美蓉混酿;南意大利优质红葡萄酒、优质南法歌海娜混酿、优质干型桃红葡萄酒等品种。

(五)火锅与汤面

火锅与汤面的原料、风味、浓郁度和质感丰富多样,蔬菜、菌类、牛肉、海鲜、贝类都是其常用食材。原汤的风味也不尽相同,从清淡、精致到浓郁,应有尽有。酱汁通常以生鸡蛋、各式醋与酱油等为主,重鲜味,高温烹调。葡萄酒应多选择高灵活度、中高浓郁度酒,另外注意葡萄酒温度,冰镇后的葡萄酒与高温菜肴更加匹配。

经典菜式:海鲜火锅、味噌汤、牛肉蔬菜火锅、牛肠火锅等。

搭配举例:南罗讷河谷村庄级红葡萄酒、教皇新堡、新世界冷凉产区西拉、新世界黑比诺、加州长相思、阿尔萨斯浓郁白葡萄酒、意大利干型起泡酒、香槟及其他传统法起泡酒等品种。

任务二 训练与检测

训练一 葡萄酒与日餐搭配的理论讲解训练

按照检测表要求,对日料与葡萄酒搭配的理论进行讲解训练,锻炼学生语言组织、

检测表

推介训练

检测表

场景服务

章节小测

表达及综合运用能力，可以单人也可分组进行训练与检测。

训练二　日餐与葡萄酒搭配场景服务训练

准备适合的场地，按照检测表要求，设定一定场景，在已选定的菜品或酒品的基础上，对日餐与葡萄酒搭配进行场景式推介服务训练，可分组进行训练与检测。

训练与检测

• 知识训练

1. 简述葡萄酒中主要成分对食物的影响及配餐的注意点。
2. 简述食物的风味对葡萄酒的影响及配酒的注意点。
3. 简述酒餐搭配的基本原理与方法。
4. 归纳中西餐与葡萄酒的搭配原则的不同侧重点与方法。
5. 归纳中国八大地方菜系的特点及与葡萄酒搭配时应注意的事项。
6. 归纳日餐、韩餐的不同类型及与葡萄酒搭配时应注意的事项。

• 能力训练

根据所学知识，分组完成每小节项目的训练任务，并进行相关技能检测。

模块七
西方饮食酒餐搭配与推介服务

模块导读

西餐与葡萄酒搭配有天然的地缘优势，本章主要讲述了西餐理论认知与搭配方法，并以西餐上餐程序为顺序，对开胃菜、汤、副菜、正菜、甜点及奶酪的知识理论以及与葡萄酒搭配的方法进行了重点阐述，较全面地解析了西餐与葡萄酒的搭配方法。本模块内容框架如下。

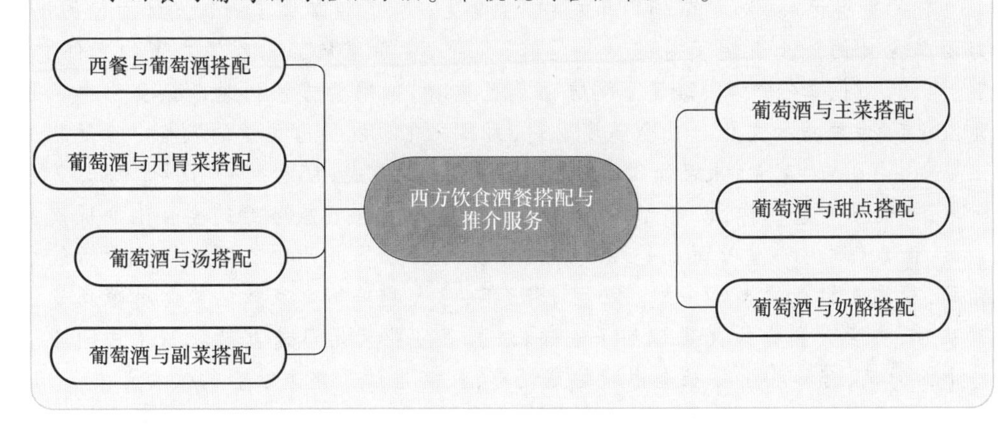

学习目标

知识目标：了解西方餐饮发展历史与饮食文化特点，掌握西餐与葡萄酒搭配的基本原理与方法，掌握西餐中开胃菜、汤、副餐、正餐、甜点、奶酪的基本理论知识，并掌握其与葡萄酒搭配及推介服务知识。

技能目标：运用本章理论，学生能够科学分析西餐与葡萄酒的搭配原理与注意事项；通过分析两者的相互影响关系向顾客提出酒餐搭配的合理化建议，进行科学的酒餐搭配推介服务。同时，深化自身文化底蕴，从交叉领域的运用创新方面着手，从满足顾客需求向创造需求升级方，具备为餐厅创造更多利润的推介服务能力。

思政目标：通过本章学习，学生能够理解西方饮食文化中蕴含的历史传统与人文精神，培养良好的文化素养与健康的审美情趣；能够突破墨守成规的职业惯性，活学活用，形成西餐配酒的创新思维。同时，遵循基本的食品安全与营养搭配理念，增强学生的食品安全意识，培育学生良好的职业道德与职业规范。

项目一　西餐与葡萄酒搭配

项目要求

· 了解西餐发展简史与风味特征。
· 掌握西餐与葡萄酒搭配的基本方法。
· 能够通过分析西餐食物风味提出与其葡萄酒搭配的建议。

项目解析

有关史料记载,公元前3000年左右,古埃及人就已经掌握了制作发酵面包的技术,为西方主食的产生奠定了基础。公元前5世纪,古希腊已经出现了丰富的烹饪文化,煎、炸、烤、焖、蒸、煮、炙、熏等烹调方法均已出现,但用餐方法仍是以抓食为主。到公元200年,古罗马的文化与社会高度发达,西餐文化也发展出了新的风格。宫廷膳房分工精细,由面包、菜肴、果品与葡萄酒四个专业部分组成,15世纪中叶的欧洲文艺复兴时期,饮食同文艺一样,以意大利为中心发展了起来,在贵族举行的宴会上涌现出各种名菜、西点(意大利空心面也是那个时期出现的),刀叉也开始使用。得益于新航线的开辟,欧洲食材变得丰富多样。公元1533年,意大利美第奇家族的凯瑟琳嫁到了法国皇室后,将意大利餐饮文化带到了法国,法国烹饪业开始迅速发展。到了法国国王路易十四时期,宫廷和上层社会出现的烹调热,直接推动了整个社会的饮食业发展,1765年左右,法国的社会上出现了餐厅。1789年法国大革命后,为一般顾客服务的餐厅像雨后春笋般涌现。这些餐厅刚开始时采取每人一份的供餐形式,不久出现了零点菜谱,但此时菜品仍只是简化了的宫廷菜。19世纪初,西餐礼仪已经与现在的用餐礼仪大致相同。20世纪初期,法国菜成为西餐的主流,这一风尚一直延续到20世纪后期。进入21世纪,随着经济全球化的兴起,西餐餐饮文化发生了转变,各国不同风格的餐饮文化开始均衡发展。

任务一　理论认知

一、西餐饮食文化特点

(一)选料精细,重视新鲜

西餐烹饪在选料时十分精细,在原料质量和规格上都有严格要求,注重原料自身

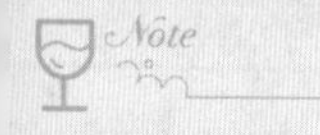

的品质特点，美食的制作也非常重视突出原料的本味，而且选料十分广泛。常用的动物性原料一般是净肉，如牛排、鸭脯、鸡柳等。西方的很多菜肴都是生吃的，因此对原料的新鲜度要求很高。

（二）调味讲究，善用酒与香料去腥

西餐所用的调料十分讲究，除常用的盐、胡椒、酱油、番茄酱、芥末、咖喱汁等调味品外，还在菜肴中添加香料，以增加菜肴香味。西餐重视动物原料，而动物原料的腥膻等异味较重，因此西餐十分强调酒与香料的去异增香功能。西餐菜肴中普遍使用的香料有桂皮、丁香、茴香、薄荷叶等。另外，烹制菜肴所用的酒类也多种多样，且不同的菜肴使用不同的调料用酒，如葡萄酒、白兰地、朗姆酒等。

（三）重视酱汁，多烹饪后调味

西餐善于使用各种香料及食材烹饪酱汁，酱汁是西餐的灵魂，酱汁与菜肴主料分开烹制是西餐的一大特点。制成后的酱汁单独浇在已烹制好的菜肴上，可起到调味、增色、保温的作用。西餐酱汁分为冷菜汁与热菜汁两大类型。

（四）擅长以空气传热的烹饪方法

根据传热介质的不同来对烹饪方法进行分类，一般可以分为以水为传热介质、以油为传热介质和以空气为传热介质的烹饪方法等。西餐擅长以空气传热，尤其是烤和焗，还常常以扒的方式烤，也就是利用铁板或者铁条的温度，以及下方火源的热辐射，将原料加热成熟，这一烹饪方式适合扁平的原料。

（五）重视菜肴生熟程度

西餐中的肉类食物，如牛、羊肉、禽类和海鲜类，一般烹制得较为鲜嫩以保持其营养成分，有的甚至生食。

（六）程序化用餐，简洁明快

西餐常常分为开胃菜、汤、副菜、主菜与甜点等几个部分。装盘主次分明，和谐统一，重视造型，美观大方，简洁明快。

二、西餐与葡萄酒搭配方法

在西方饮食文化里，葡萄酒是西餐里必不可少的一部分，两者结合的历史悠久而富有传统，餐食与葡萄酒已形成较成熟的搭配体系。西餐是一种典型的程序式的餐饮形式，一般遵循开胃菜、汤、副菜、主菜到甜点的用餐顺序，根据每道菜品食材用料及口感风味，可以很容易找到适合搭配的葡萄酒。因此，西餐与葡萄酒搭配并不像中餐那样复杂，但仍需要关注食物的一些细节，了解这些细节，有利于寻找更完美的搭配方案。

(一)注意香料对食物风味的影响

在中、西餐中,香料都有大量使用,它是菜肴风味的重要来源之一。尤其对善于保持原味的西餐来讲,香料更是让食物呈现多样性的重要调配成分。这些香料有的味苦,有的辛辣,有的甘甜,有的清冽,有的散发出独特香味,根据它们的植物特性,适合被调味的菜肴也不尽相同,对菜肴风味有很大的影响。在搭配葡萄酒时,应注意菜肴的香料香气与葡萄酒香气的结合,确保与菜肴风味协调(见表7-1)。

表7-1　西餐常用香料类型及风味

香料名	风味特点	主要应用菜品
罗勒 Basil	又名九层塔,稍甜带点辛辣,略带薄荷味	意大利面、披萨、鱼类等
薄荷 Mint	清凉	沙拉等
欧芹 Parsley	别名法香,略淡,清冽	点缀菜品及沙拉配菜等
鼠尾草 Sage	苦味,微寒,可除腥味	香肠、家禽、猪肉类填充(内脏类)等
百里香 Thyme	辛香,别名麝香草,在中国称之为地花椒	烤制肉类或炖煮食物等
柠檬草 Lemongrass	香气清新,爽口,有酸味	咖喱及东南亚菜肴等
月桂叶 Bay Leaf	辛辣、浓烈的苦味,可除腥味	肉类及炖菜等
细香葱 Chive	略辛,性温	汤、沙拉、蔬菜等
丁香 Clove	带甜味	烤制猪肉等
香草 Vanilla	独特的香味	甜点、蛋糕,调汁等
芥末 Mustard	辛辣刺激	肉类、沙拉、香肠等
肉桂 Cinnamon	带甜味,香气浓郁	中东料理、咖喱,水果派等
龙蒿 Tarragon	有类似茴香的辛辣味,半甜半苦	鸡肉及沙拉类等
牛至 Oregano	味辛,微苦	剁碎后拌沙拉、披萨,干末用于烤肉

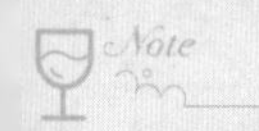

续表

香料名	风味特点	主要应用菜品
卡宴辣椒粉 Cayenne	辛辣,颜色红	印度菜、墨西哥菜及海鲜料理等
黑胡椒 Black Pepper	辛辣,刺激,浓香	牛排、意大利面等
迷迭香 Rosemary	松木香,香味浓郁,甜中带苦味	烤制肉类,磨粉加醋做蘸料等
莳萝 Dill	小茴香,近似香芹,清凉,味道辛香甘甜	炖类、海鲜等

(二)注意酱汁对菜肴风味的影响

一般而言,西餐酱汁分为冷菜汁与热菜汁两大类型,这些酱汁的制作都使用了不同的香辛料,同时佐以蒜、洋葱、黄油、蛋类、牛奶或葡萄酒等烹制而成。味道与口感相差甚远,与葡萄酒相搭配时需注意两者风味的统一。通常情况下,部分以酸、咸为主要风味特点的冷菜汁菜肴多用来制作各类蔬菜、海鲜、水果沙拉等,所以可以搭配口感清爽、酸度活泼的干型白葡萄酒等;奶香、蛋香浓郁,口感较为绵软的酱汁菜肴可以搭配橡木风格霞多丽及其他新世界长相思等,也可以使用干型起泡酒、香槟等予以搭配。对颜色较深、口感浓郁的黑椒汁、褐酱来说,各类红葡萄酒是最佳之选(见表7-2)。

表7-2 西餐常见冷热汁及风味特点

区分	调味汁	原材料及风味特点	应用菜品
冷菜汁	美乃滋(蛋黄酱) Mayonnaise	生蛋、植物油、醋、芥末酱、柠檬汁及香辛料等;奶香、微酸	炸薯条、沙拉、三明治、蘸料、甜品配料等
	千岛汁 Thousand Island Dressing	万尼汁、洋葱碎、酸青瓜碎、柠檬汁、番茄沙司等;微甜带酸	海鲜沙拉、蔬菜沙拉、火腿沙拉等
	塔塔汁 Tartar Sauce	蛋黄酱、酸黄瓜碎、醋或柠檬汁、欧芹、黑胡椒等;酸咸,开胃去油腻	炸鱼排、鸡排等油炸食物
	凯撒汁 Caesar Dressing	橄榄油、生蛋黄、蒜蓉、柠檬汁等;咸鲜、奶香	蔬菜沙拉等
	法汁 French Dressing	蛋黄酱、橄榄油、法式芥末酱、大蒜、法香、牛奶等;芥末香,清新酸味	法式沙拉、蔬菜沙拉、煎三文鱼、焗烤食物等
	油醋汁 Vinaigrette	橄榄油、醋、柠檬汁、洋葱碎、黑胡椒粉、法式芥辣酱等;酸、香,清新	蔬菜沙拉等
	番茄酱 Ketchup	由成熟红番茄经捣碎、打浆、去除皮和籽等粗硬物质后,浓缩、装罐、杀菌而成;鲜、酸、浓香	做鱼、肉类等的调味品,可增色、添酸、助鲜等

续表

区分	调味汁	原材料及风味特点	应用菜品
热菜汁	荷兰酱 Hollandaise Sauce	黄油、蛋黄、白酒醋、香叶、柠檬汁、胡椒粒等;风味奶香、温和、浓香	班尼迪克蛋、龙虾、蔬菜浇汁(如芦笋)等
	褐酱 Espagnole Sauce	以蔬菜肉类为主,经长时间熬制的一款褐色酱汁;浓郁、蔬菜香料香	红肉,例如牛肉、羊排、猪肉、鸭肉等
	丝绒酱 Veloute	如天鹅绒般顺滑的酱汁;奶香	一般不单独使用,作为其他酱汁的基底
	白酱 Bechamel Sauce	面粉、黄油、牛奶及香料等;白色顺滑	白肉、鱼类、意大利面等
	番茄酱汁 Tomato Sauce	番茄、醋、糖、盐、丁香,肉桂、洋葱、芹菜等;清新、酸	意大利面、鱼类、蔬菜等
	黑椒汁 Black Pepper Sauce	由罗勒、洋葱、鸡肉、番茄及黑胡椒等熬制而成;口味辛辣、浓郁	烧烤、牛排、羊排、猪排等

(三)注意烹饪方式对菜肴风味的影响

西餐与中餐一样都有着多样的烹饪方法,不同的烹饪技术,不同的温度控制,甚至使用不同的设备都对菜肴风味有非常大的影响。以下汇总了西餐的主要烹饪方式,同时提出了一些搭配葡萄酒的建议(见表7-3)。

表7-3　西餐常用烹饪方式及与葡萄酒搭配建议

烹饪方式	菜肴举例	搭配的葡萄酒
生食	冰镇牡蛎、三文鱼片、海鲜寿司、杂蔬等	酸度较高的酒体清淡白、黑皮诺、佳美或起泡酒等
煮	柏林式猪肉酸白菜、意大利面等	酒体中等的干白等,避开浓郁、单宁突出的红葡萄酒品种
焖	意式焖牛肉、乡村式焖松鸡、苹果焖猪排等	酒体饱满的单宁柔顺的新世界红葡萄酒、新世界的果香丰富的酸度较高的干白等
烩	香橙烩鸭胸、咖喱鸡、烩牛舌	酸度较高的红葡萄酒等,避免单宁突出的品种
炒	俄式牛肉丝、炒猪肉丝、肉酱意大利粉等	酸度突出的白、中等酒体的单宁柔顺的红葡萄酒、桃红葡萄酒等
焗	丁香焗火腿、焗小牛肉卷等	轻微橡木风格的白葡萄酒、酒体中等的红葡萄酒
煎	火腿煎蛋、葡式煎鱼、煎小牛肉香煎仔牛排、香煎鳕鱼、香煎比目鱼等	海鲜类可搭配新世界酒体浓郁、果香突出的干白、橡木风格白葡萄酒、饱满红葡萄酒,优质红葡萄酒等,避免单宁生硬品种
炸	炸培根鸡肉卷、炸鱼条、炸黄油鸡圈、香炸西班牙鱿鱼圈等	香气浓郁的酸度结实的干白、单宁少的干红、桃红葡萄酒及传统法酿造的起泡酒等

续表

烹饪方式	菜肴举例	搭配的葡萄酒
熏	烟熏三文鱼、烟熏蜜汁肋排等	橡木风格霞多丽、长相思等，避免单宁突出红葡萄酒等品种
烤	烤牛肉烧烤排骨、烤柠檬鸡腿配炸薯条、烤牛肉蘑菇披萨	酒体浓郁、果味突出、单宁中高的红葡萄酒和酸度高的芳香型干白等，避免酒体单薄的葡萄酒
扒	铁板西冷牛排、肉眼牛排、新西兰羊排等	根据肉质搭配酒体浓郁的白或红葡萄酒、有橡木风格的葡萄酒等
串烧	BBQ，食材包括海鲜、蔬菜、肉类等	根据菜肴食材类型，搭配酒体中等、香气突出的干白或浓郁的红葡萄酒

（四）注意食物成熟度对菜肴风格的影响

菜肴的不同烹饪成熟度会直接影响食物的口感、风味及浓郁度，这对葡萄酒的搭配也会产生很大影响。一成熟与三成熟食物的烹制时间通常较短，其肉质内部呈血红色或桃红色，基本保持了食物的原味，有一定的温度。该类菜肴搭配葡萄酒时，注意避免单宁突出、酒体浓郁的红葡萄酒，建议搭配少量单宁或单宁较为柔顺、酸度清爽、中等酒体的红葡萄酒。五成熟菜肴，其内部呈粉红色向灰褐色转变，口感中等，肉质正反面有微微的焦黄。这类菜肴建议搭配单宁适中、果味丰富、酸度清新、口味细致、成熟的葡萄酒。七成熟及全熟食物，其肉质正反面都已焦黄，由于烤制时间较长，肉质纤维感较明显，食物香气、口感最为浓郁，可以搭配高单宁、橡木及烟熏气味突出的干红，酒中的单宁酸可以有效分解食物纤维，橡木、烟熏等三级香气也与食物香气达到协调一致；应避免酒体单薄、单宁较少的红葡萄酒（见表7-4）。

表7-4 食物成熟度与葡萄酒搭配

类型	风味特征	葡萄浓郁度
近生	正反两面在高温铁板上各加热30—60 s，内层生肉保持原味	清淡红或中高酸优质桃红葡萄酒等
一成熟	牛排内部接近血红色且内部各处保持一定温度	清淡红或中高酸优质桃红葡萄酒等
三成熟	大部分牛肉受热，内部未产生大变化，用刀切开偶尔会有血渗出	少量单宁或单宁柔顺、酸度清爽、中等酒体的红葡萄酒等
五成熟	内部可见部分区域粉红，且夹杂着熟肉的浅灰和棕褐色	单宁适中、果味丰富、口感细致、成熟的红葡萄酒等
七成熟	内部肉质颜色主要为浅灰及棕褐色，夹杂少量粉红色，质感偏厚重，有咀嚼感	中高单宁、中高酸的陈年红葡萄酒等
全熟	牛排通体为熟肉褐色，牛肉整体已经熟透，口感厚重	中高单宁、橡木及烟熏气味突出的干红等

（五）注意牛肉部位对食物风味形成的影响

牛排是西餐中最典型的主菜，牛排的分类也非常详细、具体。牛肉所在的部位不同，其口感也有很大差异。因此，在搭配葡萄酒时，应该选择与其口感相近的葡萄酒。表7-5中列出了西餐中常见的牛肉的部分类型，同时对该部位肉质特点进行了简单描述，并对适宜的烹制成熟度及与葡萄酒搭配提供了建议。

表7-5　牛肉部位及与葡萄酒的搭配

部位名称	肉质特点	成熟度及烹饪方法	适合搭配的葡萄酒类型
菲力 Filet	里脊肉，鲜嫩	三至五成熟；烤、煎、生食	中高酸、中少单宁、轻盈
肋眼 Rib Eye	带筋，油质	三至五成熟；烤、扒、煎	中高酸、中等酒体
纽约客 New Yorker	有细细的筋，比肋眼嫩	三至五成熟；烤、扒、煎	中高酸、中等浓郁
沙朗/西冷 Sirloin	外圈带筋及少量肥肉	五至七成熟；烤、扒、煎	中高单宁、浓郁
牛小排 Short Rib	脂肪分布均匀，高脂肪	五至七成熟；烤、扒、煎	成熟单宁、中等酒体、高酸
T骨 T-Bone	一块菲力，一块纽约客	五至七成熟；烤、扒、煎	中等酒体
肋排 Back Rib	包裹牛肋骨的带筋肉	七成熟；烤制、扒、烩	酒体饱满
牛腩 Brisket	瘦肉上带油筋，肥瘦相间	全熟；焖、烩、烧	中高浓郁、高酸、多汁
腱子肉 Shank	结实有力，有筋，纤维粗	全熟；焖、炖、烧	浓郁型、高单宁、粗犷陈年

以上是有关葡萄酒与西餐在搭配方面的几点建议，在日常用餐中，西餐大致分为两种用餐方式，一种是标准的西式套餐，一种是比较自由的零点。对于能提供这两种用餐方式的酒店，通常会配套相对齐全的酒单，葡萄酒的类型多样。套餐可以根据顾客消费情况以及食物的上餐程序建议选择白葡萄酒、红葡萄酒等两种以上类型的酒款，如有更高消费需求，可建议顾客在开胃餐与甜点阶段增加起泡酒与甜型酒，否则，通常根据主菜配酒。对于零点，通常也是建议顾客根据主菜予以搭配。另外，目前很多星级酒店开始供应杯卖酒，这种按杯销售的葡萄酒通常类型更丰富，风格更多样，为顾客提供了更多选择的空间。

检测表

拓展阅读

任务二　训练与检测

对西餐与葡萄酒搭配的理论进行讲解训练，锻炼学生语言组织、表达及综合运用能力，可以单人也可分组进行训练与检测。

Note

项目二　葡萄酒与开胃菜搭配

项目要求

· 了解西餐开胃菜的基本概念与风味特征。
· 掌握西餐开胃菜的代表性菜品及与葡萄酒搭配的方法。
· 能够通过分析开胃菜的风味提出与葡萄酒搭配的建议。

项目解析

西餐开胃菜(Appetizer)又称头盘,是开餐前比较正式的第一道头菜。开胃菜有冷菜和热菜之分,西式冷菜用料广泛,一般使用海鲜、火腿、鸡肉、鸡蛋、奶酪以及新鲜的蔬菜、水果制成。生食较多,菜品精致,装饰美观,口感新鲜清爽,富含维生素和蛋白质,味道以咸酸为主,有很好的增进食欲的作用。开胃菜通常食物的量较少,但质量较高,重视摆盘效果,色彩搭配美观。这类菜肴多与中高酸、酒体轻盈的干白或干型起泡酒相搭配,香槟是品质用餐的搭配首选,他们能与食物的鲜美和谐匹配。代表性开胃菜有鱼子酱、鹅肝、生食牡蛎、烟熏三文鱼、芝士拼盘、西班牙塔帕斯(Tapas)等以及各类海鲜、蔬菜沙拉。

任务一　理论认知

(一)鱼子酱

鱼子酱是鲟鱼或三文鱼的鱼卵经腌制而成,以黑色和鲜红色鱼子酱的最为名贵,与鹅肝、黑松露并称世界三大奢华美食,又因其稀少的产量和乌亮的色泽而被誉为"黑色黄金"或"里海黑珍珠"。一般认为产于里海的鱼子酱质量为最佳,其味道咸腥,色泽乌亮,食用时一般配吐司、柠檬、洋葱碎等。优质的食材搭配优质的葡萄酒,香槟是鱼子酱的最佳搭档。香槟细腻的气泡与鱼子酱的小颗粒结构混搭,相得益彰,香槟的清爽与高酸恰好平衡了鱼子酱的咸腥味。

(二)鹅肝

鹅肝为鹅的肝脏。因其丰富的营养和特殊功效,鹅肝成为补血养生的理想食品。鹅肝质地细嫩、风味鲜美,常被人尊为世界三大奢华美食之首。鹅肝可作鹅肝酱,或嵌

入面包中制成烘干的酥皮卷,也可加红酒和香料、水果(如苹果、蓝莓等)煎制后食用。在法国波尔多,鹅肝通常与当地的苏玳甜酒相搭配;经过橡木桶陈酿的白葡萄酒(如过橡木桶的霞多丽)具有奶油的口感,配合鹅肝绵密的质感也是不错的选择,特别是西班牙阿尔巴利诺和雷司令都值得尝试;西班牙卡瓦和法国香槟等半干型起泡酒口感清爽,带有酵母的香气,与鹅肝搭配能互相提味。

（三）烟熏三文鱼

烟熏三文鱼是因纽特人创造的西餐菜品,将三文鱼用盐腌和烟熏制作而成。制作时通常采用低温、长时间的熏制工艺,熏烟温度大致在21—32.2 ℃,利用低温将烟熏的香味慢慢融入鱼肉中,使食物不被熏熟,制成后弹性依然,有一种淡淡的烟熏香味,口感极好。食用时常搭配烤面包(或加入牛油果)、百吉饼、奶酪或咸酸豆等,也可搭配日本芥末。酸度足够高且风味充沛的葡萄酒适合与这类菜肴搭配,中等浓郁度的桃红起泡酒也是理想之选。

（四）焗蜗牛

焗蜗牛以蜗牛为原料,有多种烹制方法,一般是用各种香料和白酒填馅后烘制而成。法式焗蜗牛一般是用已经煮熟的蜗牛肉,搭配足量的黄油、大蒜和欧芹等,有时候在此基础上也可加一些干制的芝士、面包糠乃至松露等,讲究的香料和新鲜的黄油搭配蜗牛的味道,非常适合用来蘸法棍面包。焗蜗牛适宜搭配夏布利、灰皮诺等清爽高酸型干白。

（五）沙拉

各式沙拉也是西式冷菜的主角,用水果、蔬菜、肉肠、鸡肉、鸡蛋等食材可以做出种类繁多的沙拉。沙拉适宜与清爽、高酸的干白或起泡酒搭配,如夏布利霞多丽干白、波尔多产区年轻的未过橡木桶的长相思、德国雷司令等。

（六）西班牙塔帕斯

西班牙塔帕斯(Tapas)是指正餐之前作为前菜食用的各种小吃。西班牙塔帕斯的种类数不胜数,可以是凉菜,如各式奶酪、橄榄、火腿等,也可以是热菜,如炸鱼、海鲜饭、煮土豆等。如今,塔帕斯已经发展成为一种比较完整而复杂的菜式,也是西班牙重要的饮食文化。酒餐搭配建议:油蒜虾(Gambas al Ajillo)搭配阿尔巴利诺;腌橄榄(Aceitunas)搭配卡瓦起泡酒;烤面包抹西红柿泥 (Pan con Tomate)搭配粉红卡瓦起泡酒;醋香贻贝(Mejillones a la Vinagreta)搭配清新自然的弗德乔;曼彻格奶酪(Manchego)搭配冰镇菲诺雪莉;西班牙伊比利亚火腿(Jamón Ibérico)搭配里奥哈顶级红葡萄酒等。

任务二 训练与检测

从图7-1中选择一道菜品，对其风味及与葡萄酒的搭配进行讲解训练，锻炼学生语言组织、表达及综合运用能力，可以单人也可分组进行训练与检测。

开胃菜及沙拉类	
烟熏三文鱼	Smoked Salmon
腌三文鱼	Marinated Salmon with Lemon and Capers
凯撒沙拉	Caesar Salad
奶酪瓤蟹盖	Baked Stuffed Crab Shell
鲜果海鲜沙拉	Seafood Salad with Fresh Fruit
厨师沙拉	Chef's Salad
金枪鱼沙拉	Tuna Fish Salad
尼斯沙拉	Salad Nicoise
勃艮第香草汁焗蜗牛	Bourgogne Vanilla Baked Snails
鱼子酱海鲜拼盘	Caviar & Seafood Platter

图7-1 西餐主要开胃菜菜品举例

检测表

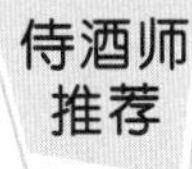

侍酒师推荐

经典菜品：鱼子酱

推荐搭配：德乐梦极干型香槟(Champagne Delamotte Brut)。

推荐理由：鱼子酱的口感圆润，入口富有淡淡的奶香味。搭配的这款细腻高雅的香槟富有柑橘和白色水果的香气，同时还带有淡淡的烤面包、烟熏、奶油的香气，余味悠长。

(来源：绍兴慢宋酒庄侍酒师Jeff田金雨)

项目三 葡萄酒与汤搭配

项目要求

· 了解西餐汤菜的基本概念与风味特征。

· 掌握西餐汤类代表性菜品及与葡萄酒搭配的方法。

· 能够通过分析西餐汤的风味提出与葡萄酒搭配的建议。

项目解析

西餐汤(Western Soup)通常由各类蔬菜、海鲜、奶油等熬制而成,这些汤内含有大量鲜味与酸性物质,可以刺激胃液,增加食欲。一般可分为清汤和浓汤两大类,清汤就是用牛肉或鸡肉、鱼肉及蔬菜等煮制出来的除去脂肪的汤,浓汤就是加入面粉、黄油、奶油、蛋黄等制作出来的汤。按照温度不同,西餐汤又有冷热汤之分。冷汤主要有德式冷汤、俄式冷汤等,热汤具代表性的有海鲜汤、意式蔬菜汤、俄式罗宋汤、法式焗葱头汤、牛尾汤及各式奶油汤等。西餐汤风味别致,花色多样,世界各国都有其著名的有代表性的汤。例如:法国洋葱汤、意大利蔬菜汤、俄罗斯的罗宋汤、美国的海鲜巧达汤等。除主料外,人们常常在汤的表面放一些小料加以补充和装饰,以增加汤的整体效果。常用的小料有以下几种。

(1) 炸面包丁:将面包切成丁放入黄油中炸或炒成金黄色。

(2) 蛋羹丁:将鸡蛋羹切成小方块。

(3) 菜丝:将蔬菜切成很细的丝。

(4) 菜丁:将块茎类蔬菜切成丁。

(5) 奶酪:把奶酪切成小片或碎末,或把奶酪涂在面包上烤黄。

(6) 饼干:如苏打饼等。

(7) 火腿、培根:火腿切片、培根切片炒香等。

任务一　理论认知

汤菜根据食材类型与浓郁度可以与多种风格葡萄酒搭配,如干型白葡萄酒、酒体清淡的红葡萄酒、干型起泡酒、各类香槟与桃红葡萄酒等。

(一) 西式蔬菜汤

西式蔬菜汤中的番茄、蘑菇、土豆、玉米等食材最终与汤水充分交融,所以西式蔬菜汤在口感上香浓浑厚。此类汤大多带一些肉类,又被称为肉类蔬菜汤,其中可分为牛肉蔬菜汤(以牛肉清汤为基汤)、洋葱汤、牛尾汤、鸡蔬菜汤(以鸡清汤为基汤)等。根据汤的风味结构匹配合适的葡萄酒,可与酸度突出的长相思、轻微橡木风格的霞多丽以及果味突出的歌海娜桃红葡萄酒等相搭。

(二) 罗宋汤

罗宋汤是一种在俄国及东欧国家广泛流传的浓菜汤。罗宋汤大多以甜菜为主料,

常加入马铃薯、红萝卜、菠菜和牛肉块、奶油等熬煮,因此呈紫红色。有些地方以番茄为主料,甜菜为辅料,也有不加甜菜加番茄酱的橙色罗宋汤和绿色罗宋汤。成菜后呈现出酸咸的风味,略带鲜香,口味偏重,浓度略高,可与歌海娜等搭配。

(三)意大利蔬菜汤

意大利蔬菜汤是一道汤菜菜肴,汤浓而清香,朴素而淡雅,经过熬制而成。主要材料有番茄、红萝卜、土豆、西芹、洋葱等,配料是橄榄油、鸡高汤、豌豆仁、蒜等,通过炒煮的做法而成,有时会撒点帕玛森奶酪和罗勒香草等佐料。意大利蔬菜汤口感微酸咸鲜,蔬菜味浓,有淡淡的意大利面的清香,可与意大利托斯卡纳地区的基安蒂搭配,意式蔬菜汤中番茄的美味与明亮酸度的水果风味突出的葡萄酒形成呼应。

(四)龙虾浓汤

龙虾浓汤主料有龙虾、洋葱、西芹、胡萝卜等,同时用月桂叶、蒜瓣、茴香、百里香、番茄酱、鸡汤、柠檬汁、辣椒粉、盐、初榨橄榄油和奶油等多种辅料来调味。成汤风味浓郁丰富,既包含了海鲜的鲜味,同时又有酸、咸、辣的香气。建议尝试用塔维勒桃红葡萄酒、邦多勒桃红葡萄酒或其他顶级普罗旺斯桃红葡萄酒搭配。

(五)奶油蘑菇汤

奶油蘑菇汤是法国名菜之一,主料是黄油、面粉、蘑菇等,辅料是胡萝卜、洋葱、番茄、法香、淡奶油等。成汤味道香醇,淡淡的奶油味搭配上蘑菇的鲜味,既美味又营养,整体风味非常浓稠,汤浓咸鲜,口感独特。建议搭配轻微橡木风格的长相思与霞多丽等。

(六)西班牙冻汤

西班牙冻汤源于西班牙南部的安达卢西亚,在当地是夏日消暑的首选凉菜,因呈液体状,故称为汤。最经典的冻汤是把以番茄为主的几种新鲜生蔬和大蒜直接用搅拌机打碎,加入橄榄油,再撒上碎面包和火腿丁制成。此汤做法虽然简单,味道却十分独特,主料为番茄、红椒、绿椒、黄瓜、洋葱等,辅料为蒜、面包、橄榄油、醋、盐、胡椒、孜然粉、水等。从地域同源的角度入手,西班牙冻汤可以与西班牙卢埃达的弗德乔白葡萄酒或以当地的歌海娜为主的桃红葡萄酒搭配。

任务二 训练与检测

从图7-2中选择一道汤,对其风味及与葡萄酒的搭配进行讲解训练,锻炼学生语言组织、表达及综合运用能力,可以单人也可分组进行训练与检测。

汤类	
奶油蘑菇汤	Cream of Mushroom Soup
奶油胡萝卜汤	Cream of Carrot Soup
奶油芦笋汤	Cream of Asparagus Soup
番茄浓汤	Traditional Tomato Soup
海鲜周打汤	Seafood Chowder
法式洋葱汤	French Onion Soup
牛肉清汤	Beef Consomme
匈牙利浓汤	Hungarian Beef Goulash
香浓牛尾汤	Oxtail Soup
意大利蔬菜汤	Minestrone Soup
蔬菜干豆汤	Hearty Lentil Soup
牛油果冷汤	Chilled Avocado Soup
西班牙冷汤	Gazpacho

图7-2　西餐主要汤类举例

检测表

侍酒师推荐

经典菜品：奶油蘑菇汤

推荐搭配：卡布瑞酒庄珍藏霞多丽(Cakebread Cellars Reserve Chardonnay 2020，Carneros，USA)。

菜品风味：奶油蘑菇汤是法国名菜谱之一，味道香醇，淡淡的奶油味搭配上蘑菇的鲜味，整体风味浓郁，汤浓咸鲜，入口绵密。

推荐理由：这款酒有着明显的柠檬、苹果的香气，同时因为经过了橡木桶的处理，赋予了葡萄酒香草味、奶油味等香味，酒体也显得圆润饱满，与奶油蘑菇汤整体细致绵密的口感及其奶油的香气十分相搭。

(来源：绍兴慢宋酒庄侍酒师 Jeff 田金雨)

项目四　葡萄酒与副菜搭配

项目要求

· 了解西餐副菜的基本概念与风味特征。

· 掌握西餐副菜代表性的烹饪方式及与葡萄酒搭配的方法。

· 能够通过分析副菜的风味提出与葡萄酒搭配的建议。

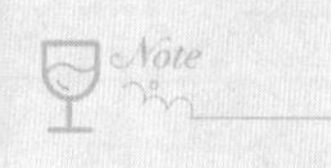

项目解析

西餐副菜(Side Order)一般指鱼和海鲜类菜肴,一般作为西餐的第三道菜出现。这类菜肴主要包括各种淡水鱼、海水鱼、贝类。因为这类菜肴肉质鲜嫩,易消化,所以放在肉类菜肴的前面,叫法上也和肉类菜肴等主菜有区别。主要的烹任方式有煎、炸、烤、熏等,同时使用各类香料及各种浓郁度的调味汁制作而成。代表菜品有香煎鳕鱼、黄油烤龙虾、扒金枪鱼、烤三文鱼柳等,主要使用的酱汁有鞑靼汁、荷兰汁、香草汁、白奶油汁、黑橄榄酱等。

任务一　理论认知

西餐的副菜多以海鲜或鱼类食物烹制而成,口感比开胃菜更浓郁,香气更加复杂,中高浓郁度、果香突出、酸度活泼的干白是搭配首选,如优质波尔多干白、阿尔萨斯芳香白葡萄酒、奥地利的蜥蜴级、新世界的过橡木桶的霞多丽、新西兰长相思等都是很好的选择。根据不同的烹饪方法,食物风格差异较大,一些单宁少的清爽活泼的红葡萄酒也可以尝试搭配。西餐副菜的烹调方法及与葡萄酒的搭配建议如下。

(一)煮

煮是指将原料放入能充分浸没原料的清水或清汤中旺火烧沸,然后改用中小火煮熟原料的一种方法。煮制菜肴具有清淡爽口的特点,同时也保留了原料本身的鲜味和营养。代表菜品有柏林式猪肉酸白菜等。该类菜品多与清爽型干白搭配,如卢瓦尔河长相思、摩泽尔河雷司令、阿尔萨斯灰皮诺等。

(二)焖

焖是指将原料初加工(一般为过油或着色)后加入焖锅,将切成块的海鲜加香料、调味品和葡萄酒在不多的水中小火煮成。焖制成熟的菜肴所剩汤汁较少,具有酥软香嫩、滋味醇厚的特点,如比目鱼柳和扇贝配红酒、核桃汁等。这类菜肴有较高浓郁度,建议搭配轻微橡木风格、中高酸干白等。

(三)烩

烩是指将原料初加工(过油或腌制)后加入浓汤汁和调料,先用大火后用小火使原料成熟的烹调方法。烩与焖相似,但火的温度比焖制低。烩制菜肴用料广泛(肉、禽、海鲜、蔬菜等),具有口味浓郁、色泽鲜亮的特点。代表菜式有西班牙海鲜烩饭、红花汁烩海鲜、西式烩海鲜等,与葡萄酒搭配时需考虑食材类型及风味结构,可搭配里奥哈的桃红葡萄酒等。

（四）扒

扒是指将加工成型(一般为片状)的原料加调料腌制后,放入扒炉上加热至规定的成熟度的一种方法。扒制菜肴宜选用质地鲜嫩的原料,具有香味明显、汁多鲜嫩的特点,如扒金枪鱼、黄油柠檬汁扒鱼柳等。扒制海鲜有烟熏风味,适宜与橡木风格、酒体浓郁的白葡萄酒搭配,部分海鲜类扒制食物可以搭配清淡的红葡萄酒,如勃艮第产区的黑皮诺、薄若莱产区的佳美等。

（五）煎

煎是西餐中使用较为广泛的烹调方法之一,是指将原料加工成型后加调料使之入味,在平底锅或扒板上加入少量油,利用较高的油温,加热成熟的一种烹调方法。代表菜式有香煎鳕鱼、香煎比目鱼、葡式煎鱼等,可以搭配勃艮第优质白葡萄酒、新世界酒体浓郁的果香突出的干白、橡木风格白葡萄酒等。

（六）烤

烤是指将原料初加工成型后,加调味料腌制使之入味后放入烤炉或烤箱加热至规定火候并上色的一种烹调方法。代表菜式有烤三文鱼排、烤三文鱼柳配香草汁和黑橄榄酱等。这类菜肴风格浓郁,可选择浓郁度匹配的勃艮第伯恩丘白葡萄酒、干型白诗南或是波尔多优质白葡萄酒等搭配。

（七）焗

焗是以汤汁与蒸气或盐或热的气体为导热媒介,将经腌制的物料或半成品加热至熟而成菜的烹调方法。代表菜式有巴黎黄油烤龙虾、海鲜焗饭等。西餐的这类菜肴由于经常使用奶酪制品,所以奶香十足,具有中高浓郁度。搭配葡萄酒时需考虑浓郁度与风味结构的一致性,另外还要注意酒中酸的强度,可尝试与勃艮第优质白葡萄酒、香槟或传统法起泡酒等搭配。

任务二　训练与检测

从图7-3中选择一道菜品,对其风味及与葡萄酒的搭配进行讲解训练,锻炼学生语言组织、表达及综合运用能力,可以单人也可分组进行训练与检测。

鱼与海鲜类	
海鲜串	Seafood Kebabs
扒金枪鱼	Grilled Tuna Steak
扒挪威三文鱼排	Grilled Norwegian Salmon Fillet
三文鱼扒配青柠黄油	Grilled Salmon with Lime Butter
比目鱼柳和扇贝配红酒核桃汁	Braised Sole Fillet & Sea Scallops with Red Wine and Walnuts
煎比目鱼	Pan-fried Whole Sole
烤三文鱼柳配香草汁和黑橄榄酱	Roasted Salmon Fillet with Pesto Black Olive Purée
烤三文鱼排配宽面和红花汁	Roasted Salmon Steak with Tagliatelle & Saffron Sauce
煎红加吉鱼排	Grilled Red Snapper Fillet
黄油柠檬汁扒鱼柳	Grilled Fish Fillet in Lemon Butter Sauce
扒大虾	Grille king Prawns
蒜蓉大虾	Grilled King Prawns with Garlic Herb Butter
黄油烤龙虾	Baked Lobster with Garlic Butter
奶酪汁龙虾	Gratinated Lobster in Mornay Sauce
香炸西班牙鱿鱼圈	Deep-Fried Squid Rings
荷兰汁青口贝	Gratinated Mussels Hollandaise Sauce
红花汁烩海鲜	Braised Seafood in Saffron Sauce

图7-3 西餐主要副菜菜品举例

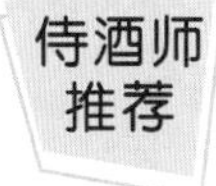

经典菜品:海鲜串

推荐搭配:帕索·圣猫罗酒庄阿尔巴利诺白葡萄酒(Pazo San Mauro Albariño 2019,Rías Baixas, Spain)。

搭配理由:这是一款来自西班牙下海湾的典型的阿尔巴利诺。这款酒的酒体轻盈,酸度偏高,入口清爽活泼,具有明显的桃、苹果和柑橘类水果的香气,同时还带有一丝小白花的香气。酒中的高酸既可以唤醒味蕾又可以激发海鲜的鲜美感,同时阿尔巴利诺较高的酸度对去除海鲜的腥味也有一定的辅助效果。酒餐搭配中,白葡萄酒与海鲜是经典搭配。

(来源:绍兴慢宋酒庄侍酒师Jeff田金雨)

项目五 葡萄酒与主菜搭配

项目要求

· 了解西餐主菜的基本概念与风味特征。

· 掌握西餐主菜的主要类型及与葡萄酒搭配的方法。
· 能够通过分析西餐主菜的风味提出与葡萄酒搭配的建议。

项目解析

主菜是西餐的第四道菜，也是最重要的部分。主菜通常以红肉为主，主要是家禽、牛肉、羊肉、猪肉等，较有代表性的是牛肉或牛排，并附带蔬菜类配菜。肉类菜肴配用的调味汁主要有西班牙汁、浓烧汁精、蘑菇汁、白尼丝汁等。禽类菜肴的原料取自鸡、鸭、鹅等，禽类菜肴最多的是鸡。另外，主菜还包括意大利面、披萨等主食类。主菜的烹饪方式复杂多变，香味重，口感浓郁，具体有以下几种。

(1)扒类：牛肉、羊肉、猪肉、鸡鸭肉。

(2)粉类：意粉、烤千层皮面食等。

(3)烤类：牛肉、猪肉、羊肉、鸡、烤鸭及法式烤派。

(4)煎炸类：鱼类、海鲜、面包糠裹牛肉、西式煎蛋饼。

(5)蔬菜类：西兰花、椰菜花、土豆、番茄、胡萝卜、芦笋等。

任务一 理论认知

(一) 家禽类

家禽类是西餐中较常见的食物之一，它们富含高质量蛋白，热量较低，脂肪与胆固醇含量也较低，西餐常用的家禽类原料有鸡、鸭、鹅、鸽等。家禽类的烹饪方式多为煮、炸、烤、焗等，主要的调味汁有咖喱汁、奶油汁等。菜品主要有奶酪火腿鸡排、烤柠檬鸡腿配炸薯条等。这类菜肴没有牛羊肉或野禽类肉那样结实的纤维，根据烹饪方法及调味汁的不同建议搭配单宁中等、酒体中等、成熟度较高、口感柔顺的红葡萄酒，轻微橡木风格红及干白也可以很好地与煮、煎、炸家禽类主菜搭配。

(二) 猪肉类

猪肉也是西餐烹饪中常见的肉类，尤其是德式菜。西餐中的猪肉菜肴，根据取料部位的不同，可采取不同的烹调方法。常用的烹调方法有煎、炸、烤、扒、焗等，每种原料都必须根据它的厚度和肥肉含量采取不同的方法。烹饪方法的不同直接影响了菜肴的风味，搭配葡萄酒时需重点注意，烧烤、扒类可与中高浓郁的红葡萄酒搭配；煎、炸、烩类可与橡木风格白相搭配，另外，猪肉类菜肴脂肪热量高，需多挑选中高酸型葡萄酒搭配，以达到去除油腻的效果。

(三) 牛肉类

牛肉类在西餐烹饪中有很重要的地位，其特点主要有：一是牛的身体上不同部位

的称谓不同,烹饪方法也不同;二是扒牛肉时需判定其成熟度。这两个方面也是搭配葡萄酒时需重点考虑的因素。这类菜品所使用的香料与肉质本身的香气融合得比较深,味道浓郁,质感肥厚,烹饪方式多为烤、扒、熏,烩等。成菜后肉质纤维较粗,有丰富的脂肪与蛋白质,与葡萄酒中的单宁结合完美,肉中蛋白可以有效降低单宁的苦涩感,酒中单宁又可分解肉中粗糙的纤维,酒香也可以很好地与菜香匹配。根据烹饪方法、肉质部位、烹饪成熟度及调味汁的不同选择与之匹配的红葡萄酒,单宁结构紧凑、口感浓郁、酸度较高的红葡萄酒可以很好地与之搭配,澳大利亚、美国、智利等热带产区出产的西拉、赤霞珠、GSM混酿以及法国波尔多陈年红葡萄酒、罗讷河谷葡萄酒等都是很好的选择。

（四）羊肉类

羊肉也是西餐中的常见菜肴,与其他肉类相比,其膻味较浓。西餐中多采用烤、扒、烩、煨等方式烹饪羊肉。烩羊肉时通常要与洋葱、西芹、土豆、西红柿等一起,再加入百里香、迷迭香、香叶及葡萄酒等进行煨制,希腊人通常放入橄榄,摩洛哥人会调入孜然、茴香籽等。扒羊肉时,一般先用蒜蓉、迷迭香或百里香等腌制,然后烤制,最后搭配芥末或黄瓜薄荷酱食用。这类食物与众多中高浓郁的红葡萄酒都是理想搭档,尤其地中海沿岸的香辛料突出的红葡萄酒是该菜肴的理想伴侣,如西班牙传统里奥哈产区丹魄、罗讷河谷的西拉等。

（五）主食类

西餐主食主要有汉堡、三明治、披萨与意大利面等,尤其以披萨与意大利面居多。这类食物以米、面为主料,配以蔬菜、水果、海鲜、火腿、肉类等,以调味料烹饪而成。其中,配料食材以及酱汁的使用很大程度上决定了意大利面与披萨的风味类型,因此在搭配葡萄酒时需要多考虑这些因素对配酒的影响。蔬菜、海鲜类意大利面及披萨可以选择酒体中等、高酸、果香型干白进行搭配。红色调味品及火腿、肉丁、菌类为主要配料的披萨则可以搭配中低单宁、酸度活泼、果香十足的年轻干红。例如,意大利西北部巴贝拉与新鲜的西红柿披萨、黑皮诺与蘑菇披萨、基安蒂与番茄酱或火腿披萨都是经典搭配。水果类披萨则要考虑果味突出的干白或略带甜味的葡萄酒,法国阿尔萨斯琼瑶浆与德国珍藏酒、晚收酒都是不错的选择。

任务二　训练与检测

检测表

从图7-4中选择一道菜品,对其风味及与葡萄酒的搭配进行讲解训练,锻炼学生语言组织、表达及综合运用能力,可以单人也可分组进行训练与检测。

主菜菜单	
家禽类	
红酒鹅肝	Braised Goose Liver in Red Wine
奶酪火腿鸡排	Chicken Cordon Bleu
烧瓤春鸡卷	Grilled Stuffed Chicken Rolls
红酒烩鸡	Braised Chicken with Red Wine
烤鸡胸酿奶酪蘑菇馅	Baked Chicken Breast Stuffed with Mushrooms and Cheese
炸培根鸡肉卷	Deep-Fried Chicken and Bacon Rolls
水波鸡胸配意式香醋汁	Poached Chicken Breast with Balsamic Sauce
烤火鸡配红浆果汁	Roast Turkey with Cranberry Sauce
烤瓤火鸡	Roast Stuffed Turkey
烧烤鸡腿	Barbecued Chicken Leg
烤柠檬鸡腿配炸薯条	Roasted Lemon Marinade Chicken Leg with French Fries
扒鸡胸	Char-Grilled Chicken Breast
咖喱鸡	Chicken Curry
秘制鸭胸配黑菌炒土豆	Pan-Fried Duck Breast with Sautéed Potatoes and Truffles
牛肉类	
红烩牛肉	Stewed Beef
白烩小牛肉	Fricasseed Veal
牛里脊扒配黑椒汁	Grilled Beef Tenderloin with Black Pepper Sauce
扒肉眼牛排	Grilled Beef Rib-Eye Steak
西冷牛排配红酒汁	Roast Beef Sirloin Steak with Red Wine Sauce
T骨牛扒	T-Bone Steak
烤牛肉	Roast Beef
罗西尼牛柳配苯酒汁	Beef Tenderloin and Goose Liver with Truffle In Port Wine
青椒汁牛柳	Beef Tenderloin Steak with Green Peppercorn Sauce
铁板西冷牛扒	Sizzling Sirloin Steak
香煎奥斯卡仔牛排	Pan-Fried Veal Steak Oscar in Hollandaise Sauce
咖喱牛肉	Beef Curry
惠灵顿牛柳	Fillet Steak Wellington
俄式牛柳丝	Beef Stroganoff
烩牛舌	Braised Ox-Tongue
红烩牛膝	Ossobuco
黑胡椒鹿柳配野蘑菇和芹菜烤面皮	Venison Fillet Black Pepper Coat with Wild Mushroom and Celery Brick
猪肉类	
烧烤排骨	Barbecued Spare Ribs
烟熏蜜汁肋排	Smoked Spare Ribs with Honey
意大利米兰猪排	Pork Piccatta
瓤馅猪肉卷配黄桃汁	Stuffed Poke Roulade with Yellow Peach Sauce
煎面包肠香草汁	Pan-Fried Swiss Meat Loaf with Pesto Sauce
炸猪排	Deep-Fried Pork Chop

图7-4　西餐主要主菜菜品举例

Note

主菜菜单	
羊肉类	
扒羊排	Grilled Lamb Chop
扒新西兰羊排	Grilled New Zealand Lamb Chop
烤羊排配奶酪和红酒汁	Roast Lamb Chop in Cheese and Red Wine Sauce
羊肉串	Lamb Kebabs
烤羊腿	Roasted Mutton Leg
主食类	
海鲜通心粉	Macaroni with Seafood
海鲜意粉	Spaghetti with Seafood
意大利奶酪千层饼	Cheese Lasagna
什莱奶酪披萨	Pizza Vegetarian
海鲜披萨	Seafood Pizza
烤牛肉蘑菇披萨	Roast Beef and Mushroom Pizza
肉酱意大利粉	Spaghetti Bolognaise
意大利奶酪馄饨	Cheese Ravioli in Herbed Cream Sauce
咖喱海鲜炒饭	Stir-Fried Seafood Rice with Curry
红花饭	Saffron Rice
阿拉伯蔬菜黄米饭	Couscous with Vegetables
西班牙海鲜饭	Paella
牛肉汉堡包	Beef Burger
鸡肉汉堡包	Chicken Burger
美式热狗	American Hot Dog
俱乐部三明治	Club Sandwich
金枪鱼三明治	Tuna Fish Sandwich
烤牛肉二明治	Roasted Beef Sandwich
健康三明治	Healthy Sandwich

续图 7-4

侍酒师推荐

经典菜品:红酒里脊肉

菜品风格:牛里脊作为牛排中的精品,其肉质鲜嫩,加之以红酒为基底的调味汁进行熬制,其味道厚重醇香,滋味深沉。

推荐搭配:奥古斯特·克拉帕酒庄科尔纳斯(2019 Domaine Auguste Clape Cornas 2019,Rhone, France)。

搭配理由:这是一款由100%的西拉葡萄酿造而成的葡萄酒,具有典型

的黑胡椒香气和黑色果香，同时橡木桶赋予这款西拉紫罗兰、香草、奶油、香料的香气，使得这款酒的香气在口腔中的层次感进一步提升。酒偏高的酸度很好地中和了牛肉自身带有的油质感，细腻的单宁让牛肉在口腔中咀嚼起来也十分鲜嫩。牛里脊中红酒汁的香气和西拉本身的香气也能达到很好的融合效果。

（来源：绍兴慢宋酒庄侍酒师 Jeff 田金雨）

项目六　葡萄酒与甜点搭配

项目要求

· 了解西餐甜点的基本概念与风味特征。
· 掌握西餐甜点的主要类型及与葡萄酒搭配的方法。
· 能够通过分析西餐甜点的风味提出与葡萄酒搭配的建议。

项目解析

餐后甜品(Dessert)是西餐的最后一道收尾菜肴，在主菜后食用。甜点对应的是开胃菜，后者很少有甜的，种类上也远不如甜点丰富。西式的甜品种类丰富，尤以意、法为盛。西点的脂肪、蛋白质含量较高，味道香甜而不腻口，且式样美观。甜品主要由面粉、糖、黄油、牛奶等为主料，附加各类水果、巧克力、可可粉等，使用各类香料及酱汁料制作而成。甜品风味多样，有清淡的水果味甜品，也有巧克力、坚果等浓郁风味。

任务一　理论认知

目前，西餐中甜点多以法、意风味为主要风味类型，西式甜点按工艺主要分为糕点类、面包类、派类、泡芙类、冷冻甜食类、巧克力类、饼干类等。这些西点有的是以新鲜水果、冰淇淋入味的蛋糕，口味较为清淡，根据甜度，可与微甜、半甜型白葡萄酒搭配，如德国珍藏酒、晚收酒、精选酒等，或冰酒、阿斯蒂起泡酒、香槟及新世界的中低糖分的麝香葡萄酒等；有的西点突出坚果、果酱、果脯的风味，应与风味更高的甜型酒搭配，如BA、TBA及贵腐甜酒等；巧克力、黑森林、提拉米苏等风味甜点，由于风味更浓，可以与一些甜型红葡萄酒完美结合，如波特、马尔萨拉、马德拉、意大利帕赛托以及甜型雪莉等；当然各类餐后利口酒也可以与这类浓郁型甜品完美搭配。甜型酒与甜点的搭配，需要注意葡萄酒中的甜味至少与食物的甜度相当或者高于食物甜度。

（一）糕点类

糕点类是西式甜点的主要类型，主要有德式、法式、英式、俄式等风格。制作西点的主要原料是面粉、糖、黄油、牛奶、香草粉、椰子丝等。西式糕点主要分小点心、蛋糕、起酥、混酥和气鼓等五类，蛋糕在西式糕点中占主要地位，其下又有众多细分，如水果蛋糕、慕斯蛋糕、巧克力蛋糕、提拉米苏蛋糕、黑森林蛋糕、冰淇淋蛋糕等，还有众多复合型风味的蛋糕。糕点与葡萄酒搭配需要考虑糕点的风味成分与风味强度。

（二）派类

派是一种面点类食品。最有名气的是苹果派（Apple Pie），苹果派有着各式不同的形状、大小和口味，包括自由式、标准两层式、焦糖苹果派（Caramel Apple Pie）、法国苹果派（French Apple Pie）、面包屑苹果派（Apple Crumb Pie）、酸奶油苹果派（Sour Cream Apple Pie），另外还有波士顿奶油派、酸橙派、樱桃派、佛岛青柠派、蓝莓派、南瓜慕斯派、土豆泥派等。派应多选择与果味突出的甜型酒相搭，如各类雷司令、琼瑶浆、小芒森等。

（三）泡芙类

泡芙（Puff）是一种源自意大利的甜食，奶油面皮中包裹着奶油、巧克力乃至冰淇淋，吃起来外热内冷，外酥内滑，口感极佳。在制作泡芙时，首先用水、奶油、面粉和鸡蛋做成面包，然后将奶油、巧克力或冰淇淋通过注射工具灌进面包内即成。在泡芙表面，可以撒上一层糖粉，还可放干果仁、巧克力酱、椰蓉等。泡芙可尝试与各类高酸的起泡酒搭配，如意大利普罗塞克与奶油质感的法国香槟等。

（四）冷冻类

冷冻类甜点包括冰淇淋、雪糕、布丁、沙冰与奶昔等。冰淇淋是以饮用水、牛乳、奶粉、奶油（或植物油脂）、食糖等为主要原料制成的冷冻甜品；雪糕是一种冰冻类的奶类甜品，通常加入水果、糖、果仁等其他食品；沙冰是一种饮品，不仅细腻，而且都是由水果制成的，真正融合了水果和冰淇淋；奶昔是牛奶、水果、冰块的混合物。冷冻类甜品可与各类果味感十足的、轻盈到中等浓郁度甜型酒搭配，如阿斯蒂起泡等。

（五）可可粉类

可可粉具有浓烈的可可香气，可用于巧克力、牛奶、冰淇淋、糖果等。巧克力与提拉米苏都是以可可粉为主要原料制作的。巧克力是以可可浆和可可脂为主要原料的一种甜食，它不但口感细腻，还具有一股浓郁的香气。巧克力可以直接食用，也可被用来制作蛋糕、冰淇淋等。提拉米苏是一种带有咖啡味和酒味的意大利甜点，以马斯卡彭芝士作为主要材料，再以手指饼干取代传统甜点的海绵蛋糕，加入咖啡、可可粉等其他材料制作而成。这类甜食通常呈棕褐色外观，味苦，香味浓郁，应搭配高浓郁的甜型酒，如波特（LBV 波特或年份波特）等，也可尝试搭配金粉黛。

（六）饼干类

饼干是以谷类粉（小麦、豆类或薯类粉）等为主要原料，添加或不添加糖、蛋品，乳品、油脂及其他原料，经调粉（或调浆）、成型、烘烤（或煎烤）等工艺制成的，以及熟制前或熟制后在产品之间（或表面、或内部）添加奶油、蛋白、可可粉等的食品。根据配方和生产工艺的不同，甜饼干可分为韧性饼干和酥性饼干两大类。可尝试与奶油雪莉、PX或香槟等搭配。

葡萄酒与甜点搭配如图7-5所示。

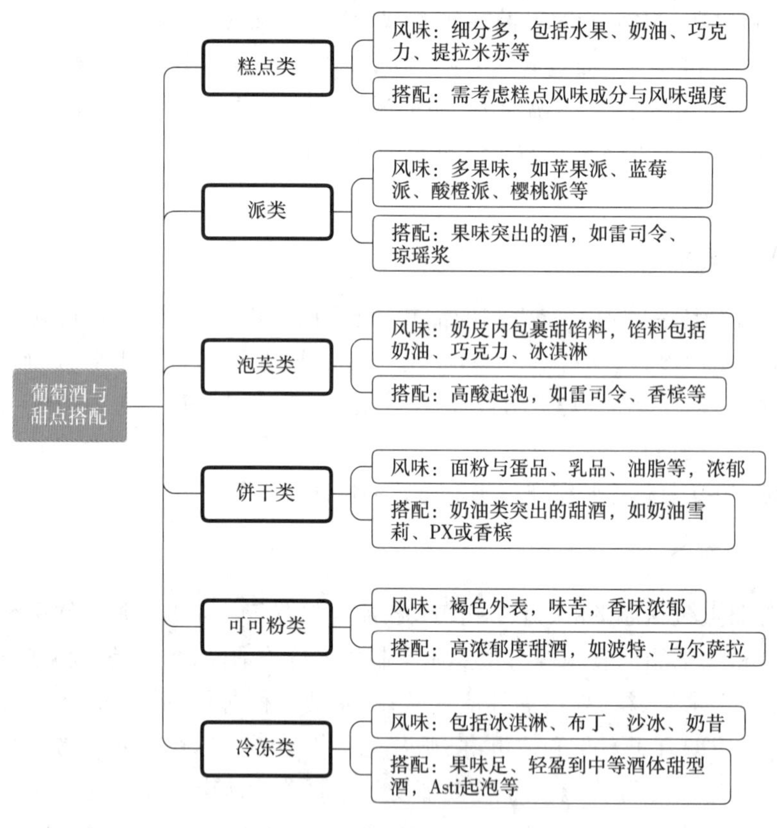

图7-5　葡萄酒与甜点搭配

总的来看，西餐与葡萄酒的搭配规律性较强，两者搭配除了可以参考上述建议，还要充分考虑顾客的国籍、宗教信仰及个人饮食习惯等因素。另外，用餐的时间、场合以及用餐人数也是需要考虑的重要内容。工作时间的午餐用酒可以相对简易，可推荐杯卖酒；针对时间较为充分的晚餐或周末时间，则可以推荐更多的优质酒水与菜品搭配；朋友聚会、家庭聚会、商务聚会等重要场合也是推荐酒餐搭配的重要机会。服务人员要善于察言观色，洞察顾客真正的消费需求，充分尊重顾客的意见及场合需要。

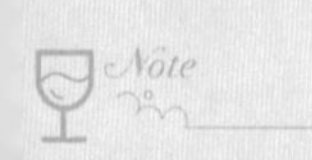

任务二　训练与检测

从图7-6中选择一道菜品，对其风味及与葡萄酒的搭配进行讲解训练，锻炼学生语言组织、表达及综合运用能力，可以单人也可分组进行训练与检测。

检测表

甜点类	
甜点蛋糕类	
黑森林蛋糕	Black Forest Cake
英式水果蛋糕	English Fruit Cake
草莓奶酪蛋糕	Strawberry Cheese Cake
草莓蛋糕	Strawberry Cake
蓝莓奶酪蛋糕	Blueberry Cheese Cake
美式奶酪蛋糕	American Cheese Cake
绿茶奶酪蛋糕	Green Tea Cheese Cake
意大利提拉米苏	Italian Tiramisu Cake
大理石奶酪蛋糕	Marble Cheese Cake
咖啡奶酪蛋糕	Coffee Cheese Cake
果仁布朗尼	Walnut Brownies
咖啡歌剧院蛋糕	Coffee Opera Slice
饼干及其他	
手指饼	Lady Finger
蝴蝶酥	Butterfly Cracker
巧克力曲奇	Chocolate Cookies
爆米花(甜/咸)	Popcorn(Sweet/Salt)
香草冰淇淋	Vanilla Ice Cream
巧克力冰淇淋	Chocolate Ice Cream
草莓冰淇淋	Strawberry Ice Cream
绿茶冰淇淋	Green Tea Ice Cream
果汁冰糕	Sherbets
草莓奶昔	Strawberry Milk Shake
巧克力奶昔	Chocolate Milk Shake
咖啡奶昔	Coffee Milk Shake

图7-6　西餐主要甜点菜品举例

侍酒师推荐

经典菜品：巧克力布丁蛋糕

推荐搭配：葡萄牙道斯年份波特(Dow's Vintage Port 2007, Portugal)。

推荐理由：巧克力和波特（年份波特）是经典的搭配组合。巧克力中含有的甜和苦与波特中含有的苦（单宁）及甜（残糖）十分协调地相互衬托。巧克力酱的回味与波特中的红色水果风味也相互映衬。

（来源：绍兴慢宋酒庄侍酒师 Jeff田金雨）

项目七　葡萄酒与奶酪搭配

项目要求

· 了解奶酪的主要分类标准及不同类型奶酪的风味特征。
· 掌握奶酪与葡萄酒搭配的基本方法。
· 掌握奶酪的主要类型及与葡萄酒搭配的方法。
· 能够通过分析奶酪风味提出与葡萄酒搭配的合理化建议。

项目解析

奶酪与葡萄酒一样种类繁多，在不同地区，由于原材料、制作方法、熟成方式的不同，其制成的奶酪的口感、风味差异也很大。所以，要想找到最理想的奶酪与葡萄酒的搭配方案，首先需要了解奶酪的基本类型。目前，世界上有1000多种类型的奶酪，生产国主要集中在欧洲的法国、德国、意大利、荷兰、瑞士及希腊等国，除此之外，美国也是世界上的奶酪生产大国，加拿大、澳大利亚、新西兰以及亚洲的日本也都有大量生产。

任务一　理论认知

一、奶酪主要分类

奶酪通常分为天然奶酪与再制奶酪两类。天然奶酪的原料是乳类及乳酸菌等，其中乳类包括牛奶（Cow's Milk）、水牛奶（Buffalo's Milk）、羊奶（Sheep's Milk）、山羊奶（Goat's Milk）等；再制奶酪的原料则为奶酪、干酪类以及黄油、白砂糖或其他添加成分等。前者使用原汁原味的乳类，通过乳酸菌或霉菌发酵而成，属于“活”性食物；而后者是使用已经成品的天然奶酪或奶酪余料等，通过热处理，使之融化、重新固形后制作而成的奶酪，在其制作过程中，可以根据市场需求及消费者口味，添加其他风味成分，形态多样，色泽丰富，包装精美，且由于已经经过高温处理，比天然奶酪更容易储存。就

营养价值而言，天然奶酪更占优势。天然奶酪类型非常多样，根据不同的分类标准有很多细分类型。

（一）根据乳类原材料分类

奶酪根据乳类原材料的不同，可以分为牛奶酪、水牛奶酪、羊奶酪、山羊奶酪等，其中以牛奶酪最为多见。使用水牛奶制作的奶酪经常被当作新鲜奶酪食用，最出名的当属意大利的马苏里拉奶酪(Mozzarella)。使用羊奶制作奶酪，比较知名的有法国的科斯内绵羊奶酪与西班牙的曼彻格绵羊奶酪；山羊奶酪在法语中被称为“Chèvre Cheese”，它主要产于法国，目前有超过150种的山羊奶酪，较具代表性的为瓦伦卡(Valença)奶酪，另外瑞士的萨能山羊(Saanen)奶酪与阿尔法山羊奶酪等也广受欢迎。

（二）根据含水量分类

奶酪因含水量的不同而呈现不同的硬度，根据软硬程度，奶酪分为软质、半硬质、硬质及超硬质四个类型。我们常见的未经熟成的新鲜奶酪、白霉奶酪、风味独特的水洗奶酪以及山羊奶酪多属于软质奶酪，其含水量较多，在48%以上；半硬质奶酪含量为38%—48%，蓝纹奶酪属于该类型；硬质奶酪的含水量更少，在32%左右，通常体积较大；超硬质奶酪是奶酪中含水量最少的，在32%以内，通常需要几个月到几年不等的成熟期，超硬质奶酪密度较大，非常有重量感，意大利的帕玛森属于该类型。

（三）根据熟成与否分类

根据熟成与否可以将奶酪划分为非成熟型奶酪与成熟型奶酪。质地较软、清爽柔和的新鲜奶酪属于非成熟型奶酪；成熟奶酪类型较为多样，根据霉菌熟成、细菌成熟及表面清洗等划分为不同类型，白霉奶酪、蓝纹奶酪、水洗奶酪、硬质奶酪等都属于成熟型奶酪。

（四）根据制作方法分类

根据制作方法的不同可以将奶酪划分为新鲜奶酪、白霉奶酪、蓝纹奶酪、水洗奶酪、半硬质奶酪、硬质奶酪等类型。这也是我们在星级餐厅自助餐里经常看到的类型，主要食用方式为切片，切块后与其他料理搭配做开胃菜，或制作拼盘单独食用，另外也可以刨丝后作为烘焙配料。

二、奶酪与葡萄酒搭配

奶酪与葡萄酒的搭配也需遵循上文中的酒餐搭配的基本原则，如质地柔软的奶酪与酒体较轻葡萄酒搭配，质地坚硬的奶酪搭配酒体较为饱满的葡萄酒。除了这些基本规则，还需要注意以下事项。

（一）注意葡萄酒的百搭性

西餐中的奶酪通常在饭后食用，奶酪拼盘是食用时的一种基本组合形态。奶酪拼盘风味从温和到坚实，从清淡到强烈，从酸味到甜香都汇集其中，而且色泽不一。另

外，奶酪拼盘里还常会搭配一些简单的果干，如蓝莓、树莓等，也会附加一些碳水化合物如饼干、面包片等，开心果、杏仁、核桃等坚果类也会出现在拼盘内，而西班牙、意大利一些著名的生火腿、萨拉米肠等同样也是奶酪拼盘的"常客"。由于存在这种多样性，奶酪与葡萄酒搭配时首先应考虑的是酒的百搭性，歌海娜、仙粉黛、起泡酒、桃红葡萄酒等中性酒具备高灵活性，适合搭配，餐后食用的奶酪可与各类加强型甜酒搭配，如西班牙雪莉、葡萄牙波特等。

（二）注意地域同源属性

在悠久的历史与人文环境双重作用下，欧洲形成了丰富的奶酪生产传统，奶酪与当地美食和美酒的碰撞是天作之合。如果同时对比法国与意大利葡萄酒与奶酪产区分布图，不难发现它们有很多重叠之处，这大致能佐证有葡萄酒的地方大多都伴有奶酪的生产，表7-6列出了奶酪与葡萄酒搭配的一些经典组合。

表7-6　奶酪与葡萄酒搭配组合

序号	奶酪	葡萄酒
1	夏维诺圆形山羊奶酪	卢瓦尔桑赛尔长相思
2	法国南部蓝纹罗克福奶酪	波尔多苏玳甜型白葡萄酒
3	勃艮第金丘区水洗软质埃普瓦塞奶酪	勃艮第博纳丘霞多丽
4	法国东北部软质布里奶酪	法国香槟
5	意大利马苏里拉奶酪	意大利灰皮诺
6	意大利硬质帕尔玛干酪	意大利陈年基安蒂红葡萄酒
7	西班牙中部羊奶奶酪曼彻格奶酪	西班牙里奥哈红葡萄酒

（三）注意奶酪味道的强度

奶酪因原材料、制作方法及成熟时间不同，其口感也相差甚远，有的比较温和，有的则色重味浓。前者适合与白葡萄酒或果味型红葡萄酒搭配；后者适宜与浓郁型干红搭配。如新鲜奶酪或软质奶酪与长相思、维奥涅或香槟等搭配；英国口味浓郁、散发着坚果气息成熟的切达奶酪（Cheddar）与赤霞珠或西拉等搭配，酸味突出的山羊奶酪则应与酸度明显的长相思或起泡酒等搭配。

（四）注意奶酪与葡萄酒的互补性

奶酪与葡萄酒的互补性是指其相反的特性恰好可以平衡对方突出的味道。最好的例子是罗克福蓝纹奶酪与法国苏玳甜白，英国的斯蒂尔顿奶酪与波特的经典搭配。这类奶酪有一种特殊的咸味，而葡萄酒中的甜度刚好可以有效地反衬咸味。另外，有些奶酪中会伴有淡淡的酸味与辛辣味，这类奶酪可以选择搭配有甜味的葡萄酒予以平衡。同时，单宁较多的葡萄酒与奶酪滑顺的油脂很搭，两种极端的口感能在口腔里实现平衡。

（五）注意奶酪的成熟度

天然奶酪中很大一部分需要经过一段时间的成熟期，所以根据是否成熟，可以将奶酪划分为成熟奶酪与非成熟奶酪。新鲜奶酪就是一种非成熟奶酪，味道较为清香、质地柔软的奶酪，适合搭配酒体较轻的白葡萄酒。在成熟奶酪中，半硬质与硬质奶酪是一种有较长成熟期的奶酪类型，通常需要几个月到几年不等的成熟期，这种类型的奶酪经历了高温凝乳的过程，水分较少，随着成熟的进行，香味会变得非常浓厚，并散发出类似坚果等的气味，有些会带出牛奶本身的甜味。搭配葡萄酒时，一定要考虑奶酪的成熟时间及方式，并根据其风味结构来搭配相似浓郁度、酒体饱满度与风味的葡萄酒。

除以上注意事项外，顾客用餐场合及喜好也是极为重要的考量因素。奶酪与葡萄酒的搭配一定要在用途的基础上，充分考虑与用餐氛围的融合。

三、奶酪类型与葡萄酒搭配

奶酪根据原材料及制作方法的不同，主要有以下七种经典类型，这些类型的奶酪是西餐厅的常客，它代表了奶酪的基本风味形态。

（一）新鲜奶酪(Fresh Cheese)

这是一种最能体现乳类原材料本身特点的奶酪，口感细腻，水分多，偏清淡，有微微的酸味。主要代表有里科塔奶酪、马苏里拉水牛奶酪、马斯卡彭奶酪等。这类奶酪在西餐中经常在开胃菜阶段出现，适合搭配酸度活泼的干型或半干白、香槟、果味突出的桃红葡萄酒等，卢瓦尔河长相思、安茹桃红葡萄酒、夏布丽的霞多丽也都是不错的选择。

（二）白霉奶酪(White Mould Cheese)

在制作该类型奶酪时，需要在奶酪表面撒上一层白霉孢子促其熟成，成熟后的白霉奶酪质地较软，属于软质奶酪。因为有简短的熟成过程，白霉奶酪的香气会比新鲜奶酪丰富、浓郁，口感更加柔滑顺口。主要代表有卡门培尔奶酪、圣安德烈奶酪、布里奶酪等。白霉奶酪较适合搭配白葡萄酒，味道温和的白霉奶酪可以选择高酸、中等浓郁度的干白、香槟等，味道强烈的、成熟度高的白霉奶酪搭配浓郁型干白或部分清淡的红葡萄酒。

（三）蓝纹奶酪(Blue Cheese)

该类型奶酪有大量青霉分布其中，蓝纹奶酪由此得名。蓝纹奶酪与白霉奶酪一样需要一定的成熟时间，成熟期从几周到几个月不等。口感偏于咸香，味重强烈。法国的罗克福奶酪、奥弗涅奶酪、德国的巴伐利亚奶酪、意大利的戈贡佐拉奶酪、英国的斯提尔顿奶酪是蓝纹奶酪的代表。较咸的蓝纹奶酪适合搭配贵腐甜白葡萄酒、波特等，甜型酒浑厚的酒体与蓝纹奶酪的强烈味道十分协调，温和的奶酪可以选择浓郁型干白或果味型、中等浓郁度的红葡萄酒。

（四）水洗奶酪（Washed Cheese）

该类型奶酪在熟成过程中使用盐水、葡萄酒或其他蒸馏酒不断冲洗表面制作而成，风味浓郁，尤其是表层部分味道突出，食用时可以去除外层，避开过于强烈的气味。主要代表有法国的蒙斯特奶酪、蓬莱韦克奶酪、山牌水洗软质奶酪等。该类型奶酪建议搭配浓郁的陈年红葡萄酒。

（五）山羊奶酪（Goat Cheese）

使用山羊奶制作而成的奶酪通称为山羊奶酪，山羊奶酪历史非常悠久。与牛奶制作的奶酪相比较，其味道偏重，酸味更加突出。较为知名的有瓦伦卡奶酪、夏维诺奶酪等。山羊奶酪的经典搭档是散发着青草气息的长相思，长相思活泼的酸度与果味恰恰匹配了奶酪的酸度，除此以外，白诗南、赛美蓉、灰皮诺、干型雷司令等都可以与之匹配。

（六）半硬质奶酪（Semi Hard Cheese）

半硬质奶酪的水分含有量为40%左右，半硬质奶酪的制作方法很简洁，在新鲜奶酪的基础上进一步将水分排出，即通过压制的手法来排除多余的水分。其口味浓郁，会带有坚果香气，随着成熟时间的延长，味道顺滑、醇厚。主要代表有福瑞客高达奶酪、苏莫尔奶酪、玛丽波奶酪等，根据味道的强烈程度可搭配干白、干型起泡酒或中等浓郁度干红等品种。

（七）硬质奶酪（Hard Cheese）

硬质奶酪脱水更多，适合长期陈放，颜色通常为淡黄色、黄色、茶色、橘黄色等。随着陈年，其味道会愈加浓郁，产生强烈的乳脂、乌鱼子的味道，带有丰富的坚果气息，口感黏稠。主要代表有法国的康堤奶酪、意大利的帕玛森奶酪、帕达诺奶酪、荷兰的红波奶酪、英国的切达奶酪、瑞士的格鲁耶尔奶酪等。这类奶酪多切片、刨丝后食用，与口味强烈的红葡萄酒或橡木风格干白搭配，赤霞珠、西拉、意大利的巴罗洛以及基安蒂红葡萄酒都是不错之选。另外，西班牙雪莉与硬质奶酪中的坚果味也很协调。同时，还需注意奶酪的地域性、成熟度及口感中的甜味。

奶酪与葡萄酒搭配如图7-7所示。

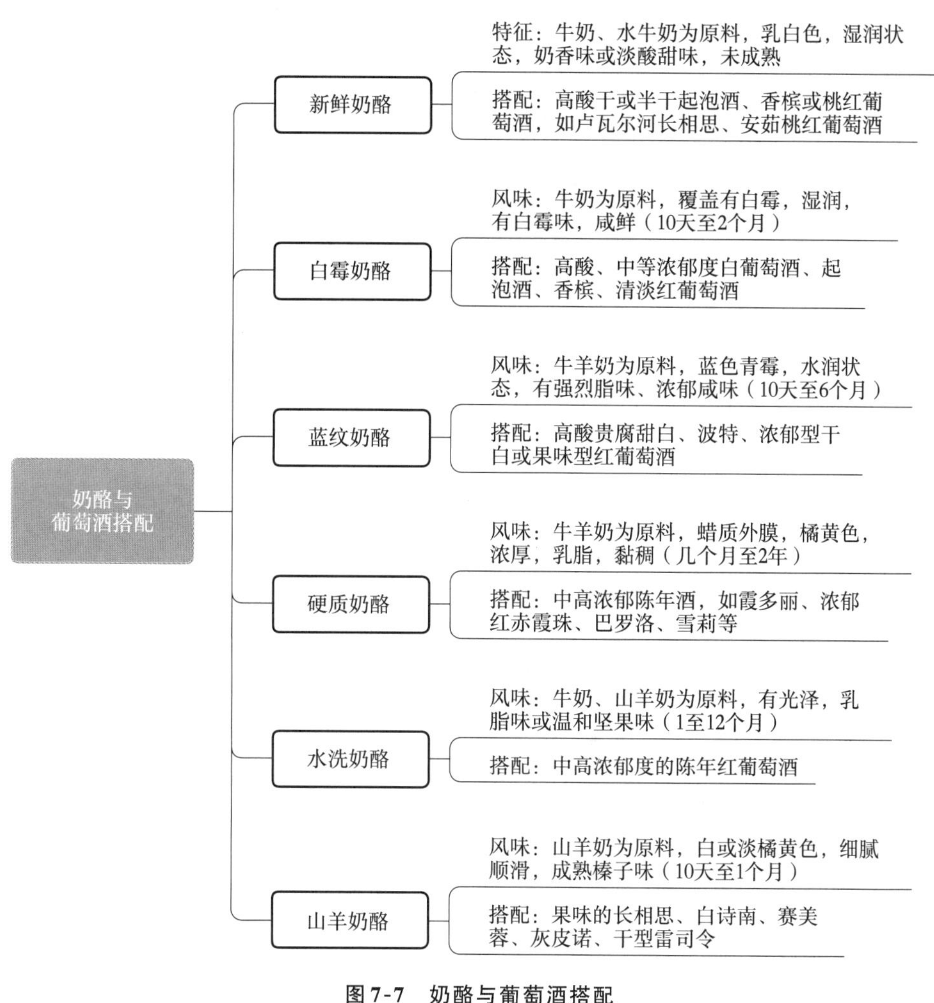

图 7-7 奶酪与葡萄酒搭配

任务二 训练与检测

从图 7-8 奶酪菜单中选择一款奶酪，对其风味及与葡萄酒的搭配进行讲解训练，锻炼学生语言组织、表达及综合运用能力，可以单人也可分组进行训练与检测。

奶酪类			
新鲜奶酪	法国	法国白干酪	Fromage Frais
	意大利	里科塔 马斯卡彭 马苏里拉	Ricotta Mascarpone Mozzarella

图 7-8 西餐主要奶酪类型举例

奶酪类			
白霉奶酪	法国	卡门培尔 雄狮之心卡门培尔 布里 总统牌	Camembert Camembert Coeur de Lion Brie Cheese Petit Camembert President
	德国	伯尼法	Bonifaz
	日本	樱花奶酪 雪奶酪	Sakura Yuki
蓝纹奶酪	法国	罗克福 奥弗涅	Roquefort Auvergne
	意大利	戈贡佐拉 甜戈贡佐拉	Gorgonzola Piccante Gorgonzola Dolce
	英国	斯提尔顿	Stilton
	其他	德国巴伐利亚 丹麦皇家奶油	Bavaria Blue Cheese Creme Royale
山羊奶酪	法国	瓦伦卡 黑色金字塔 谢尔河畔塞勒	Valença Pyramide Selles Sur Cher
	日本	十胜木炭灰 新鲜山羊奶酪	Tokachi Chèvre Sumi Chèvre Frais
水洗奶酪	法国	蒙斯特 蓬莱韦克 奶油绍梅	Munster Pont-l'Évêque Le Crémier de Chaumes
	意大利	格尔巴尼塔列齐奥	Galbani Taleggio
	日本	奶酪之翼 山牌水洗软质奶酪	Fromaje de Aile Wash Type Mountain's
半硬质奶酪	荷兰	兰德莱斯高达 福瑞客高达	Gouda Rindress Gouda Frico
	丹麦	玛丽波 苏莫尔	Maribo Samsoe
	日本	洋葱高达 瑞克坦 依滋莫红奶酪	Tamanegi Rectan Izumo la Rouge
硬质奶酪	意大利	帕玛森 帕达诺	Parmigiano Reggiano Grana Padano
	英国	红切达	Red Cheddar
	法国	米摩勒特 孔泰	Mimolette Comte
	瑞士	埃曼塔尔 格鲁耶尔	Emmental Gruyere

续图 7-8

拓展阅读

侍酒师推荐

经典菜品:罗克福蓝纹奶酪

推荐搭配:旭金堡酒庄苏玳甜白葡萄酒(Chateau Suduiraut 2019, Sauternes, France)。

推荐理由:苏玳甜白搭配罗克福蓝纹奶酪是一个很经典的奶酪与葡萄酒的搭配。罗克福中的咸可以很好地平衡苏玳甜白葡萄酒中的糖分,在口腔中留下咸鲜感。Chateau Suduiraut 2019这款酒中浓郁的干果香气、蜂蜡香气可以有效的中和罗克福自身散发的辛辣味。

(来源:绍兴慢宋酒庄侍酒师 Jeff田金雨)

训练与检测

• 知识训练

1. 简述西餐饮食文化的特点及与葡萄酒搭配的原则方法。
2. 归纳几种常见的西餐香料与酱汁的风味特征。
3. 介绍几种常见的西餐开胃菜与葡萄酒搭配的方法。
4. 介绍几种常见的西餐汤菜与葡萄酒搭配的方法。
5. 归纳西餐主菜类型及与葡萄酒搭配的方法。
6. 归纳西餐甜点类型及与葡萄酒搭配的方法
7. 归纳奶酪的几种代表类型(按照制作方法)及与葡萄酒搭配的方法
8. 举例几个葡萄酒与奶酪的经典搭配案例,并说出原因

• 能力训练

根据所学知识,分组完成每小节项目的训练任务,并进行相关技能检测。

章节小测

下篇　会运营
——侍酒师业务运营管理

模块八
侍酒师业务运营管理

模块导读

侍酒师业务管理是餐厅运营的重要工作，它包括侍酒师业务管理、日常管理、酒单设计与制作、酒会组织与推广、酒水选品与采购及仓储维护等重要工作。侍酒师业务开展、团队建设的好坏直接影响餐厅的运营与利润的获得。另外，餐厅酒水的选品、采购与营销也是餐厅酒水业务运营的重点。本模块包含从侍酒师业务管理概述、侍酒师日常管理、酒单设计与制作、酒会组织与推广、酒水促销活动、酒水采购模式、酒水采购流程、酒水仓储管理方面的内容。掌握侍酒基本业务管理、酒水采购及仓储维护等相关知识，是侍酒服务人员从技术型人才向管理型人才拓展的必经之路。本模块内容框架如下。

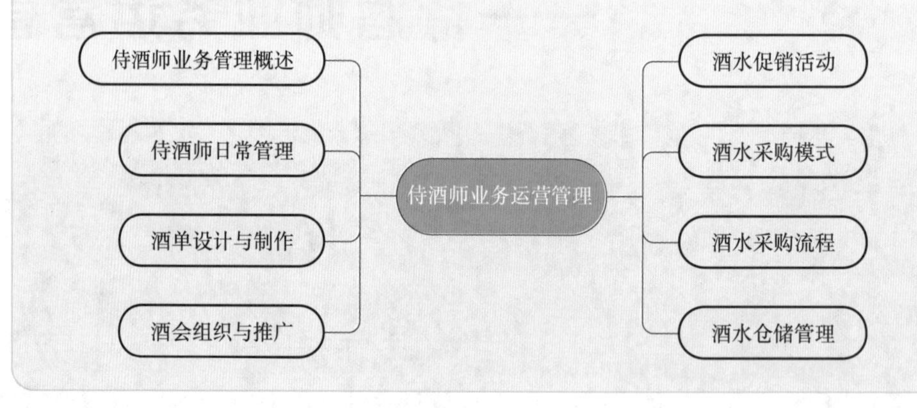

学习目标

知识目标：了解餐厅酒水业务的常见管理模式与基本要求，了解侍酒师日常工作的主要内容；掌握餐前、餐中与餐后服务的基本服务技能要求；理解酒单设计与制作的内外部要素，掌握酒单制作的技巧与方法；了解餐厅酒会组织包含的基本内容与组织方法；了解酒水活动的基本促销方法；理解酒水选品渠道与选品方法，并掌握基本的酒水采购流程；了解库存盘点的基本原则与方法，并掌握仓储维护的方法。

技能目标：运用本章专业知识，学生能够具备侍酒师基本业务管理技能，为餐厅制作优化业务管理方案，并设计出符合业务需要的酒单，同时能为餐厅完成酒水促销活动的策划；能够遵循市场原则，为餐厅选品提供合理化建议，并科学有效地完成餐厅的选品、评估、采购、验货核对等业务，为企业创造更多利润。同时，能根据不同酒水类型与规格，科学地管理库存与维护仓储。

思政目标：通过本章学习，学生能够理解侍酒师业务管理应具备的基本职业素养，培育学生专业、专注、专心的职业品质，使学生明晰侍酒师在选品采购业务中对供应商应保持的尊重、真诚、守信的职业道德，并在库存管理与仓储维护中保持爱岗敬业的工作态度，全面塑造职业意识强、道德水平高、业力素质硬的职业精神。

项目一 侍酒师业务管理概述

项目要求

- 了解餐厅酒水业务的常见管理模式。
- 了解酒水业务管理的基本要求。
- 掌握团队沟通、团队协作与团队培育的基本方法。
- 能够为餐厅制作侍酒师团队培育方案。

项目解析

在中国大部分餐厅中，根据侍酒师团队能力和餐厅管理方式的不同，可采取不同的酒水业务管理模式，主要的模式有“统筹式”和“分工式”两种。高效的业务团队与和谐的工作氛围，离不开团队每位员工的努力与相互帮助，顾客预定信息的正确记录与传达、员工工作期间的相互协作、上下级之间信息的传达与执行、相互的尊重与信任等都是团队工作效率提高与业绩达成的根本要求。服务顾客是一个细致入微的工作，每个环节的处理与衔接，均需要员工的密切配合，每位员工必须细致地进行工作记录与管理。对于侍酒师团队建设更是如此，葡萄酒专业知识、服务技能、酒单更新、菜品搭配以及员工专业素养的培训与养成是团队建设的重要内容。除此之外，团队信息的沟通、快速准确的传达，以及把握与落实服务细节并提高顾客满意度是侍酒师业务管理的重要组成部分。

任务一　理论认知

一、酒水业务管理模式

（一）统筹式

在该模式下，一般由一名被称为“酒水项目主管”“首席侍酒师”或“葡萄酒总监”的专职人员负责整个餐厅与酒水相关的工作的运营与管理，也就是采取“酒水项目负责制”。该主管的主要任务是对餐厅的酒水销售业绩负责，因此要为餐厅提供一套整体的酒水运营方案。其中，包括选品、洽谈、采购、酒单设计等上游策划工作；还包括对餐厅所有前厅人员（有时甚至包括后厨人员）开展关于酒水服务技能、销售技能与酒水知识的培训；最重要的是要为餐厅制定与酒水销售业绩相关的绩效考核机制，激励一线服务人员主动推销，创造业绩。同时，主管还要参与餐厅日常的对客服务，解答一些一线服务人员无法解答的关于酒水的专业问题，处理不时发生的顾客投诉和其他突发事件。“统筹式”管理模式有利于餐厅建立起一个统一协调的酒水运营体系，使管理过程权责明晰、分工明确，适合规模较大的餐厅或连锁餐厅的管理。理论上说，“统筹式”是适合中国高级餐厅使用的酒水管理模式。

（二）分工式

由于目前国内很多餐厅对酒水的了解透彻但具有销售技能与管理能力的专业人员较为稀缺，许多餐厅只能采取“分工式”的酒水业务管理模式。在选品方面，一般由餐厅老板或店长自行选择，并由餐厅采购部门负责执行。餐厅对于服务人员的侍酒服务和产品知识培训，有时会依赖供应商提供的培训服务。在销售业绩管理方面，由店长制定销售目标并对达标情况负责。在酒水仓储方面，则由公司的仓储部门进行管理。“分工式”管理模式表面上看似权责清晰，实际上却存在许多问题。首先，由于餐厅事务繁忙，店长在酒水运营管理方面能够投入的时间与精力一般非常有限。其次，并不是所有店长都能够掌握丰富、系统的酒水服务和管理知识，因此无法确保培训的质量和最终效果。处理酒水相关的选品、采购和仓储等供应链相关事务需要负责人具有较高的专业知识水平，并对日常管理细节进行实时把控。无论是餐厅老板、店长还是各个职能负责人员，都无法做到对每一个环节进行专业细化的管理。酒水的营销体系，包括酒单设计、活动策划、环境打造和维护等具体事务，更需要负责人具有专业的知识、丰富的行业资源，并能制定系统的执行方案，这样才能对酒水销售产生实际助推效果。最后，由于缺少专业人士进行统筹管理，服务人员的服务质量无法得到日常监督，不利于深入维护顾客关系，对于销售人员的销售业绩也缺乏责任约束。

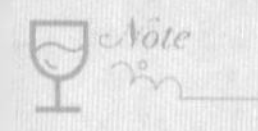

二、酒水业务管理要求

酒水业务管理包含多方面的细节要求，主要包括团队沟通、对客服务的细节要求以及团队培育与建设。

（一）团队沟通

（1）侍酒服务人员需要详细记录顾客预定信息细节，包括用餐时间、人数、规格、宴会类型以及其他要求等，并及时传达给餐厅主管与经理，做好准备工作。如果是电话预约，则需要在记录好预定信息后，将转达人、落款人以及日期都写清楚，以免发生信息传达失误。

（2）侍酒服务人员应尊重上级指示，保障信息畅通。如有疑问，应及时提出问题，做到清晰明了，提高执行力与工作效率。

（3）侍酒服务工作中难免有技能服务或品酒判断的困难之处，要善于接受他人帮助，善于接受批评，及时修正工作不足，提高工作能力。

（4）同一餐厅侍酒服务的同事应相互帮助，形成良好协作氛围，工作之余，注意观察周围是否有需要做的事与需要协助的人。

（5）首席侍酒师对下级服务人员应建立明确的激励制度，善待下属，友善亲和，充分调动员工的工作积极性。当下属有过失时，详细了解事件原委，确保意见是建设性而非破坏性。如果下属出色完成工作，对下属应给予奖励或赞扬。

（6）下达指示应清楚而明确，切勿含糊不清。

（7）做好相关部门的信息共享。团体顾客来店用餐，其服务会牵扯到多个部门，在已知顾客信息和具体要求的情况下，侍酒师应将信息共享给前厅、厨房等相关部门的负责人，以确保服务连贯性。

（8）所有侍酒师团队成员必须有时间观念，守时与彼此信任是相互配合工作的基础。侍酒师需要时刻保持积极的工作状态，侍酒师主管经理还应起到带头作用，营造团队积极向上的工作氛围。

（9）与其他员工相处时应谨言慎行，避免无意的冒犯，特别是身处多元文化的工作环境中时，更要多加注意，换位思考，相互尊重。

（10）顾客反映的问题要及时反馈给相关同事以及主管。顾客对酒水表示满意时，事后返回工作台要做好记录，并转达给酒单制作人及采购负责人。

（二）服务细节

（1）要时刻把顾客放在第一位，保障顾客从进入餐厅到离开餐厅受到同等水平的服务接待，保证服务质量的一致性。

（2）不要倚靠吧台、桌椅一侧、柜台等，时刻准备为顾客提供服务。

（3）在为顾客提供服务过程中，应语速适中，表达清晰、流畅，切不可失去耐心，疏远顾客。进行葡萄酒消费的外籍顾客多，英语等外语使用频繁，外语表达时更要注意流利大方，清晰自然，另外还要注意不同国籍顾客的饮酒、用餐习惯差异。

（4）始终面带微笑、礼貌地接待顾客，表现出愿意协助及帮助顾客态度，恭敬与礼

貌是服务人员的必备素质之一。

(5) 要善于运用快乐、幽默的语言为顾客营造愉悦的气氛。

(6) 为顾客提供摆台、开瓶、斟酒等服务时,要时刻保持亲切的服务态度与优雅的风度,让顾客享受服务过程。

(7) 遇到刻意刁难的顾客,不要抱怨,要保持心平气和,以彬彬有礼的态度,让顾客平静下来;如果难以应对,向上级汇报处理。

(三) 团队建设

(1) 对新入职员工进行酒水知识普及,定期组织员工进行酒水培训与考核。葡萄酒供应商定期酒水培训是酒店葡萄酒知识普及的一种方式,许多酒店也有自己内部的酒水培训体系。

(2) 进一步优化针对老员工的酒水培训,可以通过奖励性酒水认证考试的形式完成,以提高酒水团队的专业酒水服务能力。主要形式为定期组织周次、月次的酒水基本知识与操作训练,提高员工服务技能。目前,很多酒店针对葡萄酒知识与侍酒服务技能建立了完善的培训制度,培训周期通常以周单次或双次为主,在固定时间段对西餐厅、大堂吧以及送餐部进行酒水培训。培训内容主要包括葡萄酒知识、酒单、酒窖管理、菜品搭配以及服务技能等。

(3) 组织安排葡萄酒知识与侍酒服务比赛,形成良好的竞争氛围。香格里拉酒店率先在集团内部组织侍酒师大赛,希尔顿酒店集团也有酒水相关的比赛项目,这些内部比赛对培养酒店年轻侍酒师团队有很大帮助。

(4) 参加行业内有组织、有影响力的葡萄酒侍酒大赛或者各种酒水类比赛,以提高员工积极性,培养员工荣誉感,带动整个酒水团队的发展。目前,较有影响力的侍酒服务比赛有中国侍酒师大赛、中国青年侍酒师团队赛、"罗斯福杯"中国葡萄酒-侍酒师大赛、中国最佳法国侍酒师大赛,以及中国年度酒单大奖赛等。

任务二　训练与检测

检测表

设定一定培训主题进行考核,考核内容可参考检测表。由于酒水培训内容丰富,可选择其中单项或组合单项进行考核。

项目二　侍酒师日常管理

项目要求

· 了解侍酒师日常工作的主要内容。

· 掌握餐前、餐中与餐后服务的基本服务技能要求。
· 对模拟餐位做餐前、餐中、餐后服务训练。

项目解析

侍酒师或者酒水服务员的日常工作烦琐复杂，但有两项日常工作内容必须明确，一是确保所有的酒水饮品处于良好状态；二是尽量为顾客提供优质服务，让顾客愉悦用餐、满意而归。具体工作可以分为餐前、餐中及餐后三个部分。

任务一 理论认知

一、餐前准备工作

做好餐前工作是优质服务的基础，服务开始之前需要做好准备工作，迎接顾客的到来。餐前准备工作主要包括了解酒水的最佳饮用温度、检查酒水品相，以及准备服务的工具与饮酒器皿等。具体工作有：调节酒水温度；检查器皿设备是否齐全；检查器皿卫生状况、器皿损坏情况；检查酒单菜单的更新、缺失情况；对吧台器皿进行准备；查看预约与餐位摆台准备等。主要细分工作如下。

(1) 选择与准备已预约与未预约餐位所需要的玻璃器皿。

(2) 检查擦拭酒杯的餐布是否干净、整洁，定期熨烫整理，并保证足量。

(3) 使用干净、棉质的白色餐巾擦拭所有玻璃器皿。

(4) 确保玻璃器皿内外洁净，如酒杯杯底清洁，水壶边沿以及醒酒器清洁。

(5) 所有玻璃器皿需要检查是否破裂、损坏，保证干净、无灰尘、无异味。

(6) 检查吧台、备餐区、服务台的集水槽、排水区是否干净清爽。

(7) 检查餐位物品是否齐全，包括餐巾纸、牙签、台号牌等。

(8) 检查酒单、菜单是否干净和整洁、有无损坏，是否需要更新等。

(9) 检查是否有缺货(注意年份)，如果有，要通知所有侍酒人员，并及时更新酒单。

(10) 准备好酒水服务器皿，如酒刀、冰桶及冰桶架、醒酒器、酒篮、过滤网、蜡烛、烛台、杯垫、火柴、酒水车、骨碟、餐巾等。

(11) 检查房间与备餐间物品是否齐备，确认使用情况，并检查墙面、地板清洁情况。

(12) 检查酒柜运行情况，保证良好使用状态，并检查酒水标签是否完备，定期从酒窖补充常用酒水。

(13) 检查保鲜分杯机与抽酒器运行情况，保证良好使用状态，并检查保鲜机余酒量，做好更换补充，抽酒器须检查氩气囊使用情况，做好更换补充。

(14) 检查并熟悉已预定餐位的顾客信息、用餐人数、特殊需要，做好酒水准备。

(15) 准备场地摆台，酒杯、刀叉、餐垫、餐巾等按照指定位置摆放。

(16) 检查酒水品相，主要包括酒标、瓶帽、水位、酒液状态(是否有浑浊或酒渣等)、酒外观颜色(是否有过度氧化导致的颜色变化)，以及是否有凸塞与漏液现象等，确保瓶身外观及酒标无破损。

(17)准备冰酒用道具，根据不同酒的风味需求及顾客具体需求，提前做冰酒准备，根据顾客到店时间，调节冰水比例，以达到最佳冰镇效果。

(18)准备好醒酒服务所需道具，如果是大型酒会活动，需要提前确认酒的状态，对葡萄酒进行品相与口感抽样品鉴，对部分需要提前醒酒的葡萄酒，提前进行台面布置。

二、餐中服务工作

餐中服务工作是侍酒服务的核心之处，是影响顾客满意度的关键，侍酒师良好、专注的工作姿态以及细心、耐心的工作态度是做好侍酒服务的必然要求。餐中服务工作主要包括拉椅让座服务、帮助顾客放置衣帽服务、点酒添酒服务、开瓶斟酒服务、备餐上餐服务、中途更换酒杯服务以及突发事件的处理等。

(1)引领顾客入座，与顾客保持良好的沟通。

(2)帮助顾客放置衣帽。

(3)为顾客提供拉椅服务。

(4)为顾客递送酒单、菜单，打开首页，并为顾客展铺餐巾。

(5)帮助顾客点酒，描述酒单上葡萄酒的风味特征，最后向顾客确认产品信息，包括酒名、年份、规格、品种、产地、价格、类型等。

(6)熟悉所有餐厅酒款信息，为顾客做推介说明。

(7)使用正确的侍酒方式为顾客开瓶、冰镇、醒酒等服务。

(8)如果顾客需要，为顾客品尝葡萄酒口感，确认酒的状态。

(9)服务过程保持良好的职业面貌，倒酒切勿滴洒，及时使用餐巾擦拭瓶口。

(10)尽可能品尝酒单的所有酒款，为顾客做好推荐。

(11)如果顾客中途另点其他葡萄酒，及时为顾客更换新的酒杯。

(12)顾客第一瓶酒饮用即将结束时，做第二瓶开瓶准备；如果顾客只点一瓶酒，合理推荐其他酒水。

(13)尽可能多地了解菜肴口感，熟悉菜肴的原材料、烹饪方式及料汁使用等信息，为顾客推荐特色菜肴，并提供酒餐搭配建议。

(14)中途及时为顾客进行添酒服务与上菜服务。

(15)处理餐中其他事宜。

(16)处理餐中各类突发事件，确保顾客满意。

三、餐后收台工作

餐后收台工作是指顾客离开后的善后及后台管理工作，这是餐厅运营管理的重要阶段，同时也是团队建设与提升的重要环节。餐后收台工作的主要服务内容包括结账服务、送行服务、器皿回收、器皿清洁、账单汇总、库存盘点、复盘会议等。

(1) 与顾客礼貌道别，环视餐桌周围，确保顾客没有物品遗留。

(2) 做好顾客预留酒水的登记工作。

(3) 从酒杯开始回收餐具,酒杯竖直放入酒杯收纳筐,避免杯口朝下,并运送至机器清洗台;如果手工清洗,运送至清洗吧台。

(4) 清洗酒杯并用干净餐布擦干,放入酒杯专用储藏柜或倒置于吧台倒挂支架上,注意储藏柜卫生及支架卫生,应隔着餐巾抓握杯柄,切忌用手直接触碰酒杯。

(5) 醒酒器、冰桶等需要清洗、擦拭并放置在指定位置。

(6) 登记酒杯、醒酒器等器皿的损耗情况并及时申请补充。

(7) 整理账单、财务报表。

(8) 收纳处理软木塞、空瓶、损坏的酒水饮料。

(9) 定期检查库存,删去酒单上无库存酒水。

(10) 根据酒店酒水销售情况,定期修改、完善酒单。

(11) 侍酒师主管与经理定期对员工做酒水培训。

(12) 定期召开会议,制定酒水营销方案。

(13) 侍酒师经理与厨师保持定期短会与沟通,了解菜式变化与菜肴创新。

(14) 协助厨师改善菜品,提出合理建议。

任务二　训练与检测

检测表

根据实训条件分组、分项目进行模拟训练,小组成员分别担任侍酒师团队成员,对该项目进行模拟训练。

场景:2位已预约顾客将于下午6点来餐厅用餐,顾客提前预约了一款勃艮第优质干白与罗讷河谷优质红葡萄酒作为晚餐用酒,请为该餐位做餐前、餐中、餐后服务。

餐前准备及酒杯摆放

• 餐前准备:酒单要整洁易懂,准确无误;玻璃器皿洁净无异味;餐布干净整洁;托盘、冰桶等辅助器皿干净;开瓶器至少2把;葡萄酒侍酒温度合适。

• 酒杯摆放:如顾客事先已确定酒款,依次摆放好酒杯;如未确定酒款,一般餐位上放置一个水杯和一个红葡萄酒杯;酒杯摆放于顾客右手边;如餐桌空间允许,酒杯可按照直线摆放;所有顾客的酒杯摆放要一致;若顾客点了第二瓶酒,需要另换新的酒杯;试酒的杯子放在第一个酒杯的右边,新增的酒杯放在用过的酒杯右边。

(来源:刘雨龙,(加)Vivienne Zhang《葡萄酒品鉴与侍酒服务:中级》,中国轻工出版社,2020年版)

项目三　酒单设计与制作

项目要求

· 理解酒单设计与制作的外部要素。

· 理解酒单设计与制作的内部要素。

· 掌握酒单制作的技巧与方法。

· 能够结合所学习内容，制作一份完整的酒单。

项目解析

酒单设计与制作是餐厅酒水管理人员的一项重要职责，酒单是餐厅的灵魂，包含了餐厅酒水产品种类与价格，是顾客了解餐厅酒水信息的一览表与说明书，也是酒店盈利的重要来源窗口。因此，餐厅酒水管理人员应十分重视酒单的设计，同时还要对酒单进行日常的更新与维护，从而确保顾客能够对餐厅酒品留下最佳印象。

任务一　理论认知

一、酒单设计的外部要素

（一）酒店实力

酒单制作首要考虑的是酒店实力，酒店餐厅的接待能力、主要顾客的消费水平是酒单制作的首要考量因素。酒店有充足的资金实力及专业的侍酒师团队，配备有足够空间的恒温、恒湿的仓库与酒柜，可考虑保障葡萄酒的产国、产区及品种的多样性，满足不同顾客的需求。酒单的分类方法也可以更加具体、详尽，便于顾客认知和选择。如果酒店实力有限，则要压缩酒单的酒款数量与层级，酒单以简单为宜，葡萄酒的产国、产区与品种尽量简化。

（二）餐厅风格

餐厅风格很大程度上表现为菜品风格，不同风格菜式的口感风味不同，吸引的顾客群体不同，适宜搭配酒的类型自然也不同，因此酒单制作要仔细考虑这一因素带来的影响。

首先，对西餐厅来讲，可分为意式、法式、美式或者西班牙式等风格，当然还有其他特色西餐厅。应根据餐厅类别搭配意大利、法国、美国或西班牙葡萄酒，突出主打类型，在此基础上丰富其他酒款。其次，对中餐来讲，菜品种类繁多，但餐厅的地域性很大程度上决定了菜品风味特征。地域不同，餐厅风格、菜品口味差异很大。因此，需要区分粤式、川式、苏式或北方等菜系类型，进而合理搭配葡萄酒类型，对酒单上红、白葡萄酒、桃红葡萄酒及香槟的数量比例进行科学分配。

（三）酒店顾客群

酒店的顾客群也是酒单制作的重要考虑因素，这一点主要是由酒店所在城市的发展程度、酒店具体位置与酒店风格带来的。在北京、上海、广州等一线城市，酒店的外籍顾客较多，他们有较好的葡萄酒消费观念，对葡萄酒消费接受程度高，所以葡萄酒的多样性、产区的丰富性、价格的合理性都要纳入考虑范围。酒店所在的地理位置也是顾客群最直接的影响因素。如果酒店所在的位置是城市CBD，周边消费档次较高，大型企业、商务顾客以及中高端年轻消费群体多，在这样的环境下，酒单可以提高中、高端葡萄酒及杯卖酒的比例。

（四）市场热点

葡萄酒市场发展迅速，创新与特色酒款也层出不穷，餐厅要紧跟时代发展，以满足消费者的需求。生物动力法酒、自然酒、有机酒、橙酒是追求新意的消费者的选择对象。另外，除了流行品种外，意大利、西班牙、葡萄牙等地的葡萄品种也迎合了一些消费者的需求。近几年，我国从法国引进的马瑟兰（Marselan）开始崭露头角，频频在国际上获奖，也越来越受到关注。中国葡萄酒也成为星级酒店的酒单里不可或缺的酒款。随着我国精品酒庄的兴起，蛇龙珠（Cabernet Gernischt）、品丽珠（Cabernet Franc）、西拉（Syrah）、小芒森（Petit Manseng）、黑皮诺（Pinot Noir）、北醇（Beichun）、龙眼（Longyan）等葡萄酒开始呈现出越来越多经典酒款，国内精品葡萄酒开始成为国内中高端餐厅酒单上的流行元素。另外，新锐的葡萄酒产区或者边缘产区也是市场发展潮流的一部分，侍酒师可以根据餐厅规模及顾客群合理开发，创新酒款。同时，注意行业动态变化，时刻关注市场热点，并掌握市场发展方向与趋势，这些对制作酒单都很重要。

二、酒单设计的内部要素

一个好的酒单首先要体现实用性，方便顾客认知，酒单内容不宜过于复杂，但也需要根据餐厅定位覆盖全面。通常情况下，酒单的制作主要会出现葡萄酒的新旧世界产区分类、名称、年份、产国、产地以及价格等信息，如何把这些信息进行整合设计，实现酒单的可读价值是侍酒师团队的重要工作任务。

（一）材质选择

酒单的材质一般根据餐厅风格而定。一些餐厅为了使酒单与餐厅消费档次相匹配，会选择使用一些昂贵的材质，如牛皮、金属或其他特殊材料。大部分餐厅一般选择

优质纸张制作，且多为活页式设计，方便更新酒单内容。酒单设计风格需要根据主要就餐人群的年龄结构、地域审美，同时结合餐厅形象与市场定位来进行整体设计输出。随着互联网技术的发展，不少餐厅开始使用扫码点餐系统，其中就包括电子酒单。扫码读取电子酒单的形式虽然新颖，但也需要辅助侍酒师的服务与推荐，两者结合更能体现服务周到。

（二）图文并茂

国外餐厅的酒单，通常只是将酒名、产地、年份等信息用文字描述出来，而很少搭配酒水图片。如果没有专业人士的指导，部分消费者很难读懂酒单。图文并茂的酒单，尤其是将酒标设计在酒款一侧，并对酒款做风格与配餐推荐的简单描述，会更加方便消费者点餐。目前，一些餐厅为了方便顾客甄选心仪的葡萄酒，已将酒单做成精致的图册，以供顾客选择。但如果餐厅的酒款过多，这种做法显然会增加酒单页码，对顾客群体较多、葡萄酒销量大的餐厅来讲并不合适。

（三）分类结构

酒单需要按一定结构形式展开，确定分类标准对酒单制作有很大帮助。首先，最传统的酒单一般按照用餐时的饮酒顺序排列酒水：起泡酒（开胃酒）、白葡萄酒、红葡萄酒、甜型酒、加强型酒、烈酒。部分餐厅也会把桃红葡萄酒与香槟列出。接着，再根据餐厅规格以及葡萄酒的款数，按照先旧世界产国产区、后新世界产国产区的排序依次列出。旧世界产区突出产地，子目录通常按照产地划分；新世界产区的大部分葡萄酒突出品种，为了方便顾客选择，一些餐厅会把新世界产区的葡萄酒按照品种（或混酿）进行排序。而对于起泡酒里的佼佼者——香槟，年份香槟、白中白、白中黑、特级香槟等均可列为子目录，通常放在酒单的前排，之后是其他国家或产区的起泡酒。另外，有些餐厅还会单列一些特殊瓶装葡萄酒，如 187 mL、375 mL、1 L、3 L，甚至 6L 装的葡萄酒信息。当然，酒单的分类结构首先考虑的是餐厅的规格与档次，这是决定酒单目录细分的前提。如果酒店档次高、葡萄酒销量大，这时可以增加产区、品种细分，丰富酒款；否则，应尽量避免大而全的酒单设计，这时需压缩子目录结构，有针对性地区分产国、品种。在酒款上，应多体现经典、知名度高的品牌，并多以传统葡萄酒为主，附加一定量的新锐酒款即可。

（四）价格阶梯

酒单价格是消费者非常关注的信息，合理制定不同酒款的价格是首要任务。酒店在葡萄酒进购价的基础上合理加价是正常的，尤其对星级酒店来讲，环境消费与服务消费是葡萄酒价值的重要体现，其葡萄酒售价通常高于普通零售价格。但价格不要虚高，供货商的建议零售价是值得参考的价格标准，在此基础上，应综合考量该酒款的酒庄知名度、产区特性、酿造方式、陈年时间及市场供求关系后进行合理价格制定。当然，业内相似酒款的价格也是定价参考之一。这时还需要注意稀少年份、边缘产区、特殊酿造法、新锐流行以及获奖珍藏等对酒款价值的加分。

整个酒单价格需要分阶梯设定，以迎合不同消费档次的顾客群体需要。价格阶梯

从大的方面来说，分低、中、高三个档次，酒店根据餐厅规格档次和顾客消费水平设定一般三个档次的价格区间。对一线城市五星酒店来讲，通常100—800元为低端产品，800—2000元为中端产品，2000元以上为高端产品。三个档次葡萄酒的比例分配也需要从实际情况出发，可以考虑2:4:4、2:5:3、2:6:2、3:4:3或3:3:4等比例分配。

一般来说，酒单的定位应参考餐厅设定的人均消费。如果一家餐厅的人均消费为1000元左右，其中人均食物消费占600—700元，那么酒单上600—800元的酒款应该设置最多，这符合两人用餐并分享一款葡萄酒的情况。

（五）酒名信息

酒名信息是酒单制作的核心内容。一般葡萄酒名称包含品牌、生产商、酒庄名称、品种、产区、产国、年份或其他描述性文字信息。首先，旧世界葡萄酒的名称多以酒庄名出现，个别产区会附加酒庄的分级，例如“一级园”“特级园”等字样。新世界葡萄酒的名称多体现品牌与品种信息，另外“家族珍藏”“特酿”“经典”等字样也会出现在酒名之中。其次，葡萄酒的年份不管对新世界葡萄酒还是旧世界葡萄酒都是极为重要的信息，年份是酒单内容的重要项。产国、产地信息也是葡萄酒的重要标签之一，产国信息一般在一级或二级目录上会显示。如果酒单上某产国的葡萄酒类型非常多，那么产地也会在下一级目录标题上出现；而如果某产国葡萄酒款式有限，产地则会附加在酒的名称后面出现，而不再单独列出。

（六）杯卖酒设计

杯卖酒一般列于酒单的开头，是餐厅中销量最大、更换频率最高的酒种。杯卖酒是很多中高端餐厅酒水消费的重要组成部分，是满足个性化消费及吸引多样顾客群体的重要形式，目前我国很多星级酒店都引入了杯卖酒的销售方式。餐厅需要根据酒店实力、餐厅主题与顾客类型，合理设置杯卖酒的款式和数量。在二线城市，餐厅通常会有4—6款杯卖酒，一线城市葡萄酒市场较为活跃，餐厅通常会有10款以上甚至几十款杯卖酒，红、白葡萄酒及新旧世界产区往往都会涉及，目前多以红葡萄酒居多。有些高端餐厅会设置起泡酒或香槟作为杯卖酒进行销售，从酒款类型上看，多为经典产区的国际流行品种。例如：

波尔多大区级、南罗讷河谷混酿
南法单一品种VDP
勃艮第大产区级及村庄级AOC
阿尔萨斯果香型干白
卢瓦尔河与新西兰长相思
德国摩泽尔、莱茵高雷司令
意大利基安蒂桑娇维赛
西班牙下海湾、葡萄牙绿酒产区干白
澳大利亚猎人谷赛美容、巴罗萨谷西拉、克莱尔谷雷司令

智利迈普谷、阿空加瓜谷赤霞珠、美乐
智利卡萨布兰卡长相思、霞多丽
美国加州中央谷或纳帕谷、索诺玛谷赤霞珠
阿根廷门多萨马尔贝克

另外,对于新世界杯卖酒,也可以多考虑一些知名品牌,例如奔富(Penfolds)、禾富(Wolf Blass)、甘露酒庄(Concha y Toro)系列等,这些酒款通常为顾客所熟知,方便顾客选择。当然,杯卖酒也适宜设计一些特色酒款,例如,意大利西西里岛的一些特色红葡萄酒,加拿大或德国等冷凉产区干红,中国的一些特色精品酒庄葡萄酒。同时,有趣的品牌故事也会吸引顾客兴趣,为其带来惊喜。从口感上讲,杯卖的葡萄酒多为简单易饮的畅销款式,另外也要考虑其与餐饮的搭配,一般会首先挑选能与餐厅主打菜肴、经典菜肴搭配的葡萄酒进行杯卖。从价格上看,这类按杯销售的葡萄酒,酒单会单独在瓶卖价格一侧标明杯卖价格,其价格不宜过高,60—300元较为适宜。

(七)红、白葡萄酒比例

随着我国消费者对葡萄酒认识的深入,白葡萄酒消费日渐活跃,尤其在南方市场,由于食物本身特点及顾客生活习性等因素影响,白葡萄酒似乎更加适合南方饮食。因此,酒单要避免红葡萄酒"一刀切"的状态,在过去的红葡萄酒占据绝对优势的2:8比例基础上,应根据酒店所在城市、餐厅档次风格及主要消费群体,合理增加白葡萄酒、桃红葡萄酒和香槟的比例。目前,很多高端餐厅已经把白葡萄酒、香槟及桃红葡萄酒等种类的比例增加至30%或40%,有些酒店甚至达到了50%,可见葡萄酒类型的多样化是未来趋势。

(八)配餐与季节

配餐是酒单制作时要考虑的关键要素,几乎所有顾客都会点餐搭配。一般来说,餐厅是先确定菜品风格,再制作酒单,因此制定酒单时一定要考虑酒水种类与餐厅菜品特点和风格的搭配。粤菜、浙菜、湘菜应多考虑搭配各种风格的白葡萄酒,其在酒单总量中的比例也可酌情增加,而北方菜系可多突出红葡萄酒。但由于南北餐饮市场融合交错,创新菜式、新派风格层出不穷,这时一定要结合菜品的具体特点来进行酒单设计。另外,为了帮助顾客更加有效地做出选择,一些餐厅会将主打菜品与某款酒组成固定搭配,放在酒单醒目的位置。同样的做法也可以运用在菜单上,在每道菜的旁边附上推荐的搭配酒款。有些餐厅甚至推出了"酒水品鉴套餐",一个套餐包含几杯侍酒师精选的葡萄酒,让顾客能在一餐中享用各种风格的酒水。同时,餐厅通常需要根据季节的不同对菜品进行更新,各种季节的时令菜不同,因此葡萄酒酒单也应定期更新。

(九)年份选择

葡萄酒的风味受年份影响大,酒单选品时需要特别留意葡萄酒的年份。无年份香槟是大部分香槟酒厂的典型风格,但也要考虑对年份香槟的覆盖;对白葡萄酒,应尽量

选择新年份，比如1—3年的酒款；结构复杂且具有陈年潜力的佐餐酒，则可考虑5—10年的酒款，如勃艮第名庄的村庄级、一级园和特级园等；果香浓郁、口感清爽、单宁少的红葡萄酒，通常可选择1—3年内的酒款；酒体厚重度、浓郁度和复杂度较高的酒可选择5—15年的酒款，这类葡萄酒陈年后的表现非常惊艳，也能给顾客带来不一样的体验；许多甜型酒既可以在其年轻时饮用，也可以陈年后饮用，酒单制作时可考虑多样化的年份搭配。另外，甜型酒也可分为新派风格与旧派风格，但两种风格均需要混搭设计。

三、酒单的更新与管理

（一）酒单的更新

葡萄酒属于快速消费品，定期更新酒单是酒水日常管理工作的重点之一。酒单的更新主要包括新酒上市更新、断货消除、价格变更、年份变更等。另外，酒餐不分家，餐厅出新菜式也需要对酒单予以更新调整，时令菜及季节性菜品上新时，尤其需要注意酒餐搭配，酒款也需要跟进补充。例如在阳澄湖大闸蟹供应季，可以考虑在酒单上增加西班牙雪莉。对于中餐厅来讲，春季是各类野菜风味菜肴上市的时间，可以考虑在中餐厅酒单上酌情增加清新风格的长相思或中国龙眼干白。对于西餐厅来讲，如今国内有很多零点西餐厅会以一星期为周期变更一次菜单，这时酒单也要进行更新。不管是中餐还是西餐，如果酒单不是活页形式，更新可能需要一定周期，这时可增加杯卖酒，保证餐厅酒款的丰富性。

（二）不要压货

总的来说，大部分葡萄酒属于快速消费品，过多的压货，一方面会使葡萄酒库存周转速度变慢，增加酒店运营成本；另一方面，因为只有少数葡萄酒有陈年潜力，大部分葡萄酒应当趁年轻时饮用，过长时间的压货储藏，会影响葡萄酒的口感与品质，进而影响销售。再者，压货时间长也会影响餐厅对市场销售的信心，最终影响与供货商的合作关系。另外，压货对酒店库存管理也非常不利，库存会挤占过多空间，会影响新品进入。因此，不管从哪一方面讲，压货对酒店运营都是非常不利的。为解决这一问题，侍酒师及酒水团队要定期盘点库存，一般以单周、双周或月度盘点为主。将定期的盘点信息汇总，并科学分析葡萄酒的流通状态，区分哪些葡萄酒流通较慢，哪些较快，注意淡旺季变化，并分析原因，进行对策研究，这些都是酒店库存管理的重要内容。当然，不压货不代表没有足够库存，酒店还应对流通较快的葡萄酒（杯卖酒及畅销酒款）的出货情况格外关注，及时补货，确保有足量库存。

（三）Slow Moving葡萄酒的管理

Slow Moving葡萄酒通常分为两类，一类是酒店采购的有陈年潜力的优质葡萄酒，另一类是因口感、市场问题积压、流通较慢的葡萄酒。对于前者，因为这类葡萄酒有较好的收藏价值，价格偏贵，所以流通慢属于正常现象。但要关注该类酒的储藏，应保持环境恒湿、恒温并通风，确保葡萄酒质量时刻处于上升状态。这些葡萄酒一旦出货，需要做好记录，尤其是年份管理非常关键，也就是说这些葡萄酒往往会是垂直年份采购，

每个年份有一瓶或几瓶的库存量,因此定期更新酒单及侍酒师之间的信息共享是非常重要的。对于流通较慢的滞销葡萄酒,酒店可以根据库存情况开展一定的促销活动,也可以通过杯卖酒形式销售出去,或者用于员工酒水培训,需要想出尽可能多的消化方法;如果实在没有办法,则可以与供货商联系,以退换货形式处理。

任务二 训练与检测

检测表

从2023年美团发布的《黑珍珠餐厅指南》或2023年的《米其林指南》中,选择一家餐厅,调研该餐厅菜式、菜品种类、价格档次、顾客评论、餐厅定位、主要顾客群体等,为其制定并设计一套酒单,并详细阐述酒单设计的理念、定位、服务人群、配餐等。

酒单亮点

一份出彩的酒单除了遵循正文中的排列逻辑外,还需要有一些别出心裁的亮点。许多优秀的酒单在每一部分都配有简明的介绍,阐述这一部分酒款的风格或配餐类型,呈现侍酒师设计酒单的理念,同时为顾客提供更多相关信息。另外,一些小众产区、小众品种或采用特殊工艺酿造的葡萄酒,往往是一份酒单的点睛之笔。譬如当下流行的自然酒、橙酒等。现在有些餐厅甚至以自然酒为主来制作酒单。

(来源:刘雨龙,(加)Vivienne Zhang《葡萄酒品鉴与侍酒服务:中级》,中国轻工出版社,2020年版)

项目四 酒会组织与推广

项目要求

· 了解酒会组织包含的基本内容。
· 掌握酒会组织方法,具备酒会组织的能力。
· 能够为餐厅进行一场酒会的组织与设计。

项目解析

随着葡萄酒市场的发展,葡萄酒的各类推介会、主题晚宴、主题品鉴会开始成为葡

萄酒市场推广的重要形式。星级酒店作为中高端葡萄酒消费的重要场所，因其良好的场地、齐全的设备以及优质的服务成为酒商与各类官方和半官方葡萄酒协会组织热衷选择的场地。而对酒店来说，这类活动的推广对促进酒店酒水销售有直接的帮助，也是酒店服务质量与档次的重要体现，不仅可以很大程度上提升酒店的声誉，还可以增加潜在顾客群体，从而为酒店带来更多可观利润。在微信、微博、小红书等线上直播平台及其他新媒介平台越来越发达的今天，这项活动成为酒店跨界合作、体验式营销的重要推广模式。活动的形式非常多样，从大的方面来看，通常有两类。第一类售票式，是指酒店发起的由侍酒师团队主导策划的主题晚宴或品鉴活动，是根据晚宴规格设定一定价位，然后进行市场售票的一种活动方式。第二类为邀请式，是指酒店邀请酒商、国内外酒庄、产区协会、酒类展会组织或官方组织等，进行活动组织，如葡萄酒推介会、品鉴会、主题晚宴或葡萄酒论坛等。除以上组织外，市场上还有第三方机构，奢侈品、银行信托机构等也经常成为酒会主办方，并交给第三方侍酒师团队或依托酒店、酒庄等进行酒会组织与活动开展，不管哪种类型的主题活动，严谨周密的策划组织都非常重要。

任务一　理论认知

一、品鉴场地环境准备

品酒需要良好的环境，需要对场地进行通风换气、光线调试、温度调试与环境布置等准备。首先，光线上，一般要求自然明亮，如露天场地或光线充足的会议室等。品鉴场地的温度通常设定在18—25 ℃为宜，过冷过热都会影响品酒效果。另外，合理的湿度也是重要考虑因素，可以使用加湿器调节湿度。当然，有些品酒会是在室外进行，尤其是主题品酒晚宴，需要对室外场景有一个设计布置，包括对绿植、签到墙、背景音乐、布台等的设计。台面设计需要根据晚宴档次与主题要求，对装饰物、餐具、桌布颜色等进行设计，营造主题氛围，以达到烘托主题的效果。

二、对品酒者的准备

作为品鉴活动的组织方，在活动策划书上，应对前来参加活动的人员做适当的提醒工作。这项工作包括参加者服饰、香水使用、烈酒饮用等方面要求，以保证品鉴者参与活动的最佳效果。

三、酒杯的准备与摆放

其一，需要准备足够多的品酒杯。品鉴会、盲品会、推介会等形式的活动，参与人数较多，多使用型号大小统一的ISO标准品酒杯。另外，为了更好地区分葡萄酒的品鉴序列，组织方会制作品鉴用的酒杯摆放表，方便品酒者对号摆放，以免混淆。而带餐的

品鉴活动以及各类主题宴会则需要根据酒款要求准备特定的红葡萄酒杯、白葡萄酒杯、香槟杯或个别品牌的专用酒杯等。其二，正式摆台时，需要检查酒杯是否达到卫生要求，然后按照既定位置摆放好所有酒杯。如果隔夜准备，为了防止灰尘进入，可以把酒杯倒置摆放或酒杯上方放置杯盖。

四、其他酒具与道具的准备

其他酒具与道具通常包括醒酒器、冰桶、冰桶架、开瓶器、吐酒桶、酒瓶盲品袋、酒水车以及餐巾等。这些酒具与道具需要事先检查卫生状况，并按照既定位置进行放置。另外，品酒台桌布通常是白色调，以作为葡萄酒观色背景。

五、食物与水的准备

根据品酒会的具体规格，有时候需要准备一些品鉴用的食物。面包、苏打饼干、坚果都是很好的选择，奶酪也经常作为葡萄酒的搭配食物出现。这些食物可以有效地去除口腔中残余的味道，帮助清新口腔、恢复味蕾。纯净水是各类品鉴会必备物品，尤其是品鉴不同类型葡萄酒前，合理清理口腔对客观品鉴有很大帮助。

六、葡萄酒的准备

红葡萄酒通常在常温下饮用，如果温度过高，可以使用短暂冰镇的方法降温；白葡萄酒、桃红葡萄酒及起泡酒的饮酒温度较低，通常在饮用前 30 min 冰镇（或在恒温酒柜存放，待酒会开始之时取出），以确保葡萄酒最佳的饮用温度。需要冰镇的葡萄酒，在冰镇过程中注意转动酒瓶或上下轻转瓶身，保证葡萄酒均匀降温，并在冰桶之上或一侧放置餐巾，以作取酒之用。

七、葡萄酒质量检查

葡萄酒开瓶需要专业侍酒人员参与，并进行状态检查，需要的情况下可验酒，以确保每款酒状态良好，有问题的酒需要及时更换。需要醒酒的葡萄酒应该提前开瓶，品尝检查葡萄酒的状态，并倒入醒酒器内，整齐放在摆放台上，以供品鉴使用。如果是站立式自由品鉴，还需要在旁边放置足够多的品鉴酒杯，供顾客使用。

八、签到表或签到墙的准备工作

如果酒会形式较为简单，可以使用签到表（或线上签到），内容包括姓名、单位名称、职务、性别、联系电话或其他信息。大型品鉴活动或主题宴会可能会设计签到墙，一般需要根据主办方的具体要求进行设计，并体现主题风格。

九、品鉴卡及酒单准备

不管品鉴活动是正式的还是非正式的，一张可以让顾客了解品酒信息的酒单和简单记录酒名、口感的品鉴卡都是必不可少的。酒单需要列出酒名、年份、产国、产地等

信息，品鉴卡则需要更多记录空间，主要可以包括酒名、年份、产地、品种、酒精度及价格等信息，这些信息可以让顾客根据品酒情况自行填写也可以事先由组织方填写。同时，应在品鉴卡上留出合理空间，供顾客填写品酒记录。

十、菜单准备

葡萄酒主题品鉴会、主题晚宴等高端品酒活动一般需要配备菜单。菜单要与酒单进行搭配，设计内容包括搭配酒款、味型设计、色彩搭配、烹饪方式以及上餐程序等，这一模块通常需要侍酒师团队与厨师密切配合与沟通。

酒会活动形式多样，除以上几点外，根据品鉴会或主题宴会的形式与要求，还可准备更多主题烘托物，如各类花束、花环、文字标示物、宣传画报、单页、线上直播等。总之，酒会准备是一项细致的工作，这类活动对组织方有很好的宣传作用，是组织方水平与实力的重要体现。

检测表

任务二 训练与检测

以小组为单位，为国内精品酒庄组织一场主题品鉴推介会，需要准备简单的食物与酒水。

大型活动醒酒服务

与平时在餐厅就餐的顾客不同，大型活动的顾客通常不清楚当天酒款及其上桌顺序。如果使用醒酒器倒酒，服务过程中可能要向上百位顾客逐一介绍每款葡萄酒，这是非常困难的事情。因此，大型活动中会多次回瓶醒酒(Double Decanting)，即把酒倒进醒酒器，待酒达到期望的状态后再将其倒回原瓶中(注意尽量避免污染酒标)，服务时仍然保持原瓶倒酒，顾客就能通过酒标了解信息，减少了侍酒师说明酒款的工作量，这类工作需要注意以下服务要点。

(1) 开瓶前注意葡萄酒温度不要过低，以免影响香气判断。

(2) 开始醒酒前要先品尝每瓶酒，确保没有软木塞污染等问题。

(3) 通过品尝确定葡萄酒是否需要醒酒，以及醒酒时间与醒酒手法。结构稳固、香气闭塞的酒需要提前几小时醒酒，结构松散、年份久远的酒需要格外注意醒酒的时间和操作的手法。

(来源：刘雨龙，(加)Vivienne Zhang《葡萄酒品鉴与侍酒服务：中级》，中国轻工出版社，2020年版)

项目五　酒水促销活动

项目要求

· 了解酒会促销活动的基本内容。
· 掌握酒会促销活动的组织方法，具备酒水促销活动的组织能力。
· 能够为餐厅进行酒会促销活动的组织与设计。

项目解析

酒水促销活动对餐厅促销非常重要。酒水销售业绩是侍酒师团队考核的重要指标，巧妙的酒水促销活动能够帮助侍酒师在推荐酒款时事半功倍。

任务一　理论认知

在实际工作中，餐饮行业的酒水促销活动主要分为节日活动和营销活动两大类。

一、节日活动

举办节日类促销活动对侍酒师的酒类知识和综合文化功底要求较高，葡萄酒本身属于一种社交分享，而各类节日往往是体现葡萄酒这一属性的最佳时刻。主要的节日可分为西方节日、东方节日、葡萄酒专属节日与其他节日。

（1）西方节日。情人节、圣诞节、万圣节等，都是非常常见的西方节日。在这些节日中，消费者更有意愿到西餐厅用餐并消费酒水。为了营造更浓厚的节日氛围，了解西方国家在相应节日的饮酒习惯十分重要。例如，在情人节喝桃红葡萄酒或桃红香槟，在圣诞节喝葡萄酒热饮、甜型酒或香槟等。在这类节日期间，除了以打折、买赠等方式促销外，准确烘托特定的节日氛围更为重要，适当的餐厅装饰可以增加节日气氛，提升顾客的消费欲望。对于侍酒师而言，根据即将到来的节日消费场景提前采购足量的酒款十分重要。例如在情人节期间，一些寓意爱情或与爱情故事有关的葡萄酒酒款会尤为抢手，需要提前备货。

（2）中国传统节日。西方节日对餐厅的提升更多表现为即时消费，而中国传统佳节则更能体现餐厅的零售功能。与西方节日一样，在中国的传统节日，侍酒师也需精心筹划促销活动。由于中国传统节日（端午节、中秋节、春节、元宵节、七夕节等）的消

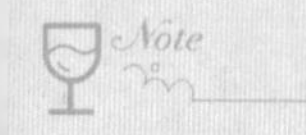

费场景很大程度上会从餐厅转向家庭，加上中国人有过节送礼的习俗，这就需要侍酒师在为这些节日设计促销活动时，应准备充足的零售促销手段。以中秋节为例，为了促销酒水，可以设计“月饼＋红酒”的月饼礼盒，除了礼盒的包装设计呼应主题外，可以向酒庄定制酒款或酒标来增加与节日的契合度。在选酒方面，可以考虑甜型酒，如德国BA与TBA雷司令、冰酒、苏玳甜酒、意大利稻草酒等。恰当的甜度与月饼相得益彰，酒的高酸也能消减食物的甜腻。

(3)葡萄酒节日。葡萄酒领域也出现了越来越多的专属节日，如世界香槟日、薄若莱新酒节、世界黑皮诺日、世界马瑟兰日等。这些节日都会吸引一些特定的顾客群体，可以举行小范围的促销与推广活动以增加顾客黏度。餐厅应根据自身定位、顾客群体等设计针对性的节日促销活动。

(4)其他节日。近年来，诸如“520”“双11”“双12”“618”“518”“抖音节”等商业性质的“节日”相当兴盛，良好的节日促销能够在很大程度上促进餐厅的酒水消费。但侍酒师要注意辨识这些节日的营销主场，不要盲目跟风，应当结合餐厅自身的需求适当参与。一些能够促进线下消费的节日可以有效利用，例如“520”被赋予了情人节的概念，侍酒师可以按照情人节的氛围进行准备等。除此之外，餐厅周年庆等活动，也是侍酒师可以充分利用的促销场景。

二、营销活动

营销类促销的目的更加直白，即增加销售额。营销活动需要更多地使用折扣、返券、买赠等方式，通常还伴有淡旺季促销等，以吸引客流量，提升销售业绩。主要营销活动有如下几种方式。

(1)“主打菜品＋主打酒款”。这种方式通常用于中西餐菜单上的高价明星单品。这些菜品的消费群体一般定位比较明晰，如某牛排馆的干式熟成牛排知名度很高，许多人会专程为了这道牛排来餐厅用餐。促销活动可以是购买指定酒款，菜品可享受6折优惠。选择促销酒款时也可与供应商合作，分摊成本，互惠互利。

(2)无差别促销。这种促销活动没有明确的针对性，通常用于客流量较大的餐厅，侍酒师难以一对一服务。在这种情况下，采用海报、台卡等传统形式呈现打折信息是常见的促销方式。通常打折产品不宜太多，以三款为佳，要在产品特性与价格方面留给消费者选择的空间。例如，一款原价为299元的白葡萄酒现价为159元，一款399元起泡酒现价为259元，一款599元的红葡萄酒现价为419元。价格阶梯与品类区别一目了然，在三款酒的选择上，最好挑选卖点清晰好记的酒款，以便其他服务员在侍酒师无暇顾及的时候也能从容介绍酒款信息，最大程度提高销售额。

(3)第三方促销。这种促销通常包括由各葡萄酒产区协会、葡萄酒局、葡萄酒协、葡萄酒联盟或其他第三方机构发起的促销与推广活动，如“德国雷司令周”“法国月”“勃艮第专场”及各类产区研讨会等，餐厅可以根据自身情况自行选择参与。

酒水营销
活动方案

任务二 训练与检测

以小组为单位，针对一定的任务场景，如情人节活动、中秋节活动、春节活动等，完成酒水营销活动方案设计及推广海报制作。要求针对相应场景，具体完成以下几项任务。

(1) 从餐厅菜单中选择一款适合搭配主菜的葡萄酒并说明原因。

(2) 撰写1份要素完整的酒水营销活动方案。

(3)为该促销活动制作营销活动海报1份。

项目六 酒水采购模式

项目要求

- 了解餐厅采购酒水的决策机制和可供选择的采购模式。
- 理解餐厅酒水采购时的考量因素。
- 能够结合某家餐厅进行实地分析，针对其选品做出合理性判断。
- 能够为餐厅选品提供合理性建议。

项目解析

餐厅酒水的采购与选品是餐厅酒水业务运营的重点。掌握酒水采购相关知识是侍酒服务人员由技术型人才向管理型人才拓展的必经之路。

任务一 理论认知

一、采购决策人

采购决策人是餐厅酒水选品的决定者。对于小型餐厅来说，餐厅老板一般充当采购人的角色。他会根据自身对酒水的认识，通过身边经营酒水的朋友所提供的渠道进行酒水的第一层筛选。在这种情况下，要求老板本身对酒水知识和酒餐搭配知识有较为深刻的理解。但很多餐厅老板在选酒时，往往会过分依赖自己的主观意愿，或者根据进货价格和供应商所提供的支持力度进行选酒，这样最终形成的酒单往往难以得到

顾客的认可。中大型的餐厅或连锁餐厅通常会在采购部门里独立设置负责酒水采购的专门人员,这些人通常是餐厅的酒水经理或侍酒师团队。他们具有专业的知识储备,能更好地从餐厅定位、顾客群体、餐厅风格、菜品风格等角度出发,科学地完成酒水采购任务。不具备侍酒师团队的餐厅,则会聘请专业的第三方酒水顾问为餐厅提供酒水选择和侍酒服务人员培训等配套咨询服务。在专业人士的介入下,能够确保餐厅在选品时考虑到更多顾客关心的因素,使采购流程更加专业,同时降低风险,确保酒单价格与数量合理。

二、采购方式

采购行为对于任何企业来说都是成本的体现,酒水的采购人、采购数量和采购时间的变化都有可能影响采购价格。从大的方面来说,酒水的采购存在以下两种模式。

1. 小规模采购模式

小规模采购模式是指每次采购数量仅供餐厅日常周转使用,将餐厅酒水的库存量降至最低。这种模式有明显优势,可以减少流动资金的占用量,库存更新快,减少库存带来的风险,也可以根据市场变化与顾客喜好随时更换酒单;但同样劣势也显而易见,如可能无法取得优惠的采购价格,有一定配送成本,出现断货的可能性增大,不利于大规模销售。这种采购方式适合中小餐厅,同时对于需要快速消化的酒水,如干白、桃红葡萄酒或起泡酒等,也建议采用小规模采购模式。

2. 大规模采购模式

与小规模采购模式相比,大规模采购模式可以拿到更好的折扣。由于一次性进货较多,可以规避价格波动带来的成本上涨的损失,减少断货风险,其物流成本也较低。但同样,大规模采购会有一定风险。由于无法准确预测畅销产品,一旦酒款不受欢迎,会造成一定程度的库存积压,增加产品变质风险。另外,由于货物多,仓储成本也较高,并且会占用大量流动资金。对于一些价格波动较大的酒水,如名庄酒、茅台等稀缺、紧俏的酒水产品,为了增加收益,可以进行一定量的囤货。另外,对于一些具有陈年潜力的酒水,在具备专业仓储条件的前提下,也可以酌情增加采购数量。

三、采购需要考虑的因素

餐厅酒水选品是一个长期试错的过程,一个新的餐厅在制定酒单时,往往没有太多参考。经过一段时间的经营,根据对市场的认识及对周期性销售报表的分析,才能最终制定出适合餐厅的采购方案。酒水采购一般要考虑如下几个因素。

(一)餐厅主流顾客群体与用餐情景

顾客群体是餐厅在运营一段时间后必须明确的重点。餐厅要根据前来就餐的“常客”,分析出餐厅的主流顾客群体。不同年龄段、不同用餐情景、不同性别顾客群体对于酒水的选择是不同的,他们会对酒标设计、口感与酒水类型有不同程度的偏好(见表8-1)。

表8-1 不同类型顾客群体对酒水的偏好

区分	顾客群体	酒标设计偏好	口感偏好	类型偏好
年龄区分	年轻人	有现代感、色彩鲜明的创意酒标	年轻、新鲜、果味突出的葡萄酒。起泡酒或甜型酒是这类顾客的最爱，应避开陈年过久、单宁过重的酒款	类型多样，喜好多元，干白、干红起泡、甜型酒等均有受众，橙酒、生物动力法酒、自然酒等新派创意酒款也较受欢迎
	中年人	稳重、传统风格酒标	中高浓郁度、中高酒精度、有一定陈年的酒款	干白、干红、香槟、优质白酒等有一定品质的酒款
	老年人	稳重、传统风格酒标	中高浓郁度、风味成熟稳重的酒，注重低糖	干白、干红，以及优质黄酒、白酒
就餐情境	情侣朋友	有现代感、色彩鲜明的创意酒标	年轻、新鲜酒款，以及甜美型酒款，注重氛围搭配	桃红葡萄酒、起泡酒、香槟、甜型酒等，还有性价比高的红、白葡萄酒
	商务宴请	稳重、传统风格酒标	中高浓郁度、中高酒精、有一定陈年的优质酒款，注意配餐	品质高的干白、干红，以及优质白酒等
	家庭聚会	庄重、大气风格酒标	多样化风格，年龄跨度大，注意匹配不同喜好	性价比高的干白、干红或起泡酒、甜型酒等，适合搭配气氛且有仪式感的酒款
性别区分	男性	有故事、有内容的酒标，更倾向传统	酒体厚重、酒精度高、香气复杂、有一定陈年酒款的酒款，干型居多	黄酒、白酒、加强型酒款或其他烈酒，葡萄酒多以红葡萄酒为主，根据不同场合，有一定品质要求
	女性	外观简约优雅、有色彩感、艺术感的酒标	酒体轻盈、果味丰富、清爽优雅的酒款，注重氛围搭配	干白、起泡酒、桃红葡萄酒、香槟、半干型或甜型酒等适合搭配气氛且有仪式感的酒款

上述分析并不是绝对的判定，餐厅负责采购酒水的团队成员要从顾客出发，通过日常观察和与顾客的密切交流，了解餐厅“常客”“回头客”“老顾客”对于酒水口感、风格、类型与价格的偏好，通过不断调整来完善餐厅酒水采购。

（二）餐厅消费定位

餐厅在创立之初，需要首先明确餐厅的消费定位，餐厅消费定位直接影响了顾客的人均消费水平，而餐厅人均消费水平直接决定了所销售酒水的档次与价格，这是一条基本的采购认知。一般来说，餐厅主流销售的葡萄酒价格水平要与餐厅的人均消费水平呈1—1.5倍的定价关系，即如果一家餐厅的人均消费为100元，那么主流的葡萄酒价格应定位在100—150元，其他价格酒款再做相应补充。对于一些消费水平略低的餐

厅,应该选择与餐厅消费水平相匹配的酒水产品。在这之外,对精品酒与中高价位酒再进行一定份额的配置,以满足不同消费群体的消费需求。

（三）餐厅风格与菜式搭配

餐厅风格是决定采购类型的重要因素,餐厅风格很大程度上表现为菜品风格。顾客用餐的主要目的是酒水与菜品,所以酒水与餐厅菜式的搭配是否合适是进行酒水采购时最重要的考量因素之一。如果一个餐厅希望顾客在餐厅点酒消费,那么其酒单与菜品必须搭配协调。在考虑成本、餐厅定位等因素的同时,需要制定出一份让顾客满意的专业酒单,这需要选酒团队具备非常专业的酒餐搭配知识,与厨师团队的配合也是非常必要的。对西餐厅来说,由于西餐菜式的食材、烹饪手段、口味变化较为单一,有严格的上餐程序,因此设计一份与菜式搭配的酒单并不难。需要考虑的是菜式风格属于意式还是法式,是套餐多还是零点多,根据菜品进行酒水采购定位。我国餐饮文化博大精深,菜系分支丰富,烹饪手法千变万化,口味更是不拘一格,这使得中餐菜式与酒的搭配异常复杂,如何使采购的酒款与菜式搭配合适是一门高深的学问。模块七、八中关于酒餐搭配与推介服务的内容,可为酒水采购提供参考。

（四）季节变化

不管是中餐还是西餐,不同季节食材是不同的,因此顾客在用餐时的菜品选择会有所不同,餐厅需根据季节变化对酒水进行专门采购,调整或补充酒单以满足顾客需求。从气候变化角度上看,天气炎热时,人们喜欢饮用一些口感清爽的酒水;而在寒冷的季节,则会偏向饮用口感厚重、酒精度略高的酒水。从当季食材变化的角度上讲,一些时令餐食或名贵食材的出现会促进与之匹配的酒水销量的提升。

（五）本地特色酒

餐厅有极强的地域属性特征,餐厅的顾客也以当地居民群体居多,因此采购酒水时应重视体现本地特色。在欧洲,餐厅所在地均会大面积采购当地酒水,如波尔多餐厅中,波尔多本地的酒一般占据一半以上的比例。在中国的餐厅里,我们也会发现这一典型特征。在宁夏本地的餐厅,顾客更多会倾向于选择本地产的葡萄酒;在江浙一带餐厅中,黄酒是必不可少的选择;在广东的一些高端餐厅,本地产的白酒玉冰烧是酒单上的常客;在台湾地区,金门高粱酒在高端餐厅中也很常见。

（六）市场流行与菜品更新

葡萄酒的消费市场是不断变化的,一些流行酒款会随着市场变化层出不穷,如近几年流行的橙酒、自然酒、生物动力法酒等,这些酒款逐渐成为消费新宠,餐厅应及时根据市场变化更新配货。另外,随着消费者消费意识的增强,人们对葡萄品种与产地等的需求越来越趋向多样化,一些边缘品种与产地受到葡萄酒爱好者追捧,一些小种品种、新锐产地、精品酒庄、新锐酒款都成为当下时尚。餐厅酒水采购务必重视这些市场变化,满足顾客猎奇心理。另外,餐厅菜品也不是一成不变的,定期创新菜品是餐厅

具有竞争力的重要法宝。因此，酒水采购也需要紧跟菜品更新的节奏进行调整，及时调整与补充酒款。

（七）餐厅资金状况和库存

餐厅的资金状况也决定着餐厅的产品策略。在欧洲，有一些餐厅已经经历了几代人的传承与经营，因此积累下来的酒水资产相当丰厚。这类餐厅往往会有一个令人惊奇的庞大酒单，其中不乏有一些稀缺年份酒款或名贵酒庄的垂直年份库存。我国在餐厅消费酒水的习惯还处于萌芽阶段，因此餐厅一般不会有大规模储酒的意愿。对一些资金雄厚的餐厅投资人来说，会对一些价格波动较大的产品趁低位买进；而对于资金实力有限的投资者，则更适合轻装上阵，合理控制酒水的种类与库存量是最佳选择。餐厅对现有库存的分析是餐厅酒水采购时重要的指标。对于一些畅销酒水，可以在促销时多进货；对于一些消化较慢的酒水，应考虑在库存消化后进行补货。库存是成本的直接体现，要考虑订货数量、进货成本、流通速度、单瓶毛利率等因素的相互关系。

（八）专业的供应商

专业的供应商是采购优质酒水的重要前提，供应商的产品线是否丰富、价格是否优惠、是否有促销活动、是否提供配套培训、是否有驻店服务、是否定期配送等是衡量其专业程度的重要指标。餐厅酒水的销售是餐厅和酒水供应商共建的成果，专业的供应商能够优化餐厅服务能力，帮助餐厅提升酒水销售的业绩，而不专业的供应商则会给酒水销售带来阻力。

（九）酒水品牌与利润取舍

酒水采购还应注重品牌产品与利润产品之间的搭配与平衡。品牌产品有更高的知名度、更广的流通范围、更广泛的消费群体，知名品牌的葡萄酒有利于与顾客建立信任感，所以品牌产品的配置是酒水采购中必不可少的一项。但问题是，这些品牌产品不一定利润最佳，反而由于品牌知名度高，其进货成本偏高，餐厅的利润相应也会变低。因此，餐厅除采购知名品牌葡萄酒之外，还需要采购一些非知名品牌但利润较理想的酒款。这类酒水性价比高，利润也较为丰厚。这类酒水在采购时，采购团队必须要多花费心思，去市场上精心挑选，可作为“店家推荐”“当日特色”或杯卖酒等形式进行销售。一般来说，当顾客形成了餐厅酒水消费习惯后，餐厅服务人员要主动向顾客推荐餐厅的特色酒水，以最大程度扩大销量。

任务二　训练与检测

从2023年美团发布的《黑珍珠餐厅指南》或2023年《米其林指南》中，选择其中一家餐厅，做一份餐厅酒单的调研性报告，主要内容可包括该酒单的设计体现了哪些酒

水采购时应注意的要素、酒单设计有哪些创新点、应对市场变化有哪些变化与调整等。

葡萄酒的流通模式

以葡萄酒的跨国流通为例，葡萄酒流通的基本渠道有以下几种。

1. 委托国外进口商

由于大多数国外酒庄对中国消费市场缺乏了解，寻找拥有当地资源的进口商是最常见的出口方式。一个酒庄在一个国家可能与一个或多个进口商合作，由进口商将葡萄酒销售给本国其他批发商、零售商、餐厅或私人顾客。

2. 酒庄直售

这种情况较为少见，一般是葡萄酒爱好者到酒庄旅游时少量购买，或是酒庄通过自己的官网进行销售，以这种方式销售的葡萄酒一般数量较少。

3. 委托本国酒商

在一些葡萄酒产业较发达的国家或产区，一般都有业务较成熟、规模较大的酒商。这些酒商直接从酒庄买酒，再将酒出口到国外。这种情况一般发生在一些规模较小的酒庄，由于它们缺少经营国外市场的人手和经验，委托本国或本地的酒商帮助进行国际贸易是更加稳妥的做法。

名庄酒：由于名庄酒的稀缺性，卖方通常会采取配额制进行销售。若想获得目标酒款的配额，一般需要与酒庄或酒商维持长期且稳定的合作关系。有时甚至需要搭配其他酒款才能购买到限定数量的目标酒款。同时，由于配额制度的存在，进口商通过配额买到名庄酒后，常常也会以配额的方式出售给顾客。

品牌酒：通常是指国际知名度较高、产量较大的酒，一般由大型葡萄酒集团生产，因此在价格、市场营销、销售渠道上都有专业的掌控，实力雄厚的品牌甚至会直接在目标国建立销售体系，由自己的团队进行宣传与分销。

（来源：刘雨龙，(加)Vivienne Zhang《葡萄酒品鉴与侍酒服务：中级》，中国轻工出版社，2020年版）

项目七　酒水采购流程

项目要求

· 了解酒水专业展会、批发市场等酒水供应商信息的获取渠道。

· 能够根据不同类型的酒水品类分析并选择最佳采购渠道。
· 能够对供应商进行分析与评估。
· 能够针对备选酒样组织盲品，利用评分模式进行评分并做出客观选择。
· 了解酒水下单流程并能够制作酒水采购订单。
· 能够核对酒水送货单信息。
· 能够参考"餐厅酒水来货检查表"对酒水进行来货检查。

项目解析

酒水对于餐厅来说是一个重要盈利点。对于餐厅管理者来说，成本控制是成功运营的关键，要实现酒水成本的合理控制，首先必须具备高效合理的采购流程。餐厅的酒水采购流程，一般包括供应商信息采集、采购渠道选择、供应商审查与筛选、样酒品鉴与评估、协议签订与采购下单、送货信息核对、来货检验七个环节。

任务一　理论认知

一、供应商信息采集

餐厅的酒水销售很大程度上需要供应商的支持与协助，因此供应商的专业水平、产品体系、服务体系是餐厅选酒的一个重要考量因素。参加专业酒水展会是餐厅酒水采购人员获取供应商信息的重要渠道，该渠道也是目前来说最专业、最便捷的采购方式（见表8-2）。通过参加展会，餐厅酒水采购人员可以全面掌握各类酒水供应商的情况，了解产品的技术信息、价格、厂家和代理商的销售方式、市场支持和服务等信息。同时，展会现场还能品尝各种风格的酒水，货比三家。除了酒展可以找到潜在的酒水供应商外，还可以在当地的糖酒批发市场寻找合适的供应商。

表8-2　我国较有影响力的专业酒类展会

展会名称	地点	相关产品	网站
全国糖酒商品交易会（春季）	成都	白酒、葡萄酒、烈酒食品、饮料、调味品、食品机械、食品包装	www.qgtjh.org.cn
全国糖酒商品交易会（秋季）	巡回	白酒、葡萄酒、烈酒等	www.qgtjh.org.cn
Prowine Shanghai 国际葡萄酒和烈酒贸易展览会	上海	葡萄酒、烈酒和精酿饮品等	http://www.prowine-shanghai.com/
亚太区国际葡萄酒及烈酒展览会（Vinexpo Asia-Pacific）	香港、上海	葡萄酒、烈酒与其他酒精饮品	www.vinexposium.com

续表

展会名称	地点	相关产品	网站
Wine To Asia深圳国际葡萄酒及烈酒展览会	深圳	静止酒、起泡酒、加强酒、清酒、烈酒、啤酒、果酒及葡萄酒设备与技术	http://www.wine2asia.net
香港国际美酒展	香港	酒精类饮品、就业指导、葡萄投资品、酒类配件及器具	https://www.hktdc.com

由于某些批发商专业程度不足，其选择销售的产品不能很好地适应市场发展需求，无法满足顾客对于服务的多元化诉求。加上近年来物流行业的迅猛发展，全国配送已经越来越便捷，许多传统销售模式的批发商已经被专业、年轻的品牌代理商或经销商所取代。

二、采购渠道的选择

原则上，不建议一家餐厅与太多不同的酒水供应商同时合作，以免增加供应商管理的难度。然而实际情况是，只有少数几家酒水供应商能够为餐厅提供全面的酒水产品供给方案。如果餐厅涉及的酒水品类多，比如需要涵盖葡萄酒、烈酒、白酒、啤酒、日本清酒等不同品类，那么与多家酒水供应商同时合作也难以避免(见表8-3)。

表8-3 不同类型产品采购渠道

酒水类型	采购渠道
传统国产葡萄酒品牌	一般具有严格的区域和渠道代理制度，餐厅可向其所在的品牌总代理采购，如张裕、长城等
国产精品葡萄酒品牌	大多已建立了健全的全国代理机制，可以与本地的经销商进行采购；还没有建立全国代理机制的，可直接向酒庄进行采购
进口葡萄酒	大型进口葡萄酒代理公司通常有严格的地域和渠道代理制度，并且有专人负责餐饮渠道的开发和维护；小型进口商则没有太严格的品牌代理机制，这种情况下，餐厅可直接向进口商采购，然而要考虑配送的及时性和售后服务问题
进口烈酒	进口烈酒大部分受控于一些国际酒类巨头，如保乐力加、宾三得利等。这些跨国集团公司设有严格的地区和渠道代理机制，餐厅可向其所在地的品牌总代理商或大型贸易商采购。对于一些不受这些大型跨国集团控制的小众品牌烈酒，餐厅可以直接向进口商购买
中国白酒	中国白酒通常有非常严格的分区域和分渠道的代理机制，餐厅可直接向本地品牌代理商或经销商采购
进口啤酒	一些著名的进口啤酒品牌，如保拉纳、福佳、健力士、麒麟等，一般在国内有完善的代理渠道，餐厅可以直接向本地的代理商或者配送商采购；对于一些国外小众啤酒品牌，可以通过展会寻找进口商，并直接与之洽谈采购

续表

酒水类型	采购渠道
国产啤酒	国产啤酒一般具有细分代理机制,有时会精细到街区的代理。建议餐厅选择距离自己最近的经销商或代理商采购
日本清酒	除菊正宗、白鹤、月桂冠等大型清酒制造商外,日本清酒品牌通常规模较小,在中国市场的代理业务也比较碎片化,餐厅可直接与进口商洽谈采购

三、供应商审查与筛选

在收集到足够多的供应商资源后,就可以对供应商进行审查与筛选,主要包括合作意愿、公司资质、产品定位、产品价格、配送能力与服务支持等。首先,应对供应商合作意愿进行筛选。其次,应对供应商是否具备正规营业资质(营业执照、食品流通许可证等)、是否能够提供正规的进口文件,以及是否能够开具正规发票等进行审查与筛选。最后,要根据餐厅的定位需求对供应商的产品进行筛选,如供应商产品是否符合本餐厅风格要求,报价是否合理,配送是否能在规定时间内送达等。除此之外,需要筛选与评估的内容还包括以下几个方面。

(1) 供应商的发货仓库与餐厅的距离。能否及时补货是进行供应商筛选时的重要考量因素,一般应考虑与本地有现货仓库的供应商合作。

(2) 供应商的结账周期。

(3) 可供选择的酒水种类与风格。

(4) 可供选择的酒水价格区间。

(5) 能否提供的辅助服务,如培训、酒单制作与促销政策等。

(6) 是否提供产品图文资料、海报、展架、推广服务。

(7) 是否提供杯具、开瓶器、冰桶或醒酒器等辅助酒具。

(8) 退换货服务条款。

四、样酒品鉴与评估

大部分供应商会提供样酒,餐厅的采购清单,一般要经过客观品鉴筛选后决定。通常情况下,餐厅会组建一个由多名成员组成的品鉴小组,小组成员一般包括餐厅老板、主厨、酒水经理、侍酒师及团队、餐厅主管、餐厅经理等。品鉴形式一般采用盲品法,其目的在于确保小组成员在不受任何外部因素影响下对葡萄酒的口感做出一个客观的评估。通常情况下,餐厅会将样酒进行分组,确保参与对比的酒水属于同一类别产品。如果一次性品鉴酒款过多,分组时一般首先划分出红葡萄酒、白葡萄酒、甜型酒、起泡酒等基本类型,再根据品种、产地或产国等信息进行分类评估;如果酒款数量不多,则通常将酒水划分出一定的价格区间,对不同区间酒水进行打分评估。在实际工作中,不同餐厅对于不同项目的侧重不同,另外对于特殊酒款,有时会对酒标设计、产品稀少性与流行因素等其他项进行打分权衡。同时,根据餐厅菜品搭配对样酒进行

品鉴评估也是常见的一种选品形式。葡萄酒盲品评分表多采用20分制，在完成打分后，餐厅管理者通过综合所有信息、数据以及每个供应商的细化合作条件，最后选出餐厅决定采购的清单（见表8-4）。

表8-4 葡萄酒盲品评分表

项目	具体评估内容	分值	酒款1	酒款2
外观	色泽、透明度、浓郁度	4分		
香气	果香、酒香、强度、持续性	4分		
口感	甜度、酸度、单宁、酒精、酒体、余韵、香气等	7分		
总结	平衡性、复杂度、质量	5分		
小计		20分		

五、协议签订与采购下单

酒水采购下单是一个严谨的过程，每次下单前应遵循正确的下单流程，以确保买卖双方的合法权益。首先，在与任何供应商进行合作之前，都应事先签订采购合同，它规定了双方的合作方式、付款方式、返点模式、违约责任和争议解决方式等重要条款。在签订好采购合同后，买方在需要采购时才向供应商发送每一批次的采购订单。下达订单的具体流程：通知供应商下单→发送订单→供应商确认订单→打款→发货→收取发票→收货。

向酒水供应商下达订单，需要以书面形式进行，订单须注明以下信息和内容。

(1) 酒水的名称、产地和年份。

(2) 酒水的订购数量。

(3) 酒水的规格。

(4) 酒水的采购价格。

(5) 收货联系人与联系方式。

(6) 收货地址。

(7) 送货方式。

(8) 到货时间。

×××公司酒水采购订单表见表8-5。

表8-5 ×××公司酒水采购订单表

<table>
<tr><td colspan="2" rowspan="2">×××公司酒水采购订单</td><td>采购订单号</td><td></td></tr>
<tr><td>订单时间</td><td></td></tr>
<tr><td>采购方</td><td></td><td>供应商</td><td></td></tr>
<tr><td>办公地址</td><td></td><td>办公地址</td><td></td></tr>
</table>

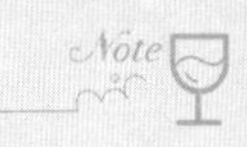

续表

×××公司酒水采购订单			采购订单号			
			订单时间			
采购方负责人			供应商负责人			
联系电话			联系电话			
送货地址						
收货联系人			联系电话			
序号	产品名	单位	订购数量	单价	小计	交货日期
1						
2						
3						
4						
5						
6						
备注		1.送货单上请注明我司采购订单编号				
		2.交货方式:供应商负责运输到指定地点,包装运输费由供应商承担				
		3.供应商须提供完整的产品销售所需单证				
		4.产品质量须符合双方签订的采购合同的相关标准				
		5.产品价格包含17%的增值税				
		6.其他事项参考双方签署的相关采购合同				
双方确认签字,签字后请回传						
采购负责人		验货负责人	供应商负责人			
签章		签章	签章			
日期		日期	日期			

六、送货信息核对

供应商在收到订单后,要打印送货单,送货单一般为四联,其中一联交由卖方物流部门对单发货,一联由买方签收后送回卖方,最后一联为签收复写单,由买方签收后留存。送货单所包含的信息有:

(1) 酒水的年份;

(2) 酒水的订购数量;

(3) 酒水的规格;

(4) 酒水的采购价格;

(5) 酒水折扣与买赠政策;

(6) 收货联系人;

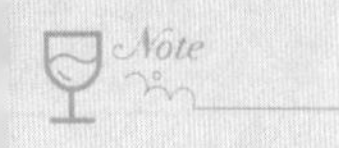

(7) 送货时间；

(8) 包装方式；

(9) 订单负责人；

(10) 物流查询方式。

买方在确认收货后，应在送货单上签名并盖章。一般情况下，签收后的原件应该返回卖方，复写件则由买方进行留存保管。

七、来货检验

任何一批进入仓库的酒水都要经过严格的入库前检查，检查不通过的产品，要进行退货处理(见表8-6)。酒水是昂贵的消费品，顾客有权利对产品的品相和质量提出合理的要求，而餐厅则有责任确保每一瓶呈现在顾客面前的酒水，不管是外观还是酒质都是完好无缺的。来货检查时，葡萄酒的具体检查事项包括酒标、瓶帽、漏液情况、水位、瓶身，另外葡萄酒外包装的质量与状态检查也在来货检验范围内。除了酒水质量、包装相关的检查事项外，在收取货物时还需要检查供应商应该提供的、随货附送的商业资料，以配合市场监管部门监督。这些资料包括：

(1) 产品的质量分析报告；

(2) 进口清单据复印件和进口检疫证书文件复印件；

(3) 进口商的营业执照复印件；

(4) 采购合同复印件；

(5) 供应商公司的食品流通许可证。

表8-6 餐厅酒水来货检查表(范例)

序号	审查项目	是否达标	处理意见
1	酒水一般性信息的核对		
1-1	酒水数量正确	√	
1 2	酒水品牌正确	√	
1-3	酒水年份正确	√	
1-4	酒水规格正常	√	
2	酒水的外观检查		
2-1	酒瓶无破碎	×	破损一瓶，其余5瓶受浸染无法销售，应退还供应商
2-2	酒瓶无磕碰	√	
2-3	酒标完整(正标与背标)	×	三瓶葡萄酒正标破损无法销售，应退还供应商
2-4	葡萄酒无凸塞	√	
2-5	新年份葡萄酒帽无破损	√	

续表

序号	审查项目	是否达标	处理意见
2-6	无漏液	√	20年茅台有酒液轻微溢出，仓储时请注意，可收货
2-7	酒水的外包装未受潮	√	
3	酒水的品质检查		
3-1	白葡萄酒颜色未出现偏黄或同一批次颜色深浅不一的情况	√	
3-2	酒水水位正常且一致	√	
3-3	酒水酒液不浑浊	√	
3-4	新酒无颗粒沉淀或悬浮物	√	
4	商业相关信息和资料的检查		
4-1	进口酒按照要求粘贴中文背标	√	
4-2	进口酒提供CIQ进口检验检疫报告复印件	√	
4-3	进口酒水是否提供进口企业的公司资质复印件	√	
4-4	发票是否随货送达	√	
4-5	发票信息是否正确（单位名称、品名、金额）	×	单位名称有误，须寄回重开
4-6	促销产品数量是否正确	√	

通过对上述内容的现场检查，可以确保酒水在入库前已经达到上架销售的标准。在确定好未达标货物的处理办法后，采购相关负责人员可以签字确认，然后将检验合格的酒水入库。

任务二　训练与检测

（1）制定一份酒水订单。

（2）根据餐厅酒水来货检查表，对实训室现有酒水进行全面的检验，并制作出货物检查表。

（3）在进行库存盘点时，发现有12款酒水的点单率很低，有一些库存已超过三年，餐厅领导层决定采购一些更加适合餐厅、更受顾客喜爱的酒水品牌，对于这些库存的酒水，作为餐厅侍酒师，你打算怎么处理？

采购老酒的注意事项

(1) 选择可靠的供应商。

(2) 如果是供应商主动推荐的老酒,应询问老酒的产区及酒庄历史。

(3) 确认老酒的储存情况,以及何时从酒庄发货。

(4) 询问供应商的销售频率和发货频率。

(5) 收货时检查酒的温度,查看酒标是否污损、酒液是否泄漏、液位高度是否不足等。

(来源:刘雨龙,(加)Vivienne Zhang《葡萄酒品鉴与侍酒服务:中级》,中国轻工出版社,2020年版)

项目八 酒水仓储管理

项目要求

· 掌握酒水库存盘点的基本方法。
· 了解酒水库存管理的原则。
· 掌握仓储环境维护的方法,以及维护时的注意事项。
· 能够制作餐厅酒水盘点表,并对酒水库存进行盘点。
· 能够对酒水储存环境进行管理和维护。

项目解析

酒水的仓储管理是餐厅酒水管理人员每天的常规工作。主要包括酒水的库存盘点方法、库存管理原则、仓储环境维护这三个主要的工作项目。酒水的仓储管理需要有专业的硬件设备,确保酒水在符合规范的仓储环境中维持质量的稳定,同时还要有良好的管理制度,保障在库存更迭的过程中账目清晰。

任务一 理论认知

一、库存盘点方法

在餐厅环境中,酒水通常会有两处存放点:一个是餐厅展示架或恒温酒柜,另外一

个则是餐厅干料仓库，有条件的餐厅还单独设有一个地下恒温酒窖。因此，库存管理要涵盖这几个存放点。干料仓库或地下恒温酒窖需要每天盘点一次，盘点时要对葡萄酒品牌、年份、产国等信息进行核实。餐厅酒柜的库存也需要进行每日盘点。同时，要根据二者总量核对上一次盘点和本次盘点相差的库存数目，该差额加上入库数量应与销售和损坏数量的总和一致，即本次盘点总量 + 销售数量 + 损坏数量 = 上次盘点数量 + 入库数量。

如果在核对时发现数量对不上，应将情况上报并查明具体原因。一般餐厅会根据自己的管理习惯制作库存盘点表。表格内容一般须列明编号、酒名、年份、规格、数量等。同时，库存的每一次变动，如入库、出库、破损、变质等信息都必须清楚地记录和反映在库存清单中。库存清单包含的信息如下：

(1) 产品对应的存放区间编号；

(2) 每一个单品的库存数量；

(3) 每次入库的日期；

(4) 出库的时间和去向(用途、对应顾客下单的单号)；

(5) 酒水对应的供应商；

(6) 酒水单价；

(7) 酒水的最大库存量和最小库存量；

(8) 库存的价值。

目前，大部分餐厅的库存管理一般都建立了完善的电子库存管理系统，每日盘点情况除纸质版清单外，还要进行系统录入，并进行数据核准。如果最终实际盘点数量与系统记录数量不一致，应在当天与前厅主管进行沟通，查阅销售数据，切忌将问题延后处理。作为侍酒师，需要熟悉餐厅中每一种酒水当天的库存信息，只有这样，才能够正确地给顾客推荐酒水。

二、库存管理原则

葡萄酒的库存管理通常遵循先入先出(First Input First Output，FIFO)原则，即先入库的葡萄酒先出库。但如果后入库的酒水和饮品所剩余的保质期比先入库的同品牌型号的产品保质期短，则需要先使用后入库的产品。当然，对于优质葡萄酒来说，优质或稀有年份更能显示葡萄酒的价值，保质期往往是一项不重要的考量项，在出库时要根据实际情况变通。普通餐酒的消化，一般遵循老年份先出、新年份后出的原则进行。

三、仓储环境维护

酒水是一种对外部环境非常敏感的产品。任何类型的酒水，都不适宜放置在高温、暴晒、过度潮湿及卫生条件不佳的场所。酒水的库存价值大、仓储条件不佳会导致产品质量下降或有变质的风险，继而给餐厅造成巨大损失。酒水的变质，一般从外表很难观察，一旦让顾客品尝到变质的酒水，则会严重影响顾客的就餐体验与满意度。餐厅酒水的存入地点分为餐厅区与仓储区，两区的储藏环境都需要进行特殊的维护。

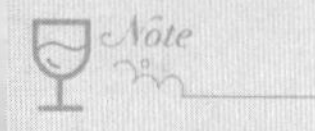

（一）餐厅展示区或恒温酒柜

餐厅展示区一般以展示葡萄酒为主，通常包括餐厅前厅恒温酒柜、大堂吧酒架展示区、葡萄酒分杯机三个区域。此外，一些临时用于摆设促销堆头的酒也需要列入被盘点的范围。首先，恒温酒柜多存放葡萄酒，一些酒水种类较多的餐厅，通常有几个酒柜，分别储藏红、白葡萄酒以及甜型酒、起泡酒等，恒定温度通常设定在10—15 ℃。红葡萄酒储酒柜的温度可相对高一点，白葡萄酒、甜型酒与起泡酒可以设定低一点。恒温酒柜在开和关的过程中，储藏温度容易产生波动，因此每次取酒时动作应尽量快速，在取酒结束后，要确保酒柜门完全闭合。

在大堂吧酒架陈列的酒水一般为以烈酒为主，如果有葡萄酒，则会受到餐厅空调开闭带来的温差影响。因此，建议在收市时将葡萄酒放入恒温酒柜保管，开市前再拿出使用。而酒架上展出的用于调酒用的烈酒一般正常摆放即可，受温差影响不大。

（二）干料仓库

干料仓库中存放的酒水，一般是整箱放置。对于无法成箱存放的葡萄酒，应将其收纳至统一的纸箱或塑料周转箱中放置。在仓库存放区域无法实现为葡萄酒设置独立储存空间的情况下，应将其与面粉、大米、食用油等干燥、密封、无明显气味的产品放置在同一个区域，一些生鲜食材或调味品则应摆放于另一个区域。一般餐厅都设立有独立的酒水储藏空间或地下恒温酒窖，以确保酒水的最佳储藏条件。酒水摆放空间一定要避免与地板直接接触，建议使用专用货架进行产品摆放，仓储空间应时刻保持干燥、通风、低温、恒温。对于该区域的摆放设计，应该注意以下几点。

(1) 应该按照不同的酒水品种划分不同的存放区域。葡萄酒的细分品类较多，一般会按照产国、产区、品种与年份进行区分摆放，并贴上相关标签。价值较高的葡萄酒，一般会设计独立的恒温空间进行摆放，如波尔多列级名庄、勃艮第特级园等。入库的酒水应在其标签上注明进货日期，以便按照先进先出的原则进行发放。通常为了更好地管理，仓库会设有酒水档案，档案中应包括酒名、产区、存放位置和编号、年份、厂家与其他事项(定期检查情况与品尝记录等)。

(2) 对于一些畅销的产品，应该摆放在方便拿取的地方；对于贵重的产品，则需要放置在更加安全、保险的位置。

(3) 每个划分出来的特定区间都必须有一个编号，方便盘点与取酒。

(4) 仓库应定期进行清扫、消毒，杜绝虫害、鼠害。

(5) 尽量控制有权进入仓库的人员数量，职工私人物品一律不许存放于此。

(6) 仓库中应该放置标准的消防设备，以备不时之需。

(7) 仓库应定期进行水、电、消防等安全检查，确保仓库的安全性。

在众多酒水品类中，葡萄酒的储藏条件较为特殊，在设置葡萄酒的干料仓库存入区时，还应该尤其注意以下几点。

(1) 温度。仓库应该安装性能良好的温度计和湿度计，并定时检查仓库温度。温度对于葡萄酒品质的影响很大，通常要求控制在10—15 ℃。温度过高会加速酒的熟

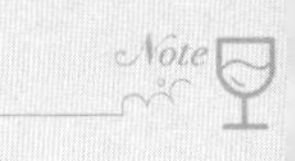

化，温度过低会导致葡萄酒香气受到抑制。白葡萄酒对温度更敏感，温度高了会使酒水品质下降，加速氧化，颜色会变深。

（2）湿度。湿度是影响葡萄酒质量的另一个重要因素，由于大部分葡萄酒都使用软木塞封瓶，湿度过低会使软木塞变得干燥，气孔增大，空气进入，氧化的风险增大；湿度过高又会导致软木塞发霉或者标签受损。湿度一般需要保持在75%左右。

（3）光照。光照也会对葡萄酒质量产生影响，因此储存时应避免长时间的光线直射。平时不需要照明时，应该将灯光熄灭。强光极易使酒变质，白葡萄酒受其影响颜色会变深，另外酒标长期暴露在光线之下会造成酒标褪色或脱胶。

（1）通风。葡萄酒的仓储环境不能是封闭的空间，否则容易给霉菌创造生长的空间。保持空气畅通是储藏葡萄酒的基本要求，对于封闭的仓库可以通过设置新风系统解决这一问题。

（2）异味。葡萄酒在储藏中，可以和白酒、威士忌、黄酒与啤酒等酒精饮品放在一起，但不能与蔬菜、食物等放在一处，更不能和易挥发的产品一起存放，也不能接触、靠近有腐蚀或易发霉、发潮的物品，这些异味会污染葡萄酒。

（3）外包装箱。除部分葡萄酒使用木制外包装箱外，大部分酒水的外包装都是6瓶装或12瓶装的纸箱。纸箱承重力有限，如果堆垒过高，容易造成坍塌，从而有可能导致酒瓶的破碎。同时，纸箱在受潮后容易霉烂，这样会给霉菌创造一个生存的环境，并且会给蟑螂等昆虫提供活动空间，对酒水的卫生状况造成极差的影响。因此，应特别留意纸箱包装的酒水。

不同类型酒水的储藏条件如表8-7所示。

表8-7 不同类型酒水的储藏条件

类型	湿度要求	温度要求	其他控制点
红葡萄酒	75%	仓储温度 20 ℃ 酒柜温度 13 ℃	饮用前12小时放置在恒温酒柜中进行保存； 平放，避免光线直射； 纸箱放置时与地板保持一定距离，可选择用托板垫底
白葡萄酒/桃红葡萄酒/甜型酒/起泡酒	75%	仓储温度 20 ℃ 酒柜温度 10 ℃	饮用前12小时放置在恒温酒柜中进行保存； 平放，避免光线直射； 纸箱放置时与地板保持一定距离，可选择用托板垫底
中国白酒	70%	仓储温度 20 ℃	严禁靠近热源和火源； 竖放，避免光线直射； 纸箱放置时与地板保持一定距离，可选择用托板垫底； 容器口密封好，防止渗酒、溢酒、漏酒
西方烈酒	70%	仓储温度 20 ℃	严禁靠近热源和火源； 竖放，避免光线直射； 纸箱放置时与地板保持一定距离，可选择用托板垫底； 容器口密封好，防止渗酒、溢酒、漏酒

续表

类型	湿度要求	温度要求	其他控制点
日本清酒	不宜湿度过高	仓储温度 20 ℃ 酒柜温度 13 ℃	严禁靠近热源和火源； 竖放，避免光纤直射； 容器口密封好，防止渗酒、溢酒、漏酒

任务二　训练与检测

（1）用Word文档制作一份库存盘点清单，对实训室或餐厅的库存酒水进行盘点，了解每一批次产品的进货时间，根据先进先出原则，说出哪些产品应该优先出货。

（2）了解恒温酒柜的使用原理，掌握双温区电子恒温酒柜的温度设置与日常维护方法。

训练与检测

• 知识训练

1. 简述侍酒师日常管理中餐前、餐中、餐后的主要工作内容。
2. 归纳酒单设计需要考虑的内外部要素。
3. 简述酒会组织需要做的准备工作。
4. 归纳酒水采购需要考虑的因素与注意事项。
5. 总结归纳酒水采购的基本流程。
6. 简述供应商审查与筛选的基本内容。
7. 简述酒水采购订单通常包含的信息与内容。
8. 简述来货检验审查的项目与问题处理的方法。
9. 归纳酒水库存盘点通常包含的信息与内容。
10. 归纳酒水仓储维护的方法与注意事项。

• 能力训练

根据所学知识，分组完成每小节项目的训练任务，并进行相关技能检测。

章节小测

参考文献

References

[1] 崔燻.与葡萄酒的相遇[M].李海英，吴少惠，译.济南：山东人民出版社，2009.

[2] 李海英.葡萄酒的世界与侍酒服务[M].武汉：华中科技大学出版社，2021.

[3] 李准在（韩），安成根（韩）.와인의 세계와 소믈리에[M].대왕사，2010.

[4] 林裕森，欧陆传奇食材[M].北京：中信出版集团，2017.

[5] 潘家佳，吕静.侍酒服务与管理[M].北京：机械工业出版社，2022.

[6] 姜楠.葡萄酒侍服[M].北京：清华大学出版社，2011.

[7] 陈玲.商务礼仪（第二版）[M].北京：清华大学出版社，2018.

[8] 刘正华.现代饭店餐饮服务与管理[M].北京：旅游教育出版社，2000.

[9] 赵建民，金洪霞.中国饮食文化概论[M].北京：中国轻工业出版社，2015.

[10] 刘雨龙，（加）Vivienne Zhang.葡萄酒品鉴与侍酒服务：中级[M].北京：中国轻工出版社，2020.

[11] 戈斯登.完美搭配[M].周维，译.上海：上海交通大学出版社，2015.

[12] 李志延.东膳西酿鉴[M].上海：上海文艺出版社，2011.

[13] 朱利安.葡萄酒的营销与服务[M].上海：上海交通大学出版社，2015.

教学支持说明

为了改善教学效果,提高教材的使用效率,满足高校授课教师的教学需求,本套教材备有与纸质教材配套的教学课件(PPT 电子教案)和拓展资源(案例库、习题库、视频等)。

为保证本教学课件及相关教学资料仅为教材使用者所得,我们将向使用本套教材的高校授课教师赠送教学课件或者相关教学资料,烦请授课教师通过电话、邮件或加入旅游专家俱乐部QQ群等方式与我们联系,获取“教学资源申请表”文档并认真准确填写后反馈给我们,我们的联系方式如下:

地址:湖北省武汉市东湖新技术开发区华工科技园华工园六路

邮编:430223

电话:027-81321911

E-mail:lyzjjlb@163.com

葡萄酒文化与营销专家俱乐部QQ群号:561201218

葡萄酒文化与营销专家俱乐部QQ群二维码:

群名称:葡萄酒文化与营销专家俱乐部
群　号:561201218

电子资源申请表

填表时间:________年___月___日

1. 以下内容请教师按实际情况写,★为必填项。
2. 根据个人情况如实填写,相关内容可以酌情调整提交。

<table>
<tr><td rowspan="2">★姓名</td><td rowspan="2"></td><td rowspan="2">★性别</td><td rowspan="2">□男 □女</td><td rowspan="2">出生
年月</td><td rowspan="2"></td><td>★ 职务</td><td></td></tr>
<tr><td>★ 职称</td><td>□教授 □副教授
□讲师 □助教</td></tr>
<tr><td>★学校</td><td colspan="3"></td><td>★院/系</td><td colspan="3"></td></tr>
<tr><td>★教研室</td><td colspan="3"></td><td>★专业</td><td colspan="2"></td><td></td></tr>
<tr><td>★办公电话</td><td colspan="2"></td><td>家庭电话</td><td colspan="2"></td><td>★移动电话</td><td></td></tr>
<tr><td>★E-mail
(请填写清晰)</td><td colspan="5"></td><td>★QQ 号/微信号</td><td></td></tr>
<tr><td>★联系地址</td><td colspan="5"></td><td>★邮编</td><td></td></tr>
</table>

★现在主授课程情况		学生人数	教材所属出版社	教材满意度
课程一				□满意 □一般 □不满意
课程二				□满意 □一般 □不满意
课程三				□满意 □一般 □不满意
其　他				□满意 □一般 □不满意

教 材 出 版 信 息

方向一		□准备写 □写作中 □已成稿 □已出版待修订 □有讲义
方向二		□准备写 □写作中 □已成稿 □已出版待修订 □有讲义
方向三		□准备写 □写作中 □已成稿 □已出版待修订 □有讲义

请教师认真填写表格下列内容,提供索取课件配套教材的相关信息,我社根据每位教师填表信息的完整性、授课情况与索取课件的相关性,以及教材使用的情况赠送教材的配套课件及相关教学资源。

ISBN(书号)	书名	作者	索取课件简要说明	学生人数 (如选作教材)
			□教学 □参考	
			□教学 □参考	

★您对与课件配套的纸质教材的意见和建议,希望提供哪些配套教学资源: